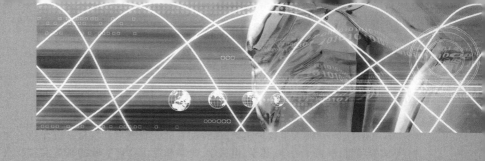

大学物理实验

（第2版）

DAXUE WULI SHIYAN

主　编　牛智红

参　编　郭小杰　贺兴建

　　　　赵淑琴

U0240267

重庆大学出版社

内 容 提 要

本书是为少学时《大学物理实验》课程编写的实验教材。教材系统介绍了物理实验的基本理论,编写了31个实验项目,涵盖了力学、热学、电磁学、光学和近代物理实验的基本实验项目,结合学院条件编排了少量提高创新性实验。

本教材注重实验体系的完整性,对每个实验的实验背景、实验目的、实验原理、实验仪器及使用方法、实验内容与步骤、实验数据的测量、处理方法和数据表格等均做了详细的介绍,并配有思考题,以帮助学生理解实验、掌握实验的重点。

本书可作为高等学校工科学生的《大学物理实验》课程的教材,也适合从事相关工作的人员参考。

图书在版编目(CIP)数据

大学物理实验/牛智红主编.—重庆:重庆大学
出版社,2016.8(2020.12 重印)
ISBN 978-7-5624-9989-3

Ⅰ.①大… Ⅱ.①牛… Ⅲ.①物理学—实验—高等学
校—教材 Ⅳ.①O4-33

中国版本图书馆 CIP 数据核字(2016)第 165718 号

大学物理实验

(第 2 版)

主 编 牛智红
参 编 郭小杰 贺兴建 赵淑琴
策划编辑:周 立

责任编辑:周 立   版式设计:周 立
责任校对:贾 梅   责任印制:张 策

*
重庆大学出版社出版发行
出版人:饶帮华
社址:重庆市沙坪坝区大学城西路 21 号
邮编:401331
电话:(023)88617190 88617185(中小学)
传真:(023)88617186 88617166
网址:http://www.cqup.com.cn
邮箱:fxk@cqup.com.cn(营销中心)
全国新华书店经销
重庆市国丰印务有限责任公司印刷
*
开本:787mm×1092mm 1/16 印张:13 字数:324千
2018 年 8 月第 2 版   2020 年 12 月第 3 次印刷
印数:5 001—7 000
ISBN 978-7-5624-9989-3 定价:36.00 元

前 言

　　本教材是根据教育部高等学校物理学与天文学教学指导委员会物理基础课程教学指导分委员会编制的《理工科类大学物理实验课程教学基本要求》，结合太原学院《大学物理实验》课程的建设及学院的实验设备，同时兼顾实验设备的通用性编写而成。

　　《大学物理实验》课程是理工科学生应掌握的一门通识性课程。本教材本着"抓基础、重应用、提高素质、培养能力"的指导思想，力图使学生通过本课程的学习，受到规范的、严格的、系统的科学实验技术培训，掌握科学实验的基本知识、基本方法和技术，培养学生在实验中发现问题和解决问题的能力，为后续课程的学习做好准备、打好基础。

　　本教材的编写注重实验体系的完整性，对每个实验的实验背景、实验目的、实验原理、实验仪器及使用方法、实验内容与步骤、实验数据的测量、处理方法和数据表格等均做了详细的介绍，并配有思考题，以帮助学生理解实验、掌握实验的重点。

　　本教材由太原学院物理教研室牛智红老师主编，郭小杰、贺兴建、赵淑琴老师参加了编写工作，每位老师都付出了智慧和劳动。太原学院的各级领导给予了大力支持。在此，一并表示衷心感谢！

　　对教材中的不足之处，还望读者提出宝贵意见和建议，以便编者及时修正。

编　者

目录

绪　论

一、物理实验课的性质与地位

物理学是一门实验科学,物理概念的建立、物理规律的发现和物理理论的形成都是以物理实验为基础,并在物理实验中得到检验的。那么,什么是物理实验呢? 物理实验,就是在物理理论的指导下,用选定的仪器设备,在一定的条件下,对某些物理量进行观测和测量,并找出这些物理量间的规律的过程。如今,物理实验的思想、方法、技术和手段已广泛应用于其他学科和工程技术的实践当中,并成为了推动科学技术发展的有力工具。

物理实验课是大学理工科各专业学生必修的一门独立开设的实验课。它是学生系统性接受实验技能训练的开端,也是进行科学实验训练的重要基础。通过物理实验课的学习,不仅可以学到科学实验的基本实验方法和实验技能,观察到生动的物理现象,还可以加深对物理理论的理解,学习如何将物理理论应用于实践过程当中,以提高分析问题、解决问题的能力,培养良好的科学素质、创新精神和实践能力。

二、物理实验课的任务

1.通过对物理实验现象的观察、分析和对物理量的测量,学会物理实验仪器的基本使用方法,了解相关物理量的测量方法,掌握物理实验的基本技能。

2.通过物理实验的教学环节(预习、实验操作、实验报告等),培养和提高科学实验能力。

3.培养和提高科学实验素质,实事求是、理论联系实际、严肃认真的科学工作作风,团结协作、爱护公物的优良品德,主动研究、积极探索的科学态度。

三、物理实验课的教学环节

1) 实验前

实验前,必须认真阅读实验教材和相关资料。通过预习,明确实验目的,理解实验原理、实验方法和测量方法,对实验仪器应有一定的了解,明确实验步骤,撰写预习实验报告。

预习实验报告是对预习成果的总结,主要内容有:实验名称、实验目的、实验原理、实验的仪器设备、实验步骤、数据记录表格等。

2）**实验操作**

实验操作是实验中最重要的环节,这一环节完成的好坏关系到实验结果误差的大小,甚至决定实验结果的正确与否。实验中应注意以下几个问题:

（1）听老师讲解,在老师指导下了解仪器的正确使用方法,明确实验中的注意事项,明确要测量的物理量有哪些,理清各物理量的测量顺序,切不可盲目动手。

（2）实验中,应遵守实验室规则,集中精力仔细观察,认真思考,正确读数,并记录数据。注重培养自己随时对观察到的现象和测量数据进行分析和判断的能力,注重培养自己排除实验过程中的故障的能力。

（3）实验结束后,应将实验数据交给老师审阅,合格后,整理还原实验仪器,离开实验室。

3）**撰写实验报告**

实验报告是对实验工作的总结,它反映实验人对实验数据处理的能力和整个实验过程的优劣。实验报告包括以下内容:

（1）实验人、同组人（合作人）、日期;

（2）实验题目;

（3）实验目的;

（4）实验原理:简明扼要,切记抄袭教材,应列出测量和计算所需的公式,画出实验原理图、光路图或电路图等;

（5）实验仪器:指出仪器的规格型号;

（6）实验步骤:写出实验的主要步骤;

（7）数据表格:记录数据要实事求是,不能随意涂改;

（8）数据处理、结果分析:写出数据处理的主要过程,按要求绘制实验曲线,进行误差分析和不确定度评定,并给出最后结果;

（9）问题讨论:对实验中存在的问题进行分析,提出改进建议,回答思考题等。

实验报告要求格式完整,字迹端正,数据记录整洁,图表设计合理美观,文笔流畅,简明扼要。

四、物理实验室规则

1.实验前必须完成预习实验报告,教师检查同意后,方可进行实验。

2.遵守课堂纪律,保持安静,维持整洁的实验室环境。

3.爱护仪器设备。不得擅自搬弄实验设备,要严格按照实验内容和仪器说明进行操作,若有仪器损坏,应立即报告老师,并进行登记。零件、配件、工具等用完后应立即放回原位。

4.实验结束后,应将仪器和桌椅整理、还原、归位。经老师检查后方可离开。

第 **1** 章
测量误差与不确定度

在物理实验的过程中,除了在理论指导下进行仔细观察外,还要对物理量进行测量,并对测量的数据进行正确处理,找出各物理量之间的关系。

由于实验原理和测量方法不够完善、测量仪器的精度不够高、测量条件不能完全满足理论上假设的条件、测量人员的实验操作技能不够高等因素的存在,使得任何测量都不可能绝对精确。这就需要学习如何在实验中正确地测量数据、如何对测量得到的数据进行正确处理、如何将测量结果正确表示出来的方法;同时,还需要学习如何评价测量结果的可靠性。

本章介绍物理实验的不确定度、测量结果的正确表示和对实验数据的评价方法。主要内容有:测量与误差、测量的不确定度和结果表达、实验数据的分析和评价等。

1.1　测量与误差

1.1.1　测量的概念

测量就是将待测物理量(简称待测量,又称被测量)与法定的计量标准进行比较的过程。测量结果(即测量值)由待测量与法定计量标准的比值和法定计量单位两部分构成。本教材采用的法定计量单位是国际单位制(SI 制)单位(常见的国际单位制单位见附录Ⅰ)。测量值常用符号 x 表示。

1.1.2　测量的分类

测量的分类方法很多,根据不同的分类方法,通常把测量分类为:直接测量和间接测量;单次测量和多次测量;等精度测量和不等精度测量等。

1) 直接测量和间接测量

直接测量就是用测量仪器直接测量待测量而获得测量结果的方法。这种待测量称为直接测量量。直接测量是物理实验中最基本、最常见的测量方法,是一切测量的基础。例如,用米尺测量长度,用天平测量质量,用电压表测量电压等。

间接测量是用若干个直接测量量经过一定的函数关系运算后获得待测量的测量结果的方

法。这种待测量称为间接测量量。实验中,许多待测量都是通过间接测量的方法获得测量结果的。例如,测量圆柱体密度时,根据密度的定义公式 $\rho = \dfrac{m}{V}$,由于圆柱体的体积 $V = \pi \left(\dfrac{d}{2} \right)^2 h$,故 $\rho = \dfrac{4m}{\pi d^2 h}$,其中圆柱体的质量 m、直径 d 和高度 h 分别用天平、游标卡尺或螺旋测微器进行直接测量,圆柱体的密度 ρ 则根据上述定义公式运算获得,是间接测量量。

需要注意的是,同一待测量是直接测量量还是间接测量量,取决于所选择的测量方法。如,利用上述表达式测量圆柱体密度时,若根据函数关系 $V = \pi \left(\dfrac{d}{2} \right)^2 h$ 测量体积 V 时,体积 V 是间接测量量;若采用排水法测体积 V 时,则成为直接测量量。

2)单次测量和多次测量

测量中,有些物理量在一定的测量条件下会迅速地发生变化,在同一实验中只能进行一次测量,不可能进行重复测量;有些物理量在一定的测量条件下几乎不会发生变化,在同一实验中只需进行一次测量,不必进行重复测量;还有些物理量对测量精度要求不高,或不必进行精确测量,实验中只需进行一次测量。

在上述情况下,测量结果若是一次性获得的,就称为单次测量。如金属丝杨氏模量测量的实验中,金属丝原长 L、反射镜转轴到标尺的垂直距离 H 和光杠杆常数 D 在给定的实验室条件下几乎不会发生变化,不必进行重复测量,因此均是单次测量。

实验中,对同一物理量进行重复测量,称为多次测量。多次测量,是提高测量准确度的有效方法。

在多次测量过程中,若每次的测量条件(同一观察者、同一仪器、同一实验方法、同一实验环境等)均相同,则每次测量的精确程度必然是相同的,我们将这种精确程度相同的多次测量称为等精度测量。若在多次测量过程中,上述测量条件有一个或多个发生了变化,则每次测量的精确程度也随之发生了变化,这种精确程度不同的多次测量称为不等精度测量。在物理实验中,保持测量条件完全相同的多次测量是很困难的,但当测量条件的变化对测量结果影响不大,可以忽略时,可视为等精度测量。如在测量圆柱体密度实验中,圆柱体直径 d 的测量就是等精度测量。本课程主要讨论等精度测量。

1.1.3 误差

1)真值

在一定的客观条件下,任一物理量都有一个客观存在的量值,这一客观存在的量值称为该物理量的真值,用符号 X 表示。

测量的目的是力图得到被测量的真值,而真值是一个理想的概念。由于测量仪器、测量方法、实验条件以及实验人员操作水平等因素的影响,使测量值不可能绝对准确,因此被测量的真值是不可能获得的,测量的结果只是被测量真值的近似值。

2)误差

为了表示测量值对真值偏离的多少,我们引入误差的概念。误差就是测量值 x 与真值 X 之差,用符号 Δx 表示,即

$$\Delta x = x - X \tag{1-1-1}$$

由式(1-1-1)可见,当测量值 x 比真值 X 大时,误差 $\Delta x > 0$；当测量值 x 比真值 X 小时,误差 $\Delta x < 0$。

在计算误差时,由于不能获得被测量的真值,所以式(1-1-1)中的真值 X 常用下面一些物理量替换。

(1)理论值　如,在一个大气压下,冰点为 0 ℃,沸点为 100 ℃。

(2)公认值　国际公认的物理量值,如,真空中的光速为 299792458 m/s。

(3)计量学约定值　也称为规定真值,是国际及国家计量部门规定的量值,如长度、质量、时间等标准。

(4)相对真值　用准确度高一级别的测量仪器进行测量所获得的测量值。

(5)近真值　也称为测量结果的最佳值,稍后讨论。

1.1.4　误差的分类及处理

一切测量都包含一定的误差,要获得与真值更接近的测量值,就必须分析和研究造成误差的原因和性质。通常把误差分为系统误差和随机误差两类。

1) 系统误差

在相同条件(实验仪器、实验方法、实验环境、实验人员)下,对同一物理量进行多次测量时,若误差的大小和符号保持恒定或按一定规律变化,这种误差称为系统误差。系统误差具有确定性和方向性。造成系统误差的原因有:

(1)仪器缺陷

仪器的固有缺陷造成的误差称为仪器误差。如仪器制造过程中导致轴承摩擦、游丝不均匀、分度不均匀等带来的仪器误差；仪器调试过程中,零点没有校准、仪器未调平等造成的仪器误差等。

(2)实验方法不完善

由于实验方法不完善而造成系统误差的主要原因有:实验原理不完善、公式推导的近似性、实验条件达不到理论公式所要求的条件等。如称量物体质量时,没有考虑空气浮力的影响而造成的误差；又如测量金属丝杨氏模量时,公式推导中运用了几何近似关系:$\Delta L \approx D \cdot \theta$,$\Delta x \approx H \cdot 2\theta$；再如单摆的周期公式 $T = 2\pi\sqrt{\dfrac{l}{g}}$ 成立的条件是摆角趋近于零,等等。

(3)实验环境的变化

测量中,当环境的温度、湿度、光照、气压、电磁场等发生变化,或实验条件不满足测量仪器的使用条件时,会造成系统误差。如长度的测量中,当环境温度升高时,测量结果必定偏大。

(4)实验人员

由于实验人员感官的不完善或某种习惯而引起的误差。如秒表读数时,不同的实验人员反应快慢不同而造成系统误差；实验人员读数时习惯斜视造成读数总是偏大或偏小而导致系统误差。

系统误差分为两类:可定系统误差和未定系统误差。其中数值和符号(正负号)为定值或按一定规律变化的系统误差称为可定系统误差,这种误差一般可以被发现,在实验中通过采用适当的测量方法(如交换法、补偿法、替换法、异号法等)可以减小、消除或修正,但它不能通过多次测量的方法来减小或消除。还有一种系统误差,其数值和符号既没有规律,也不能确定,这种系统误差称为未定系统误差,这种误差一般难以修正,常用估计误差极限的方法来估计这种误差的范围。

系统误差具有确定性和规律性,在测量过程中贯穿于测量的全过程,但它的发现与消除却是复杂的。任何一个实验,其实验原理、实验方法、实验仪器和实验过程等都可能产生误差,因此,要想得到正确的结果,就必须对实验过程的每一个环节进行系统误差的分析和研究,并采取一定的措施,以消除、减小或修正系统误差。通常我们通过以下几个方面进行系统误差的分析、消除或修正:

(1)理论分析

从实验原理或理论公式的近似性等方面分析造成系统误差的原因,并进行理论修正。如伏安法测电阻理论,采用电流表内接法和外接法测量时,若电表内阻未被考虑,则造成理论公式的近似性,从而导致系统误差。要消除这种误差,可以通过在测量和计算中分别考虑电流表和电压表内阻的方法实现,或通过改变实验原理(如用直流电桥测电阻)的方法来实现。

(2)实验前应对实验仪器进行校准,减小或消除仪器缺陷造成的系统误差。

(3)改进测量方法,修正或消除系统误差。如在电表校准实验中,用高等级电表对低等级电表的示值进行修正;在分光计测量三棱镜顶角实验中,采用对径读数法来消除度盘的偏心差等。

(4)消除造成某种系统误差的因素。如金属丝杨氏模量测量的实验中,金属丝在自然状态下处于非完全伸直状态,采用加载荷的方法可以消除这一误差。

(5)实验后,应将实验结果与真值比较,来检查测量系统的准确度,并对实验结果进行修正。

系统误差是测量误差的重要组成部分,在今后的实验中,必须对每个实验进行系统误差的分析和讨论。

2)随机误差

在相同条件下对同一物理量进行多次测量时,测量值会出现无规律的随机变化,这种大小和符号随机变化的误差,称为随机误差(也称为偶然误差)。随机误差具有不确定性,它是由随机的或不确定的因素引起的。如,实验人员在判断和估计读数过程中的随机变动;实验仪器在实验操作中的随机变动;测量仪器指示数值的随机变动;实验环境的随机变动,如温度、湿度、气流、振动、噪声的随机变动,电磁场的不均匀或随机变动;电源电压的随机变动等。

需要指出的是:除了系统误差和随机误差外,还有一种误差叫做过失误差(或粗大误差)。这种误差是由于实验人员操作错误,或实验条件、方法、记录、计算错误而导致的失误。如实验人员看错刻度、读错数字、记错单位等。事实上,过失误差是测量错误,这种错误不属于测量误差,是完全可以事先发现和避免的,是不允许存在的。

随机误差没有规律、来源不明,因而单次测量的随机误差无法消除和控制。但在相同条件下对同一物理量进行多次测量时,随机误差是按照一定的统计规律分布的,这种分布的特征称为正态分布,如图 1-1-1 所示。图中的曲线称为概率密度曲线,横坐标表示误差 $\Delta x = x - X$,纵坐标表示误差出现的概率,称为概率密度 $f(\Delta x)$,其函数表达式为

$$f(\Delta x) = \frac{1}{\sigma\sqrt{2\pi}}\mathrm{e}^{-\frac{(\Delta x)^2}{2\sigma^2}} \tag{1-1-2}$$

式中,σ 称为标准误差,是表示测量值相对真值 X 的分散程度的特征量,其数学表达式为:

$$\sigma = \lim_{n\to\infty}\sqrt{\frac{\sum\limits_{i=1}^{n}(\Delta x_i)^2}{n}} = \lim_{n\to\infty}\sqrt{\frac{\sum\limits_{i=1}^{n}(x_i - X)^2}{n}} \quad (n \text{ 为测量次数}) \tag{1-1-3}$$

通过计算可以得出,测量值的随机误差 Δx 出现在 $-\sigma \sim +\sigma$ 的概率 $P_1 = \int_{-\sigma}^{+\sigma} f(\Delta x)\,\mathrm{d}x = 68.3\%$,$\Delta x$ 出现在 $-2\sigma \sim +2\sigma$ 的概率 $P_2 = \int_{-2\sigma}^{+2\sigma} f(\Delta x)\,\mathrm{d}x = 95.4\%$,$\Delta x$ 出现在 $-3\sigma \sim +3\sigma$ 的概率 $P_3 = \int_{-3\sigma}^{+3\sigma} f(\Delta x)\,\mathrm{d}x = 99.7\%$。

　　通过比较可以发现,标准误差 σ 越小,则正态分布曲线越陡,峰值越高,表示多次测量中,任一次测量对于真值 X 的测量误差较小的概率较大,各次测量值较集中;反之,标准误差 σ 越大,则正态分布曲线越平缓,峰值越低,表示多次测量中,任一次测量对于真值 X 的测量误差较小的概率较低,各次测量值较分散,重复性差,如图 1-1-2 所示。

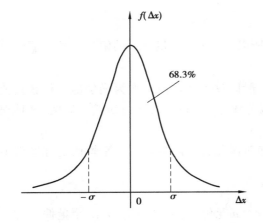

图 1-1-1　随机误差的统计分布

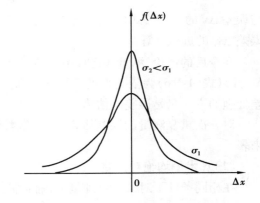

图 1-1-2　概率密度曲线与 σ 的关系

　　随机误差的正态分布有如下特征:

　　(1)单峰性:误差绝对值小的测量结果出现的概率大,误差绝对值大的测量结果出现的概率小。

　　由图 1-1-1 和图 1-1-2 的正态分布曲线可见,随机误差绝对值 $|\Delta x|$ 越小,概率密度 $f(\Delta x)$ 越大,即测量概率越大;反之,随机误差绝对值 $|\Delta x|$ 越大,测量概率就越小。随机误差 $\Delta x = 0$,即测量值 x 等于真值 X 时,测量概率最大(曲线的峰值)。

　　(2)对称性:绝对值相等的一对正负误差出现的概率相等。

　　(3)有界性:在一定测量条件下,误差的绝对值不超过一定限度。

　　(4)抵偿性:当测量次数趋于无穷时,随机误差的算术平均值趋于零,即

$$\lim_{n \to \infty} \frac{1}{n} \sum_{i=1}^{n} \Delta x_i = 0 \qquad (1\text{-}1\text{-}4)$$

可见,测量次数越多,测量结果就越接近于被测量的真值。这说明增加测量次数是减小随机误差的有效方法。当一组测量的次数 $n \to \infty$ 或 n 足够大时,由于测量值的随机误差的算术平均值趋于零,所以这一组测量值的算术平均值就趋近于真值。在实验中,对这样一组测量结果常做如下处理。

1)近真值

若在相同条件下对某一物理量 x 进行等精度 n 次(n 足够大)重复测量,测量值分别为 x_1, $x_2, \cdots, x_n$,则其算术平均值就称为测量结果的近真值,也称为最佳值,用符号 $\bar{x}$ 表示,即

$$\bar{x} = \frac{1}{n}(x_1 + x_2 + \cdots + x_n) = \frac{1}{n} \sum_{i=1}^{n} x_i \qquad (1\text{-}1\text{-}5)$$

2)误差的估算

由于真值永远不可能得到,所以在计算误差时,常用测量结果的 近真值 $\bar{x}$ 来代替真值 X。我们做如下定义:在相同条件下对某一物理量 x 进行等精度 n 次(n 足够大)重复测量,第 $i(i = 1, 2, \cdots, n)$ 次的测量值 x_i 与测量结果的近真值 $\bar{x}$ 之差称为第 i 次测量结果的偏差 δ_i,即

$$\delta_i = x_i - \bar{x} \qquad (1\text{-}1\text{-}6)$$

与误差 Δx 的定义公式(1-1-1)比较,由于 $\bar{x} \approx X$,所以 $\delta_i \approx \Delta x_i$,测量结果的偏差 δ_i 可以看做是误差 Δx_i 的近似估算。

在今后的讨论、测量和运算中,对随机误差,一般以算术平均值 $\bar{x}$ 作为最佳值来代替真值 X,并以式(1-1-6)为依据来进行处理,因此不再区分误差与偏差,均称为误差。显然,这种误差处理的方法只是误差的估算。

对 n 次重复测量的误差估算,常用算术平均绝对误差、标准误差、算术平均值的标准误差来表示。

(1)算术平均绝对误差

在相同条件下对某一物理量 x 进行等精度 n 次(n 足够大)重复测量,n 次测量偏差的绝对值之和与测量次数 n 的比值,称为该组测量的算术平均绝对误差,符号 $\overline{|\delta|}$,即

$$\overline{|\delta|} = \frac{1}{n}(|\delta_1| + |\delta_2| + \cdots + |\delta_n|) = \frac{1}{n} \sum_{i=1}^{n} |\delta_i| \qquad (1\text{-}1\text{-}7)$$

可见,算术平均绝对误差 $\overline{|\delta|}$ 反映的是每次测量偏差绝对值的平均值,这样的运算显然扩大了偏差,不能正确反映偏差的真实情况;此外,算术平均绝对误差 δ 不具有统计特性,不能反映随机误差的统计规律。因此,它只在粗略的误差估算中才用到。

(2)标准误差 S_x

我们知道,当测量次数有限时,$\bar{x} \neq X$,那么,在估算测量值的分散程度时,就需要以标准误差 σ 的数学表达式(1-1-3)为依据,根据偏差 δ_i 来估算标准误差,这个估算的标准误差(又称为方均根误差)用符号 S_x 表示,由误差理论可以证明,估算标准误差 S_x 的数学表达式为:

$$S_x = \sqrt{\frac{\sum\limits_{i=1}^{n} \delta_i^2}{n-1}} = \sqrt{\frac{\sum\limits_{i=1}^{n} (x_i - \bar{x})^2}{n-1}} \qquad (1\text{-}1\text{-}8)$$

式(1-1-8)又称为贝塞尔公式。

　　估算标准误差 S_x 反映测量结果相对于最佳值 $\bar{x}$ 的分散程度。在测量次数为 n 的一组测量中，S_x 越小，表示该组测量中任一次测量结果相对于最佳值 $\bar{x}$ 的随机误差较小，各次测量结果较集中；反之，S_x 越大，表示该组测量中任一次测量结果相对于最佳值 $\bar{x}$ 的随机误差较大，各次测量结果较分散。

　　比较式(1-1-8)和式(1-1-3)，可以证明，当测量次数 $n > 10$ 时，估算标准误差 S_x 与标准误差 σ 的计算结果已非常接近，而且随着 n 的增大，S_x 与 σ 近似相等。在实际测量时，测量次数都是有限的，通常 $5 \leqslant n \leqslant 10$，我们认为当测量次数不是很少（10 次左右）时，测量值的估算标准误差 S_x 与标准误差 σ 近似相等，并且估算标准误差 S_x 出现在 $-S_x \sim +S_x$ 的概率约为 68.3%。今后若不特别说明，我们均将估算标准误差简称为标准误差。

　　(3)算术平均值的标准误差

　　标准误差 S_x 反映的是在相同条件下对某一物理量进行 n 次等精度测量，其测量结果的分散程度。若在相同条件下对同一物理量进行 n' 次等精度测量，则测量结果的最佳值由 $\bar{x}$ 变为 $\bar{x}'$，标准误差由 S_x 变为 S_x'，可见，最佳值和标准误差会随着测量次数的变化而改变。那么，对于一组等精度测量结果来说，最佳值 $\bar{x}$ 的可靠程度如何呢？这就需要用算术平均值的标准误差来描述。

　　在一定条件下对某一物理量 x 进行 n 次等精度测量，其测量结果的标准误差 S_x 的 $\dfrac{1}{\sqrt{n}}$ 倍，就是算术平均值的标准误差，用符号 $S_{\bar{x}}$ 表示，即

$$S_{\bar{x}} = \frac{S_x}{\sqrt{n}} = \sqrt{\frac{\sum\limits_{i=1}^{n} (x_i - \bar{x})^2}{n(n-1)}} \qquad (1\text{-}1\text{-}9)$$

　　可以证明，算术平均值 $\bar{x}$ 的测量结果在 $-S_{\bar{x}} \sim +S_{\bar{x}}$ 的概率为 68.3%。

　　不难看出，以上关于真值 X、测量值 $x_i (i = 1,2,3,\cdots)$、算术平均值 $\bar{x}$、算术平均值绝对误差 $\overline{|\delta|}$、标准误差 σ、估算标准误差 S_x、算术平均值的标准误差 $S_{\bar{x}}$ 都有相同的单位。

　　综上所述，对于一定条件下的直接测量来说，由于真值不可能获得，因此，在假设系统误差已减至最小的情况下，对某一被测量进行等精度多次测量时，其测量结果的随机误差的处理，就是要计算以下 3 个最佳估计：(1)最佳值，即算术平均值 $\bar{x}$；(2)标准误差 S_x，用来反映测量结果的分散程度；(3)算术平均值的标准误差 $S_{\bar{x}}$，用来反映最佳值 $\bar{x}$ 的可靠程度。

1.1.5　仪器误差

　　仪器误差是指在正确使用仪器的条件下，测量结果和被测量的真值之间可能产生的最大误差，用符号 $\Delta_{仪}$ 表示。这种误差是由于仪器在制造或装配过程中产生的仪器缺陷造成的，是可定系统误差、未定系统误差和随机误差共同产生的总效果。

　　仪器误差常根据仪器的量程和准确度等级进行计算。本课程涉及的仪器误差，如无特别

说明,均采用简化的方法来计算。常用的仪器误差及其简化计算公式见表 1-1-1。

表 1-1-1　常用仪器的仪器误差 $\Delta_仪$

仪器名称		仪器误差 $\Delta_仪$
米　尺		0.5 mm
卷　尺		0.8 mm
游标卡尺	分度值 0.02 mm	0.02 mm
	分度值 0.05 mm	0.05 mm
螺旋测微器	量程 0~50 mm	0.004 mm
	量程 50~100 mm	0.005 mm
计时仪表	秒　表	最小分度值 (1 s、0.1 s、0.001 s)
	电子秒表	$(15.8×10^6 t+0.01)$ s t:时间测量值
电子测量仪器、仪表	指针式电压表、电流表	量程 N_m ×准确度等级(α%)
	电阻器、电阻箱	
	电位差计	
数字拉力计		0.005 kg
数字仪表		仪器的最小读数
分光计、干涉仪等		最小分度值(1′,24″)
读数显微镜		0.02 mm

1.2　不确定度的评定

1.2.1　不确定度的概念

误差是以真值为基准的描述测量结果准确程度的物理量,然而,由于真值不可能获得,测量误差也不可能精确地求出。为了确定测量结果的准确程度和可靠程度,我们引入不确定度的概念。

不确定度是以测量平均值 $\bar{x}$ 为基准的、量度测量列离散程度和测量范围的物理量,是对被测量值所处范围的评定,它表示测量平均值 $\bar{x}$ 以一定的置信概率 P 出现在测量平均值 $\bar{x}$ 附近的区间之内,用符号 u 表示。根据统计规律,不确定度 u 表示测量平均值 $\bar{x}$ 出现在区间 $(\bar{x}-u,\bar{x}+u)$ 内的置信概率 P 为68.3%。显然,不确定度 u 越小,测量结果的准确程度就越高,可靠性越大;反之,不确定度 u 越大,测量结果的准确程度就越低,可靠性越小。

1.2.2　不确定度的分类和简化计算

要计算不确定度的大小,就必须分析导致测量结果不确定的因素,并对这些因素进行分类、归纳,进而算出测量结果的不确定度。不确定度的严格计算是十分复杂的,为了使运算具有可操作性,本课程对不确定度的评定方法做了简化。

由误差理论已知:测量结果的不确定度一般来源于测量仪器、测量方法、测量环境等方面,我们将这些因素引起的误差归纳为两个分量——不确定度的 A 类分量和 B 类分量。

需要指出的是:A 类和 B 类不确定度不一定与系统误差、随机误差一一对应。

1) A 类不确定度

可以采用统计方法计算的不确定度称为 A 类不确定度或不确定度的 A 类分量,符号 u_A。由误差理论可知,A 类不确定度就是对被测量 x 进行 n 次等精度测量时的算术平均值 $\bar{x}$ 的标准偏差 $S_{\bar{x}}$,即

$$u_A = S_{\bar{x}} = \frac{S_x}{\sqrt{n}} = \sqrt{\frac{\sum_{i=1}^{n}(x_i - \bar{x})^2}{n(n-1)}} \qquad (1\text{-}2\text{-}1)$$

理论表明,当测量次数 n 大于 5(一般取 6 ~ 10)时,测量平均值 $\bar{x}$ 出现在区间 $(\bar{x}-u_A, \bar{x}+u_A)$ 内的置信概率 P 为 68.3%。当测量次数 n 较少($n \leq 5$)时,A 类不确定度服从 t 分布,满足如下关系:

$$u_A = t_p S_{\bar{x}} \qquad (1\text{-}2\text{-}2)$$

式中,t_p 为 t 分布因子,它与置信概率 P 有关,其值可查表 1-2-1。

表 1-2-1　t 分布因子 t_p

测量次数 n	2	3	4	5	6	7	8	9	10	20	30	∞
$P=68.3\%$	1.84	1.32	1.20	1.14	1.11	1.09	1.08	1.07	1.06	1.03	1.02	1.00
$P=95.4\%$	12.7	4.30	3.18	2.78	2.57	2.45	2.36	2.31	2.26	2.09	2.05	1.96

粗略计算时,一般取 $t_p = 1$,此时式(1-2-2)则简化为式(1-2-1)。

在测量条件不足或对测量准确度要求不高时,会对被测量进行单次测量($n=1$),此时,不存在统计方法求标准偏差 S_x 的问题,故 A 类不确定度 $u_A = 0$。

2) B 类不确定度

误差中所有非统计方法计算的不确定度称为 B 类不确定度或不确定度的 B 类分量,符号 u_B。为了简化,我们只考虑仪器误差 $\Delta_{仪}$,其均匀分布时引起的 B 类不确定度,满足如下关系:

$$u_B = \frac{\Delta_{仪}}{\sqrt{3}} \qquad (1\text{-}2\text{-}3)$$

3) 合成不确定度

实验中,被测量的不确定度往往不止一项,所以要评定一组测量结果的准确程度,就需要

把各项不确定度合成起来,这个合成起来的不确定度称为合成不确定度,符号 u_C。若各项不确定度的分量彼此独立,则它们的合成不确定度 u_C 满足以下关系:

$$u_C = \sqrt{\sum_{i=1}^{k} u_i^2} \qquad (1\text{-}2\text{-}4)$$

式中,k 为不确定度的项数,u_i 为某项不确定度,它既可以是 A 类不确定度,也可以是 B 类不确定度。

大多数的测量,A 类和 B 类不确定度分别只有一项,则式(1-2-4)简化为:

$$u_C = \sqrt{u_A^2 + u_B^2} = \sqrt{\frac{S_x^2}{n} + \frac{\Delta_{\text{仪}}^2}{3}} = \sqrt{S_{\bar{x}}^2 + \frac{\Delta_{\text{仪}}^2}{3}} \qquad (1\text{-}2\text{-}5)$$

由式(1-2-4)和(1-2-5)所决定的合成不确定度是对应于标准误差 S_x 而言的,其测量结果的置信概率 P 为 68.3%。若对某些测量要求较高的置信概率 P,就需要用扩展不确定度来表示测量的准确程度。

4) 扩展不确定度

扩展不确定度就是置信因子 h 与合成不确定度 u_C 的乘积,用符号 U 表示。即

$$U = h u_C \qquad (1\text{-}2\text{-}6)$$

式中,置信因子 $h=2$ 且为正态分布时,表明测量结果出现在 $(\bar{x}-2u_C, \bar{x}+2u_C)$ 区间的置信概率 P 为 95.4%;置信因子 $h=3$ 且为正态分布时,表明测量结果出现在 $(\bar{x}-3u_C, \bar{x}+3u_C)$ 区间的置信概率 P 为 99.7%。

需要指出的是,本课程所涉及的实验,如无特别要求,均不考虑扩展不确定度。

1.2.3 测量结果的相对不确定度

测量不确定度可以描述一组多次测量数据的准确程度(包括离散程度和测量范围),却不能描述测量结果相对于测量 平均值 $\bar{x}$ 的准确程度(接近程度)。例如,有两个测量结果分别为 $x_{甲} = 1.00$ mm,$u_{C甲} = 0.02$ mm、$x_{乙} = 10.00$ mm,$u_{C乙} = 0.02$ mm,两者的合成不确定度 $u_{C甲} = u_{C乙}$,但由于 $x_{甲} < x_{乙}$,显然测量的准确程度是不同的。为了描述测量结果接近测量平均值 $\bar{x}$ 的程度,我们引入相对不确定度的概念。

合成不确定度 u_C 对测量平均值 $\bar{x}$ 的 百分比称为相对不确定度,符号 E,即

$$E = \frac{u_C}{\bar{x}} \times 100\% \qquad (1\text{-}2\text{-}7)$$

相对不确定度 E 越小,说明测量结果越接近于测量平均值 $\bar{x}$,即测量结果相对于测量平均值 $\bar{x}$ 的准确度越高;反之,相对不确定度 E 越大,测量准确度就越低。不难算出,上述两个测量结果的相对不确定度分别是 $E_{甲} = 2.00\%$、$E_{乙} = 0.20\%$,乙测量比甲测量的准确度高。

如果在测量中,待测量的理论值或公认值(符号 X_0)已知,则可用百分误差 E_0 来表示测量结果相对于理论值或公认值的准确(接近)程度,即

$$E_0 = \frac{|\bar{x} - X_0|}{X_0} \times 100\% \qquad (1\text{-}2\text{-}8)$$

需要注意的是,百分误差 E_0 不具有统计意义,只表示测量的优劣。

由式(1-2-7)和(1-2-8)可以看出,相对不确定度 E 没有单位。

对一组测量数据进行不确定度的计算时,既要计算其合成不确定度 u_C,以表示不确定度的范围或测量数据的离散程度,又要计算其相对不确定度 E,以表示测量的精确程度。

1.3　不确定度的传递

物理实验中,间接测量量是通过对直接测量量的测量,再利用函数关系求得的。由于任何直接测量量的测量结果都存在误差,所以用这些存在误差的直接测量结果进行函数运算时,必定会将误差传递给间接测量量,这就是误差的传递。同理,直接测量结果的精确度评定是计算其合成不确定度和相对不确定度,这些不确定度必然会传递给间接测量量,这就是不确定度的传递。因此,间接测量结果的精确度评定就是计算间接测量量的合成不确定度和相对不确定度。

下面我们讨论彼此独立的直接测量量的误差的传递和不确定度的传递。

1.3.1　误差的传递

设间接测量量 N 与彼此独立的直接测量量 $x,y,z,\cdots$ 之间有函数关系

$$N = f(x,y,z,\cdots) \tag{1-3-1}$$

对此式求全微分,有

$$dN = \frac{\partial f}{\partial x}dx + \frac{\partial f}{\partial y}dy + \frac{\partial f}{\partial z}dz + \cdots \tag{1-3-2}$$

式(1-3-2)表明,当直接测量量 $x,y,z,\cdots$ 分别有微小增量 $dx,dy,dz,\cdots$ 时,间接测量量 N 就对应地产生了增量 dN。由于误差一般都远小于测量值,所以将微小增量 $dx,dy,dz,\cdots$ 分别看作直接测量量的误差,微小增量 dN 看作间接测量量的误差,而式(1-3-2)则称为误差传递公式。

设实验中,直接测量量 $x,y,z,\cdots$ 均进行了 n 次等精度测量,直接测量量的第 i 次测量误差分别为 $dx_i = x_i - \bar{x}, dy_i = y_i - \bar{y}, dz_i = z_i - \bar{z}, \cdots$,根据式(1-3-2)可得第 i 次间接测量量的误差为

$$dN_i = \frac{\partial f}{\partial x}dx_i + \frac{\partial f}{\partial y}dy_i + \frac{\partial f}{\partial z}dz_i + \cdots, i = 1,2,3,\cdots,n$$

等式两边平方得

$$dN_i^2 = \left(\frac{\partial f}{\partial x}\right)^2 dx_i^2 + \left(\frac{\partial f}{\partial y}\right)^2 dy_i^2 + \left(\frac{\partial f}{\partial z}\right)^2 dz_i^2 + \cdots + 2\left(\frac{\partial f}{\partial x}\right)\left(\frac{\partial f}{\partial y}\right)dx_i dy_i + 2\left(\frac{\partial f}{\partial x}\right)\left(\frac{\partial f}{\partial z}\right)dx_i dz_i + \cdots,$$ 由于

$x,y,z,\cdots$ 均是独立变量,因此微小增量 $dx_i,dy_i,dz_i,\cdots$ 的交叉项 $dx_i dy_i, dx_i dz_i, \cdots$ 均为零,则上式简化为

$$dN_i^2 = \left(\frac{\partial f}{\partial x}\right)^2 dx_i^2 + \left(\frac{\partial f}{\partial y}\right)^2 dy_i^2 + \left(\frac{\partial f}{\partial y}\right)^2 dz_i^2 + \cdots$$

等式两边对 n 次测量取和,有

$$\sum_{i=1}^{n} \mathrm{d}N_i^2 = \left(\frac{\partial f}{\partial x}\right)^2 \sum_{i=1}^{n} \mathrm{d}x_i^2 + \left(\frac{\partial f}{\partial y}\right)^2 \sum_{i=1}^{n} \mathrm{d}y_i^2 + \left(\frac{\partial f}{\partial z}\right)^2 \sum_{i=1}^{n} \mathrm{d}z_i^2 + \cdots, \ i = 1,2,3,\cdots,n$$

等式两边同除以 $n(n-1)$，并开方，得

$$\sqrt{\frac{\sum_{i=1}^{n} \mathrm{d}N_i^2}{n(n-1)}} = \sqrt{\left(\frac{\partial f}{\partial x}\right)^2 \frac{\sum_{i=1}^{n} \mathrm{d}x_i^2}{n(n-1)} + \left(\frac{\partial f}{\partial y}\right)^2 \frac{\sum_{i=1}^{n} \mathrm{d}y_i^2}{n(n-1)} + \left(\frac{\partial f}{\partial z}\right)^2 \frac{\sum_{i=1}^{n} \mathrm{d}z_i^2}{n(n-1)} + \cdots}, \ i = 1,2,3,\cdots,n$$

与式(1-1-9)比较，得

$$S_{\bar{N}} = \sqrt{\frac{\sum_{i=1}^{n} \mathrm{d}N_i^2}{n(n-1)}} = \sqrt{\left(\frac{\partial f}{\partial x}\right)^2 \frac{\sum_{i=1}^{n} \mathrm{d}x_i^2}{n(n-1)} + \left(\frac{\partial f}{\partial y}\right)^2 \frac{\sum_{i=1}^{n} \mathrm{d}y_i^2}{n(n-1)} + \left(\frac{\partial f}{\partial z}\right)^2 \frac{\sum_{i=1}^{n} \mathrm{d}z_i^2}{n(n-1)}}$$

$$= \sqrt{\left(\frac{\partial f}{\partial x}\right)^2 S_{\bar{x}}^2 + \left(\frac{\partial f}{\partial y}\right)^2 S_{\bar{y}}^2 + \left(\frac{\partial f}{\partial z}\right)^2 S_{\bar{z}}^2 + \cdots}, \ i = 1,2,3,\cdots,n \tag{1-3-3}$$

式(1-3-3)就是间接测量量 N 的算术平均值的标准误差传递公式。

1.3.2 不确定度的传递

根据不确定度理论，比较式(1-3-3)和式(1-2-1)可得间接测量量 N 的 A 类不确定度：

$$u_{AN} = \sqrt{\left(\frac{\partial f}{\partial x}\right)^2 u_{Ax}^2 + \left(\frac{\partial f}{\partial y}\right)^2 u_{Ay}^2 + \left(\frac{\partial f}{\partial z}\right)^2 u_{Az}^2 + \cdots} \tag{1-3-4}$$

理论证明，间接测量量 N 的 B 类不确定度近似服从式(1-3-4)的合成规律，即

$$u_{BN} = \sqrt{\left(\frac{\partial f}{\partial x}\right)^2 u_{Bx}^2 + \left(\frac{\partial f}{\partial y}\right)^2 u_{By}^2 + \left(\frac{\partial f}{\partial z}\right)^2 u_{Bz}^2 + \cdots} \tag{1-3-5}$$

根据式(1-2-5)可得间接测量量 N 的合成不确定度传递公式：

$$u_{CN} = \sqrt{\left(\frac{\partial f}{\partial x}\right)^2 u_{Cx}^2 + \left(\frac{\partial f}{\partial y}\right)^2 u_{Cy}^2 + \left(\frac{\partial f}{\partial z}\right)^2 u_{Cz}^2 + \cdots} \tag{1-3-6}$$

根据式(1-2-7)可求出间接测量量 N 的相对不确定度传递公式：

$$E_N = \frac{u_{CN}}{\bar{N}} = \sqrt{\left(\frac{\partial \ln f}{\partial x}\right)^2 u_{Cx}^2 + \left(\frac{\partial \ln f}{\partial y}\right)^2 u_{Cy}^2 + \left(\frac{\partial \ln f}{\partial z}\right)^2 u_{Cz}^2 + \cdots} \tag{1-3-7}$$

由以上讨论可见对间接测量量的不确定度的评定就是根据式(1-3-6)和(1-3-7)分别求出其合成不确定度和相对不确定度。不难看出，这两个公式的运算是比较复杂的，实际应用中，我们常用下面的规律来进行运算：

（1）对加减运算的函数关系，先求合成不确定度 u_{CN}，再根据式(1-2-7)求相对不确定度 E；

（2）对乘、除、乘方、开方等函数关系，先求相对不确定度 E，再根据式(1-2-7)求合成不确定度 u_{CN}。

各种函数求合成不确定度 u_{CN} 或相对不确定度 E 的计算公式见表1-3-1。

表 1-3-1　常见函数不确定度传递公式

函数 $N=f(x,y,z,\cdots)$	不确定度传递公式
$N=x\pm y$	$u_{CN}=\sqrt{u_{Cx}^2+u_{Cy}^2}$
$N=kx$	$u_{CN}=ku_{Cx},\ E_N=E_{Nx}=\dfrac{u_{Cx}}{\bar{x}}$
$N=\sin x$	$u_{CN}=|\cos x|u_{Cx}$
$N=\ln x$	$u_{CN}=\dfrac{u_{Cx}}{\bar{x}}$
$N=xy,\ N=\dfrac{x}{y}$	$E_N=\dfrac{u_{CN}}{N}=\sqrt{\left(\dfrac{u_{Cx}}{\bar{x}}\right)^2+\left(\dfrac{u_{Cy}}{\bar{y}}\right)^2}$
$N=\dfrac{x^k y^m}{z^n}$	$E_N=\dfrac{u_{CN}}{N}=\sqrt{k^2\left(\dfrac{u_{Cx}}{\bar{x}}\right)^2+m^2\left(\dfrac{u_{Cy}}{\bar{y}}\right)^2+n^2\left(\dfrac{u_{Cz}}{\bar{z}}\right)^2}$
$N=\sqrt[k]{x}$	$E_N=\dfrac{1}{k}E_x=\dfrac{1}{k}\dfrac{u_{Cx}}{\bar{x}}$

表中，k,m,n 是常数。需要注意的是，表中各直接测量量 $x,y,z,\cdots$ 均是相互独立的变量，否则运算将更复杂。

1.4　测量结果的表示

1.4.1　直接测量结果的表示

1) 单次测量结果的表示

实验中，进行单次测量时，测量结果的最佳值就是单次测量值 $x_{测}$，测量结果的 A 类不确定度 $u_A=0$，B 类不确定度满足式（1-2-3）。根据式（1-2-4），得合成不确定度

$$u_C=u_B=\frac{\Delta_{仪}}{\sqrt{3}} \tag{1-4-1}$$

我们将单次测量的结果表示为：

$$x=x_{测}\pm u_B=x_{测}\pm\frac{\Delta_{仪}}{\sqrt{3}} \tag{1-4-2}$$

单次测量结果的精确程度评定为：单次测量结果出现在 $\left(x_{测}-\dfrac{\Delta_{仪}}{\sqrt{3}},x_{测}+\dfrac{\Delta_{仪}}{\sqrt{3}}\right)$ 区间内的置信概率 P 为 68.3%。

2) 多次测量结果的表示

设一组重复次数为 n 的等精度测量，测量结果的最佳值就是该组测量的算术平均值，见式

（1-1-5）。根据式（1-2-1）、（1-2-3）、（1-2-4），可分别求出测量结果的 A 类不确定度 u_A、B 类不确定度 u_B、合成不确定度 u_C 和相对不确定度 E。

我们将多次测量的结果表示为：

$$x = \bar{x} \pm u_C \tag{1-4-3}$$

多次测量结果的精确程度评定为：多次测量结果出现在 $(\bar{x}-u_C, \bar{x}+u_C)$ 区间内的置信概率 P 为 68.3%。

1.4.2　间接测量结果的表示

设间接测量量 N 是彼此独立的直接测量量 $x, y, z, \cdots$ 的函数，即满足函数关系式（1-3-1）。在测出直接测量量最佳值 $\bar{x}, \bar{y}, \bar{z}, \cdots$ 的情况下，可算出间接测量量 N 的最佳值 $\bar{N}$ 为

$$\bar{N} = f(\bar{x}, \bar{y}, \bar{z}, \cdots) \tag{1-4-4}$$

由不确定度传递理论和式（1-3-4）、（1-3-5）、（1-3-6）、（1-3-7）可分别求出间接测量结果的 A 类不确定度 u_{AN}、B 类不确定度 u_{BN}、合成不确定度 u_{CN} 和相对不确定度 E_N。

我们将间接测量的结果表示为：

$$N = \bar{N} \pm u_{CN} \tag{1-4-5}$$

间接测量结果的精确程度评定为：间接测量结果出现在 $(\bar{N}-u_{CN}, \bar{N}+u_{CN})$ 区间内的置信概率 P 为 68.3%。

综上所述，测量结果无论是来自单次直接测量、多次直接测量，还是间接测量，其表达式均由最佳值 x_J 和合成不确定度 u_C 两部分构成（见式（1-4-2）、（1-4-3）、（1-4-5）），我们将它们统一表示为：

$$x = x_J \pm u_C \tag{1-4-6}$$

式（1-4-6）的统计意义（即测量结果的精确程度评定）是测量结果出现在 (x_J-u_C, x_J+u_C) 区间的置信概率 P 为 68.3%。

1.5　测量结果的质量评价

测量结果的优劣一般用精密度、准确度和精确度进行评价。

（1）精密度

精密度指的是测量结果的离散程度。它反映测量结果与算术平均值 $\bar{x}$ 的偏离程度，即反映随机误差的大小，但不能反映测量结果与真值 X 的偏离程度。精密度越高，测量的重复性越好，说明随机误差越小（即标准误差 S_x 越小）。

（2）准确度

准确度指的是测量结果与真值或理论值相符合的程度。准确度反映测量结果与真值 X 或理论值的偏离程度，即反映系统误差的大小，但不能反映测量结果与算术平均值 $\bar{x}$ 的偏离程度，即不能反映随机误差的大小。准确度越高，测量结果接近真值的程度越好，说明系统误差越小。

（3）精确度

精确度指的是测量结果的离散程度以及接近真值或理论值的程度。精确度既反映测量结果与算术平均值 $\bar{x}$ 的偏离程度，又反映测量结果与真值 X 或理论值的偏离程度，是系统误差和随机误差的综合反映。精确度越高，测量结果的重复性就越好，同时测量结果越接近于真值的程度也越高，即精密度和准确度都高。本章关于不确定度评定的理论就是基于测量结果的精确程度的理论。

图 1-5-1 可以形象地表示精密度、准确度和精确度的区别。

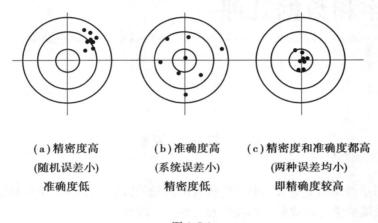

（a）精密度高
（随机误差小）
准确度低

（b）准确度高
（系统误差小）
精密度低

（c）精密度和准确度都高
（两种误差均小）
即精确度较高

图 1-5-1

习 题 1

1. 指出下列情况属于系统误差还是偶然误差？

（1）视差；　　　　　　　　（2）游标卡尺零点不准；

（3）检流计零点漂移；　　　　（4）水银温度计毛细管不均匀；

（5）电表接入误差；　　　　　（6）电压起伏导致电表读数不准。

2. 判断下列测量是直接测量还是间接测量？

（1）用弹簧测力计测量力的大小；　　（2）用天平秤物体的质量；

（3）用伏安法测量电阻；　　　　　　（4）用单摆测量重力加速度。

3. 说出测量结果的标准误差和不确定度的区别与联系。

4. 测量不确定度的 A 类分量和 B 类分量有何区别？ 当某物理量的测量不确定度的 A 类分量大于 B 类分量时，说明什么？ 反之，又说明了什么？

5. 写出间接测量量的不确定度传递公式。

6. 指出直接测量和间接测量结果的表示方法及其精确程度的统计意义。

7. 说明测量结果的精密度、准确度和精确度的区别。

第 **2** 章

有效数字和数据处理

2.1 有效数字与有效数字的计算

我们知道测量结果的最终表达形式应包含被测量的数值和单位。那么测量结果的数值如何确定呢？这就需要学习有效数字的概念及有效数字的计算方法。

2.1.1 有效数字

有效数字就是测量时测量到的数值，它由可靠数字和可疑数字两部分构成。可靠数字是在测量仪器的刻线上准确读出的数字，由该读数第一位非零数字到最后一位准确读数的位数称为可靠数字的位数。可疑数字是在测量仪器的两相邻刻线之间估读出来的数字，可疑数字只取一位，即可疑数字是有效数字的最后一位数字。有效数字的位数则是可靠数字与可疑数字的位数之和，即可靠数字的位数加 1。例如，用米尺测量某固体的长度时，固体左端与米尺零刻度对齐，固体右端与米尺对应刻线的读数就是固体的长度，如图 2-1-1(a)，读数为 $L =$ 1.64 cm，这个读数中 1.6 为可靠数字，可靠数字的位数是 2，4 是可疑数字，只有一位，1.64 是一个 3 位的有效数字。显然，有效数字是近似数值。

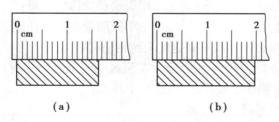

(a)　　　　　　　　　　(b)

图 2-1-1　米尺测量固体长度

在进行十进制单位变换时，有效数字的位数不能任意增减，有效数字的位数与小数点的位置无关。如图 2-1-1(a)的读数可以做如下变换，$L = 1.64$ cm $= 0.0164$ m $= 16.4$ mm，在这组单位变换中，1.64、16.4、0.0164 均是 3 位有效数字。但也会出现这样的情况，如 $L = 1.64$ cm $=$ 16400 μm，此时 16400 是一个 6 位的有效数字，与原有效数字 1.64 的位数不同，这是不允许的。为了避免有效数字位数的变化,我们采用科学计数法来表示有效数字,如 $L = 1.64$ cm $=$ 1.64×10^{-2} m $= 1.64 \times 10^{-5}$ km $= 1.64 \times 10^{4}$ μm $= 1.64 \times 10^{7}$ nm 等等。

在非十进制单位变换时,有效数字的位数由相应的不确定度来确定,如 $t = (1.8 \pm 0.1)$ min $=$ (108 ± 6) s。

有效数字中"0"在不同的位置时意义是不同的。"0"在有效数字的第一位非"0"数字之前时,不是有效数字,如图 2-1-1(a)的读数若写为 $L = 0.0164$ m,1 前面的 0.0 不是有效数字,该有效数字的位数仍为 3。"0"在有效数字的中间或末尾时是可靠数字,如图 2-1-1(b)中,固体长度的读数为 $L = 2.00$ cm,读数中间或末尾的"0"是有效数字,其可靠数字是 2.0,位数是 2,末尾的"0"是估读的数字,有效数字的位数是 3。该有效数字反映了测量仪器的最小分度值是 0.1 cm,若省略末尾的"0",写成 $L = 2.0$ cm,则有效数字的位数变为 2 位,仪器的最小分度值变为 1 cm,与测量仪器不能匹配。可见有效数字末尾的"0"不能随意取舍。

有效数字按其获得的方式分为直接测量有效数字和间接测量有效数字两种。直接测量有效数字是从测量仪器上直接读出的有效数字,它能够反映测量仪器的精度(即分度值),图 2-1-1(a)读出的读数 1.64 cm 就反映了米尺的最小分度为 0.1 cm。间接测量有效数字是对直接测量有效数字进行数学运算后得到的有效数字,它不能反映测量仪器的准确程度。如用秒表(分度值为 0.1 s)测量单摆的周期时,测得 100 个周期的时间为 178.2 s,可算出单摆的周期 $T = 1.782$ s,这个 T 显然不能反映秒表的分度值。

2.1.2　有效数字的修约规则

运算时,按一定规则舍入多余的尾数,称为数字的修约。过去我们使用的数字修约规则是"四舍五入"规则,这一规则的缺陷是入多舍少,舍、入的机会不均等,从而导致计算误差。为使舍、入机会相对均等,我们建立"四舍六入五入奇"的修约规则。

"四舍六入五入奇"就是以数字 5 作为分界,尾数小于 5 时,则舍;尾数大于 5 时,则入;尾数等于 5 时,若尾数前一位为奇数,则入,若尾数前一位为偶数,则舍,即总是把尾数前一位凑成偶数。

如,将下面的几组数字均修约到小数点后 3 位有效数字:

3.24335→3.243　　　小于 5 舍去　　　3.24360→3.244　　　大于 5 进位
3.24348→3.243　　　小于 5 舍去　　　3.24351→3.244　　　大于 5 进位
3.2435→3.244　　　等于 5 奇入　　　3.2445→3.244　　　等于 5 偶舍

需要指出的是:"四舍六入五入奇"的修约规则一般只用于有效数字的运算。而对于不确定度的修约,本书约定,无论是 A 类、B 类、合成不确定度,还是相对不确定度,均采用只入不舍的原则,但当被修约数字为 0 时,则不进位。A 类、B 类、合成不确定度的最终结果一般保留一位可疑数字,相对不确定度 E 小于 1% 时,保留一位可疑数字,大于 1% 时最多保留两位可疑数字。如:

$$u_c = 0.032 \to 0.04, u_c = 0.0302 \to 0.03,$$
$$E = 1.326\% \to 1.4\%, E = 0.306\% \to 0.3\%。$$

2.1.3　有效数字的计算

间接测量有效数字是对直接测量有效数字进行数学运算而获得的近似数值。运算过程中遵循的总原则如下：

（1）可靠数字之间的任何运算，其结果仍为可靠数字；

（2）运算中只要有可疑数字，其结果必为可疑数字；

（3）运算公式中的常数，如 π，$\sqrt{2}$，$\frac{1}{2}$ 等，需要几位数就取几位数，最后结果的有效数字位数由直接测量的有效数字位数决定。

下面介绍有效数字的运算法则。

1）加减运算法则

统一单位后的几个有效数字进行加（减）运算时，其运算结果的有效数字的取舍决定于精度最低（即仪器分度值最大）的那个有效数字，或决定于小数点后位数最少的那个有效数字。如单位相同的 3 个有效数字为 25.47、0.0231、1.16832，其中 25.47 的精度最低，同时小数点后的位数最少，故它们相加的结果是：$25.4\underline{7}+0.023\underline{1}+1.1683\underline{2}=26.6\underline{6}$。

2）乘除运算法则

几个有效数字乘除运算的结果，其有效数字的位数与参与运算的有效数字中位数最少的那个有效数字相同。如：$53.21\times0.1\underline{3}=6.\underline{9}$，$256.8/12.\underline{1}=21.\underline{2}$，$63.5\times15.23\underline{3}/1.55\underline{1}=62\underline{4}$。

3）乘方、开方运算法则

有效数字的乘方或开方的结果，其有效数字的位数与底数的有效数字的位数相同。如：$\sqrt{22.3\underline{5}}=4.72\underline{8}$，$33.1\underline{5}^{2}=109\underline{9}$。

4）对数运算法则

有效数字对数运算的结果，其有效数字的位数与真值的有效数字的位数相同。如：$\lg 9.\underline{6}=0.9\underline{8}$，而不是 $\lg 9.\underline{6}=0.98\underline{2}$ 或 $\lg 9.\underline{6}=0.982\underline{3}$。

5）指数运算法则

有效数字指数运算的结果，其有效数字小数点后的位数与指数中小数点后的位数相同。如：$5^{2.32}=41.8\underline{4}$。

6）三角函数运算法则

有效数字三角函数运算的结果，一般采用试探法，即将自变量的可疑数字位上下波动一个单位，观察其结果在哪一位上波动，运算结果的可疑数字位就取在该位上。如：计算 $\sin 0.62\underline{8}$，则分别计算出 $\sin 0.62\underline{8}=0.587\ 5$，$\sin 0.62\underline{9}=0.588\ 3$，$\sin 0.62\underline{7}=0.586\ 7$，比较可见，自变量 0.628 的可疑数字 8 上下变动时，计算结果在小数点后第 3 位发生波动，因此可疑数字位就是小数点后第 3 位，即 $\sin 0.62\underline{8}=0.58\underline{7}$。

需要指出的是：

（1）对有效数字进行计算时，首先要将参与运算的测量数据（即有效数字）按照对应的物理量统一单位，再利用运算法则进行计算。

（2）有效数字的运算法则只是一个基本原则，实际应用中，为了避免多次取舍而造成误差的积累效应，常在中间运算时多取一位或两位有效数字，最后的结果中，有效数字的位由不确定度所在位来决定，多余的数字按修约规则舍入。

（3）按照公式（1-4-6）表示测量结果时，测量结果的最佳值 x_J 与合成不确定度 u_C 的有效数字应相互匹配，要求在单位相同的条件下，测量结果最佳值 x_J 与不确定度 u_C 的最后一位位置对齐。如：某金属圆柱体直径的多次测量结果为 $d=(20.13\pm0.02)$ mm。

例 1　用等级为 0.5 级,量程为 75 mV 的电压表测量某电路的电压时,电表指针在 127.2 格(满刻度为 150 格),试写出电压值的测量结果,并计算相对不确定度。

解:这是单次测量的计算

仪器误差:$\Delta_{仪} = 0.5\% \times 75$ mV $= 0.375$ mV

合成不确定度:$u_C = \dfrac{\Delta_{仪}}{\sqrt{3}} = \dfrac{0.375}{1.732}$ mV ≈ 0.216 mV ≈ 0.3 mV

最佳值:　　$U_J = U_{测} = \dfrac{127.2}{150} \times 75$ mV $= 63.6$ mV

测量结果:　　$U = (63.6 \pm 0.3)$ mV

相对不确定度:$E = \dfrac{u_C}{U_J} \times 100\% = \dfrac{0.3}{63.6} \times 100\% \approx 0.471\% \approx 0.5\%$

例 2　用精度为 0.01 mm 的螺旋测微器测量某金属丝的直径 d 共 10 次,测量数据如表 2-1-1。试计算金属丝直径的算术平均值 $\bar{d}$ 和不确定度,写出测量结果。

表 2-1-1　**螺旋测微器测量金属丝直径 d 的数据表**　　　　　单位:mm

次数 i	1	2	3	4	5	6	7	8	9	10
金属丝直径 d_i	1.022	1.030	0.986	0.993	1.015	0.988	0.993	1.001	0.976	1.025

解:这是多次测量的计算

金属丝直径的算术平均值:$\bar{d} = \dfrac{\sum\limits_{i=1}^{10} d_i}{10}$ mm $= 1.0029$ mm ≈ 1.003 mm

A 类不确定度(算术平均值的标准误差):$u_A = S_{\bar{d}} = \sqrt{\dfrac{\sum\limits_{i=1}^{10}(d_i - \bar{d})^2}{10 \times (10-1)}}$ mm ≈ 0.0060 mm

据题意,螺旋测微器的仪器误差为 $\Delta_{仪} = 0.01$ mm

B 类不确定度:$u_B = u_{仪} = \dfrac{\Delta_{仪}}{\sqrt{3}} = \dfrac{0.01}{1.73}$ mm ≈ 0.0058 mm

合成不确定度:

$$u_C = \sqrt{u_A^2 + u_B^2} = \sqrt{0.0060^2 + 0.0058^2} \approx 0.008345 \text{ mm} \approx 0.009 \text{ mm}$$

相对不确定度:$E = \dfrac{u_C}{\bar{d}} \times 100\% = \dfrac{0.009}{1.003} \times 100\% \approx 0.9\%$

金属丝直径的测量结果:$d = \bar{d} \pm u_C = (1.003 \pm 0.009)$ mm

例 3　在单摆测量重力加速度的实验中,已算出摆长的测量结果为 $L = (99.78 \pm 0.01)$ cm,周期的测量结果为 $T = (1.996 \pm 0.002)$ s。根据公式 $g = \dfrac{4\pi^2 L}{T^2}$ 计算重力加速度的测量结果及不确定度。

解：据题意，

摆长的算术平均值 $\overline{L} = 99.78$ cm $= 0.9978$ m，合成不确定度 $u_{CL} = 0.01$ cm $= 0.0001$ m，

单摆周期的算术平均值 $\overline{T} = 1.996$ s，合成不确定度 $u_{CT} = 0.002$ s，

根据公式，代入测量数据，可求出重力加速度：

$$\overline{g} = \frac{4\pi^2 \overline{L}}{\overline{T}^2} = \frac{4 \times 3.14^2 \times 0.9978}{1.996^2} \approx 9.877 \text{ m/s}^2 = 987.7 \text{ cm/s}^2$$

查表 1-5-1 对照间接不确定度传递公式，得相对不确定度：

$$E = \sqrt{1^2 \times \left(\frac{u_{CL}}{\overline{L}}\right)^2 + (-2)^2 \times \left(\frac{u_{CT}}{\overline{T}}\right)^2} = \sqrt{\left(\frac{0.0001}{0.9978}\right)^2 + 4 \times \left(\frac{0.002}{1.996}\right)^2} \approx 0.0018 \approx 0.2\%$$

合成不确定度：$u_{Cg} = E \times \overline{g} = 0.2\% \times 9.877$ m/s$^2 \approx 0.0198$ m/s$^2 \approx 2$ cm/s^2

测量结果：$g = (988 \pm 2)$ cm/s^2

2.2　数据处理的方法

数据处理就是对测量获得的数据进行记录、整理、计算、分析，进而得出结论的过程。数据处理的基本方法有：列表法、作图法、逐差法和最小二乘法等。

2.2.1　列表法

列表法是数据处理时最基本的方法之一。它适用于对同一物理量进行多次测量或测量几个物理量之间函数关系时的情况。用这种方法处理数据时，各数据之间和物理量之间的函数关系和规律直观明了，条理清晰，便于检查核对，易于发现实验中的问题。

列表法没有统一的格式，需要根据实验的具体情况进行设计，一般应遵循以下几个原则：

（1）表序号和表名写在表格上方。

（2）各栏目要写出物理量的符号，并注明单位及量值的数量级。记录的数值不写单位。如果全表的单位一样，也可以将单位注明在表的右上角，如表 2-1 的情况。

（3）栏目的排列顺序应充分考虑数据间的联系和计算的顺序，力求简单明了、内容全面、行列分配恰当、数值大小按序排列，以便于核对和处理。

（4）原始测量数据应正确反映有效数字，不可随意涂改（不应使用铅笔，而应使用钢笔、圆珠笔、中性笔等），对不得不修改的数据，应在原始数据上划杠，以便检查核对。记录数据时，对测量数据为"0"的情况，必须填在表格内，不应省去，因为空格表示没有测量的情况。表格内必须填写数值，不允许填写"同上""同左"等字样。

（5）表格中除了有原始数据外，通常还有中间计算结果，如算术平均值、误差、不确定度等。

（6）测量条件或说明用简明的语言写在表的下方。

2.2.2　图解法

图解法是一种直观形象的数据处理方法。用图解法处理数据的一般顺序是：首先对测量

数据作图,然后对图线进行参数的计算,进而得到数据的结果。

1)作图规则

(1)选择合适的坐标纸

本课程主要使用直角坐标纸。坐标纸的大小要根据实验数据和数值范围确定。原则上应使坐标纸的最小分格与测量仪器的分度值相当(即与可疑数字所在位对应),坐标纸的大小应能包含所有实验数据对应的点。

(2)合理确定坐标轴和坐标轴的标度

通常以横坐标表示自变量,纵坐标表示因变量,在坐标纸上画出坐标轴,在轴端用箭头标示出方向,并在旁边写明该轴所表示的物理量的符号和单位,书写时物理量符号在前,单位在后,用斜杠分开,如 L/cm、U/mV 等。

坐标轴的起点不一定从"0"开始,一般可根据实验数据,选择小于最小实验数据的某一整数作为起点。

标注坐标轴的标度(或分度)就是在坐标轴上每隔一定的距离,用数值标明物理量的量值。一般坐标分度选择等距离整齐的数值,如"2""4""6"…。标注好的坐标分度应能使人正确、迅速地找到。用作坐标分度间隔的数值一般选择"1""2""5""10"等,不选择"3""6""7""9"等。

纵横坐标轴的长度一般按照 5∶4 或 4∶5 的比例匹配。

合理确定坐标轴的标度,是为了使所绘图线尽可能占据整个坐标纸而不至于偏在坐标纸的一角,使图像既美观又清晰。

(3)描点要准确

在坐标纸上找出每个实验数据对应的位置,用削尖的铅笔(HB 铅笔)准确点出。常见的标示符号有"×""+""⊙"等。同一坐标纸上的不同图线的实验点,应使用不同的符号,以便区分。

(4)连线要光滑

连线时应使用直尺、三角板、曲线板、削尖的硬铅笔等工具,根据实验数据点的分布趋势连接成光滑曲线。曲线应尽可能多地通过实验点。由于测量误差的存在,对于曲线不能通过的实验点,应尽量使它们等量均匀地分布在曲线两侧,同时与曲线的距离尽可能小。对于个别远离曲线的点,应进行检查,对于错误的数据,连线时不予考虑。

在曲线的转弯处,测量时应缩小测量间隔(即减小自变量的增量),以获得较密的实验点,使图线能更精确地反映实验规律。

(5)写明图名、注解、说明

图名一般用物理量的符号表示,如 I-U 图,图名要写在坐标纸的显著位置。

根据需要,可以在图名的下方标注作者姓名、作图日期、实验条件和数据来源等作为注释和说明。

2)图解法求曲线参数

(1)直线的斜率和截距

图线为直线时,设直线方程为 $y=kx+b$,其中 k 为直线的斜率,b 为直线的截距。在直线上任取两点 $A(x_1,y_1)$、$B(x_2,y_2)$(注意:两点距离越远,误差就越小),将两点的坐标分别代入直线方程,有

$$\begin{cases} y_1 = kx_1 + b \\ y_2 = kx_2 + b \end{cases}$$

联立,解得:

$$\begin{cases} k = \dfrac{y_2 - y_1}{x_2 - x_1} \\ b = y_1 - \dfrac{y_2 - y_1}{x_2 - x_1} \cdot x_1 \end{cases} \tag{2-2-1}$$

式(2-2-1)就是图解法求斜率和截距的计算公式,这样求得的斜率和截距往往都具有一定的物理意义。

需要注意的是:作图法拟合的直线是基于描点连线的方法,对实验点的连线具有一定的任意性,因此用作图法求出的斜率、截距及函数关系误差较大,精确程度较差,只能粗略地表示测量结果。

例4 金属电阻与温度的关系近似表示为 $R = R_0(1+\alpha t)$,R_0 是 $t = 0$ ℃时的电阻,α 是电阻的温度系数,表 2-2-1 是电阻 R 随温度 t 变化时测量的一组数据。试用图解法求解电阻与温度的关系。

表 2-2-1　电阻 R 随温度 t 变化时的测量数据

测量次数 i	1	2	3	4	5	6	7
$t/℃$	10.5	26.0	38.3	51.0	62.8	75.5	85.7
R/Ω	10.423	10.892	11.201	11.586	12.025	12.344	12.679

解:①建立 R-t 直角坐标轴,标出物理量的符号和单位,根据表 2-2-1 的数据规定温度 t 的起点 10.0 ℃,电阻 R 的起点 10.300 Ω。

t 轴标度:$\dfrac{90.0-10.0}{17} = 4.7$,取 10.0 ℃/cm;

R 轴标度:$\dfrac{12.80-10.400}{25} = 0.096$,取 0.200 Ω/cm,如图 2-2-1。

②将表 2-2-1 中数据中所有实验点(10.5,10.423)、(26.0,10.892)、…均标在坐标纸的对应位置上。

③将标出的实验点用光滑的直线连接起来,注意实验点应尽量等量均匀地分布在连线两侧,同时与连线的距离尽可能小。

④在显著位置写明图名等,如图 2-2-1 所示。

⑤求解参数:

在直线上取两点 $A(13.0,10.500)$ 和 $B(83.5,12.600)$

求直线的斜率:$b = \dfrac{R_B - R_A}{t_B - t_A} = \dfrac{12.600-10.500}{83.5-13.0} = \dfrac{2.100}{70.5} \approx 0.0298$ Ω/℃

将 A 点坐标及斜率代入电阻与温度的关系式,求得 $t = 0$ ℃时的电阻

$$R_0 = R_A - bt_A = 10.500 - 0.0298 \times 13.0 = 10.113 \ \Omega$$

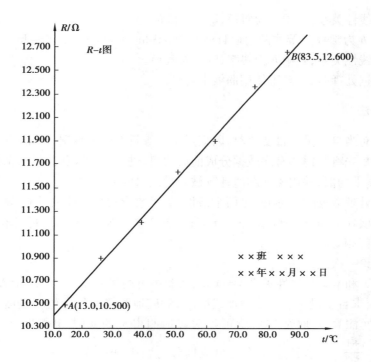

图 2-2-1　某金属电阻与温度的关系曲线

电阻的温度系数：$\alpha = \dfrac{b}{R_0} = \dfrac{0.0298}{10.113} \approx 2.95 \times 10^{-3} \, ℃^{-1} = 0.029\ 5 \ ℃^{-1} \approx 0.030 \ ℃^{-1}$

电阻与温度的关系：$R = 10.113 \times (1 + 2.95 \times 10^{-3} t) \, \Omega$。

（2）外推法

外推法就是将测量数据绘制的图线向外延伸，得到测量范围以外的数据点的方法。例如，将例 4 中拟合的直线（图 2-2-1）延长，就可以确定当温度为 0 ℃ 时，该导线的电阻值为 10.113 Ω；

需要注意的是：只有物理量的关系在外延范围内成立的情况下，才允许使用外推法。如图 2-2-1 的图线，纵坐标表示电阻，不能取负值，因而纵坐标的值不能外延到负轴上。

（3）曲线求解法

当两个物理量间的关系为非线性关系时，绘制的图线是曲线，在曲线上求解难度较大。如果通过适当的变换，将非线性关系变换为线性关系，那么对应的图线就由曲线变换成直线，这样就可以将曲线参数的运算转换为直线参数的运算，使物理量的求解变得简单。我们把这种将非线性关系变换为线性关系的方法称为函数关系的线性化。线性化最常用的方法是替换法。如：

①$xy = c$（c 为常数），令 $z = \dfrac{1}{x}$，则 $y = cz$；

②$x = c\sqrt{y}$（c 为常数），令 $z = x^2$，则 $y = \dfrac{1}{c^2} z$；

③$y = ax^b$（a、b 为常数），等式两边取对数，得 $\lg y = \lg a + b \lg x$，令 $Y = \lg y$，$X = \lg x$，则 $Y = bX + \lg a$。

变换后的函数为线性关系,其中 b 为斜率,$\lg a$ 为截距。

④$y=ae^{bx}$(a、b 为常数),等式两边取自然对数,得 $\ln y=\ln a+bx$,令 $z=\ln y$,则 $z=\ln a+bx$。变换后的函数为线性关系,其中 b 为斜率,$\ln a$ 为截距。

本教材对数据处理时,一般不使用曲线求解法。

2.2.3 逐差法

逐差法是针对当自变量等量变化时,因变量也做等量变化的情况,而采用的数据处理的方法。这种方法就是先将测得的有序数据分成前后两组,进行等间隔相减后,再将所得差值作为因变量,取其逐差平均值,并用该平均值计算被测量结果的方法。

用这种方法处理数据时,必须满足两个条件:①函数形式是线性关系 $y=kx+a$,或函数形式是自变量 x 的多项式 $y=a_0+a_1x+a_2x^2+\cdots+a_nx^n$;②自变量 x 等间距变化,即每相邻两组数据的自变量增量 Δx_0 都相等。

本教材只讨论一次逐差法。

设两物理量 x 和 y 满足线性关系 $y=kx+a$,实验中可测得 x 和 y 以及增量 Δx 和 Δy,k 是待测量。测量时,要求自变量 x 等间距增加或减小,对应地测得 y 的量值。显然,如果 x 等间距增加或减小 n 次(注意:n 取奇数),就可以对应地测得 y 的 $n+1$ 组数据 $y_0,y_1,\cdots,y_{i-1},y_i,y_{i+1},\cdots,y_n$,令 $i=\dfrac{n+1}{2}$。逐差法就是将这组数据分为两组,前一组是 $y_0,y_1,\cdots,y_{i-1}$,后一组是

$y_i,y_{i+1},\cdots,y_n$。这两组数据的对应项相减,求得一系列差值 $\begin{cases}\Delta y_1=y_i-y_0\\\Delta y_2=y_{i+1}-y_1\\\quad\vdots\\\Delta y_i=y_n-y_{i-1}\end{cases}$。

求出它们的平均值

$$\overline{\Delta y}=\frac{\Delta y_1+\Delta y_2+\cdots+\Delta y_i}{i}$$

$\overline{\Delta y}$ 就是自变量 x 等间距增加或减小 $i\Delta x_0$ 时对应变量 y 产生的平均增量。

由线性关系可以得到公式

$$k=\frac{\overline{\Delta y}}{i\Delta x_0} \tag{2-2-2}$$

将上述自变量增量 Δx 和对应变量 y 的平均增量 $\overline{\Delta y}$ 代入式(2-2-2)即可求出待测量 k 的结果。

逐差法的优点在于:①充分利用了测量数据,提高了实验数据的利用率;②对数据取平均的效果,减小了随机误差的影响;③可减小数据处理中仪器误差的分量;④可及时发现差错或数据的分布规律,及时纠正或及时总结数据规律。它是一种常用的数据处理方法,今后的实验中有许多实验都采用这种方法处理数据,如金属丝杨氏模量的测定、金属线膨胀系数的测定、牛顿环实验等。

逐差法通常结合列表法使用。

例 5 已知电阻 R 两端电压 U 与通过电阻的电流 I 满足线性关系 $I=\dfrac{U}{R}$,伏安法测电阻的

实验数据如表 2-2-2。试用逐差法求电阻。

表 2-2-2　伏安法测电阻的实验数据表

测量次数 i	1	2	3	4	5	6	7	8
U/V	0.00	2.00	4.00	6.00	8.00	10.00	12.00	14.00
I/mA	0.00	4.23	8.25	12.72	17.15	21.18	25.22	29.70

解：由测量数据可知，电压等间距增大 $\Delta U_0 = 2.00$ V，$n=7$ 次，测得 8 组数据，令 $i=\dfrac{n+1}{2}=4$，将数据分为前后两组，前一组对应的电流为 0.00 mA、4.23 mA、8.25 mA、12.72 mA，后一组对应的电流为 17.15 mA、21.18 mA、25.22 mA、29.70 mA。两组数据的对应项相减，得：
$\Delta I_1 = 17.15-0.00 = 17.15$ mA、$\Delta I_2 = 21.18-4.23 = 16.95$ mA、$\Delta I_3 = 25.22-8.25 = 16.97$ mA、$\Delta I_4 = 29.70-12.72 = 16.98$ mA。

分组和对应项相减的结果通常设计在数据表中，见表 2-2-3。

表 2-2-3　伏安法测电阻的实验数据表

测量次数 i	1	2	3	4	5	6	7	8
U/V	0.00	2.00	4.00	6.00	8.00	10.00	12.00	14.00
I/mA	0.00	4.23	8.25	12.72	17.15	21.18	25.22	29.70
$\Delta I_i/mA$	17.15	16.95	16.97	16.98				

电流差的平均值：$\overline{\Delta I}=\dfrac{\Delta I_1+\Delta I_2+\Delta I_3+\Delta I_4}{4}\approx 17.01$ mA，

根据式（2-2-2），有 $\dfrac{1}{R}=\dfrac{\overline{\Delta I}}{\Delta U}$，则电阻 $R=\dfrac{\Delta U}{\overline{\Delta I}}=\dfrac{i\Delta U_0}{\overline{\Delta I}}=\dfrac{4\times 2.00\ \text{V}}{17.01\ \text{mA}}\approx 0.470\ \text{k}\Omega$

2.2.4　最小二乘法

通过作图法能够得到一组实验数据的拟合直线（或曲线），并总结出变量之间的函数关系，但用这种方法拟合的直线（或曲线）精确性较差，所描述的实验结果不具有唯一性，只能粗略地表示测量结果。最小二乘法在处理数据时有着严格的理论依据，拟合的直线（或曲线）更精确，在确定了函数形式后，对其结果的描述具有唯一性，因而克服了作图法的缺点。

用最小二乘法将符合线性（或非线性）拟合条件的数据拟合为一条直线（或曲线），并求得变量之间线性（或非线性）方程的方法，称为最小二乘法的线性（或非线性）拟合。所拟合的直线（或曲线）称为最佳直线（或最佳曲线）。所求得的线性方程（或非线性方程）称为线性（或非线性）回归方程。本教材只讨论最小二乘法的线性拟合。

最小二乘法的原理表述为：若能找到一条最佳的拟合直线，则该拟合直线上各相应点的值与测量值之差的平方和在所拟合直线中是最小的。

设两变量 x、y 之间存在线性关系，回归方程为

27

$$y = a + bx \qquad (2\text{-}2\text{-}3)$$

式中,a、b 是未知量;变量 x,y 是可测量量,对 x、y 进行等精度 n 次测量,获得一组数据 x_i,y_i $(i = 1, 2, \cdots, n)$,假定这组数据中,x_i 不存在测量误差,只有 y_i 存在测量误差,则对于 x_i 来说,测量值 y_i 和最佳直线上对应的 y 值之间存在的偏差 δy_i 为

$$\delta y_i = y_i - y = y_i - (a + bx_i) \qquad (i = 1, 2, \cdots, n)$$

如图 2-2-2 所示。

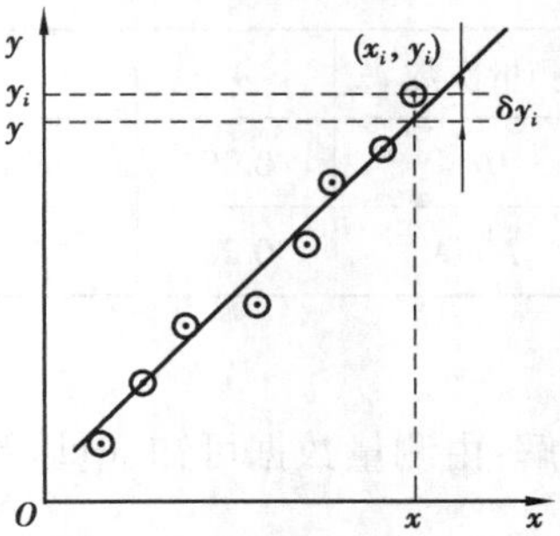

测量值偏差的平方和为

$$S = \sum_{i=1}^{n} (\delta y_i)^2 = \sum_{i=1}^{n} [y_i - (a + bx_i)]^2 \qquad (2\text{-}2\text{-}4)$$

图 2-2-2 测量值 y_i 的偏差 δy_i

式中,x_i,y_i 是测量数据,是已知量,a、b 待定,是未知量。

根据最小二乘法原理,S 应有最小值,将 a、b 当做变量,按照极小值的条件:

$$\frac{\partial S}{\partial a} = 0, \frac{\partial S}{\partial b} = 0, \frac{\partial^2 S}{\partial a^2} > 0, \frac{\partial^2 S}{\partial b^2} > 0,$$

首先,对式(2-2-4)求一阶微商,可得:

$$\frac{\partial S}{\partial a} = -2 \sum_{i=1}^{n} (y_i - a - bx_i) = 0$$

$$\frac{\partial S}{\partial b} = -2 \sum_{i=1}^{n} (y_i - a - bx_i)x_i = 0$$

联立解得:

$$a = \frac{\sum\limits_{i=1}^{n} x_i \sum\limits_{i=1}^{n} (x_i y_i) - \sum\limits_{i=1}^{n} x_i^2 \sum\limits_{i=1}^{n} y_i}{\left(\sum\limits_{i=1}^{n} x_i\right)^2 - n \sum\limits_{i=1}^{n} x_i^2} \qquad (2\text{-}2\text{-}5)$$

$$b = \frac{\sum\limits_{i=1}^{n} x_i \sum\limits_{i=1}^{n} y_i - n \sum\limits_{i=1}^{n} (x_i y_i)}{\left(\sum\limits_{i=1}^{n} x_i\right)^2 - n \sum\limits_{i=1}^{n} x_i^2} \qquad (2\text{-}2\text{-}6)$$

引入符号 $\bar{x} = \dfrac{1}{n} \sum\limits_{i=1}^{n} x_i$,$\bar{y} = \dfrac{1}{n} \sum\limits_{i=1}^{n} y_i$,$\bar{x}^2 = \left(\dfrac{1}{n} \sum\limits_{i=1}^{n} x_i\right)^2$,$\overline{x^2} = \dfrac{1}{n} \sum\limits_{i=1}^{n} x_i^2$,$\overline{xy} = \dfrac{1}{n} \sum\limits_{i=1}^{n} (x_i y_i)$,

式(2-2-5)、(2-2-6)简化为:

$$\begin{cases} a = \bar{y} - b\bar{x} \\ b = \dfrac{\bar{x} \cdot \bar{y} - \overline{xy}}{\bar{x}^2 - \overline{x^2}} \end{cases} \qquad (2\text{-}2\text{-}7)$$

再对式(2-2-7)求二阶微商,可得:$\dfrac{\partial^2 S}{\partial a^2} > 0, \dfrac{\partial^2 S}{\partial b^2} > 0$,可见式(2-2-7)给出的 a、b 就是测量值偏差平方和 S 的极小值,即式(2-2-7)就是线性回归方程的待定参数 a 和 b 的最佳值,它们分别是线性方程的截距和斜率。由此也获得了测量数据 x_i,y_i $(i = 1, 2, \cdots, n)$ 的最佳直线拟合方程。

28

根据统计理论,可以证明参数 a 和 b 的标准偏差分别为:

$$S_a = \sqrt{\frac{\sum\limits_{i=1}^{n} x_i^2}{n \sum\limits_{i=1}^{n} x_i^2 - (\sum\limits_{i=1}^{n} x_i)^2}} \cdot S_y = \sqrt{\frac{\overline{x^2}}{n(\overline{x^2} - \overline{x}^2)}} \cdot S_y \tag{2-2-8}$$

$$S_b = \sqrt{\frac{n}{n \sum\limits_{i=1}^{n} x_i^2 - (\sum\limits_{i=1}^{n} x_i)^2}} \cdot S_y = \sqrt{\frac{1}{n(\overline{x^2} - \overline{x}^2)}} \cdot S_y \tag{2-2-9}$$

式中 S_y 为可测量量 y 的标准偏差,即

$$S_y = \sqrt{\frac{\sum\limits_{i=1}^{n} (\delta y_i)^2}{n-2}} = \sqrt{\frac{\sum\limits_{i-1}^{n} (y_i - a - b x_i)^2}{n-2}}$$

由上面的讨论可见,在已知变量 x、y 的函数关系为线性形式的条件下,利用最小二乘法拟合直线时,只需确定待定系数 a 和 b。但在实际测量时,变量间的函数关系往往是未知的,这就需要首先判断获得的实验数据是否满足线性关系。判断这一关系的物理量称为相关系数 r,其定义为:

$$r = \frac{\overline{xy} - \overline{x} \cdot \overline{y}}{\sqrt{(\overline{x^2} - \overline{x}^2)(\overline{y^2} - \overline{y}^2)}} \tag{2-2-10}$$

可以证明,r 的取值范围是 $-1 < r < +1$,即 $|r| < 1$。$r = \pm 1$ 表示变量 x、y 是完全线性相关,此时实验数据点全部落在拟合直线上。在实验中这是不可能达到的,$|r|$ 越接近于 1,实验数据点在拟合直线附近的分布就越密集,实验数据越接近于拟合直线,随着 $|r|$ 的减小,实验数据的线性越来越差,当 $r = 0$ 时,实验数据的变量 x、y 完全无关,此时不能用最小二乘法的线性拟合进行数据处理,而应采取其他函数关系进行拟合。一般认为,$|r| \geqslant 0.9$ 时变量 x、y 之间线性关系较好,可用最小二乘法进行线性拟合。

例 6　已知电阻测量仪器的仪器误差 $\Delta_{仪} = 0.05\ \Omega$,根据例 4 所给数据,用最小二乘法拟合金属电阻 R 与温度 t 的最佳线性关系,并求出测量的不确定度。

解:设金属电阻 R 与温度 t 的线性回归方程为:$R = R_0 + kt$

(1)求 R_0 与 k 的最佳值

由测量数据算得:$\sum\limits_{i=1}^{7} t_i = 349.8\ ℃$,$\sum\limits_{i=1}^{7} t_i^2 = 21842.72\ ℃$,

$\sum\limits_{i=1}^{7} R_i = 81.150\ \Omega$,$\sum\limits_{i=1}^{7} (t_i R_i) = 418.2501\ ℃·\Omega$

根据式(2-2-5)、(2-2-6),代入以上各符号求得:

$$R_0 = \frac{\sum\limits_{i=1}^{7} t_i \sum\limits_{i=1}^{7} (t_i R_i) - \sum\limits_{i=1}^{7} t_i^2 \sum\limits_{i=1}^{7} R_i}{(\sum\limits_{i=1}^{7} t_i)^2 - n \sum\limits_{i=1}^{7} t_i^2} \approx 10.092\ \Omega,$$

$$k = \frac{\sum\limits_{i=1}^{7} t_i \sum\limits_{i=1}^{7} R_i - n \sum\limits_{i=1}^{7} (t_i R_i)}{\left(\sum\limits_{i=1}^{7} t_i \right)^2 - n \sum\limits_{i=1}^{7} t_i^2} \approx 0.030 \ \Omega/℃$$

(2)求 R 的不确定度

R 的 A 类不确定度(即标准偏差):

$$u_{AR} = S_R = \sqrt{\frac{\sum\limits_{i=1}^{7} (R_i - R_0 - kt_i)^2}{n-2}} \approx 0.036 \ \Omega$$

R 的 B 类不确定度:$u_{BR} = \dfrac{\Delta_仪}{\sqrt{3}} = \dfrac{0.05}{1.73} \approx 0.029 \ \Omega$

R 的合成不确定度:$u_{CR} = \sqrt{u_{AR}^2 + u_{BR}^2} \approx 0.05 \ \Omega$

(3)求 R_0 与 k 的标准偏差

R_0 的标准偏差:$S_{R_0} = \sqrt{\dfrac{\sum\limits_{i=1}^{7} t_i^2}{n \sum\limits_{i=1}^{7} t_i^2 - \left(\sum\limits_{i=1}^{7} t_i \right)^2}} S_R \approx 0.031 \ \Omega$

k 的标准偏差:$S_k = \sqrt{\dfrac{n}{n \sum\limits_{i=1}^{7} t_i^2 - \left(\sum\limits_{i=1}^{7} t_i \right)^2}} S_R \approx 0.002 \ \Omega/℃$

(4)测量结果

待测量的测量结果:$R_0 = (10.090 \pm 0.031) \ \Omega$,$k = (0.030 \pm 0.002) \ \Omega/℃$

金属电阻 R 与温度 t 的最佳线性关系为:$R = 10.092 + 0.030t$。

习题 2

1.下面各读数中,哪几位是可靠数字? 哪位是可疑数字? 有效数字的位数是多少?

(1)长度 16.20 cm;　　　　　(2)长度 15.8 cm;　　　　　(3)长度 3.6×10^{-2} cm;

(4)温度 42.3 ℃;　　　　　(5)质量 0.005 g。

2.把下列数据修约到小数点后第二位。

(1)3.6125;　　　　　　　(2)5.6361;　　　　　　　(3)0.315;

(4)32.53502;　　　　　　(5)65.335;　　　　　　　(6)80.265001。

3.改正下列错误。

(1)0.20330 的有效数字为 6 位;　　(2)$m = (25390 \pm 200)$ kg;

(3)$L = (52.353 \pm 1.4)$ cm;　　　　(4)$d = (2.420 \pm 0.02)$ mm;

(5)$t = (20.5478 \pm 0.321)$ s;　　　　(6)$R = 6371$ km $= 6371000$ m $= 637100000$ cm。

4.利用相对不确定度比较下列测量数据的优劣。

(1)$x_1 = 53.68 \pm 0.05$ mm;　　　　(2)$x_2 = 0.366 \pm 0.004$ mm;

（3）$x_3 = 0.008 \pm 0.002$ mm；　　　　　　（4）$x_4 = 1.96 \pm 0.03$ mm。

5.根据有效数字运算法则计算下列各式：

（1）$327.0 + 0.13$；　　　　（2）$105.62 - 2.3$；　　　　（3）16.2×0.18；

（4）$\sqrt{2} \times (12.3 + 2.13)$；　　（5）$\dfrac{2 \times 2.52^2 \pi}{223.5 - 201.7}$；　　（6）$\dfrac{10.00 \times (327.0 + 0.13)}{(72.00 - 63.00) \times 1.6} + 10.00$。

6.用满刻度为 150 格 0.5 级电压表测量电阻两端的电压,选用 150 mV 量程,当指针指在 128 格整刻度时,(1)求电压表的仪器误差;(2)写出该电压值的测量结果。

7.利用单摆测量重力加速度 g,当摆角 $\theta < 5°$ 时,摆动周期 $T = 2\pi\sqrt{\dfrac{l}{g}}$,$l$ 为摆长。现已求出测量结果 $l = (97.69 \pm 0.03)$ cm,$T = (1.984 \pm 0.023\ 5)$ s。试求重力加速度 g 的测量值和不确定度,并写出测量结果。

8.用仪器误差 $\Delta_{仪} = 0.002$ cm 的游标卡尺测量钢丝直径 d,其初始值为 -0.002 mm,测量数据见下表,试求钢丝直径的测量值和不确定度,并写出测量结果。

游标卡尺测量钢丝直径 d 的数据表　　　　　　　　　　　　　　　　　　单位:mm

次　数	1	2	3	4	5	6	7	8	9	10
d	1.801	1.799	1.802	1.798	1.799	1.800	1.801	1.802	1.800	1.802

9.金属丝的长度随温度变化时满足线性关系 $L = L_0(1 + \alpha t)$ cm,其中 L_0 是 0 ℃时金属丝的长度,α 是线膨胀系数。测得如下表所示的数据。试分别用作图法、逐差法求金属丝的线膨胀系数 α 及它在 0 ℃时的长度 L_0。

金属丝长度 L 随温度 t 变化时的测量数据

次　数	1	2	3	4	5	6	7	8
$t/℃$	30.0	40.0	50.0	60.0	70.0	80.0	90.0	100.0
$L/$cm	60.124	60.162	60.206	60.242	60.284	60.320	60.366	60.402

10.试用最小二乘法对习题 9 的数据做直线拟合,求出 α 和 L_0 并写出回归方程。若已知线膨胀系数测量仪的仪器误差 $\Delta_{仪} = 0.03$ mm,试计算测量的不确定度。

第 **3** 章
物理实验的基本测量方法

物理量的测量就是以物理理论为依据,以实验装置和实验技术为手段进行测量的过程,是物理实验的一个重要环节。本章介绍物理实验中常用的测量方法,主要有比较法、平衡法、补偿法、放大法、模拟法、转换测量法、光学实验法等等。

3.1 比较法

我们知道测量就是将待测量与法定计量标准进行比较的过程,因此测量的最基本的方法就是比较法。比较法就是将待测量与标准量具或仪器进行直接或间接比较,从而获得待测量之值的测量方法。比较法又分为直接比较法和间接比较法。

3.1.1 直接比较法

将待测量与标准量具或仪器进行直接比较而获得待测量之值的测量方法,称为直接比较法。如图 2-1 所示的用米尺测量工件的长度,又如用秒表测量时间等,都是通过直接比较法获得测量结果的。

需要注意的是:直接比较法获得测量结果的不确定度受到标准量具或仪器的影响,因此必须定期对标准量具或仪器进行校准,并按照其使用条件进行测量。

3.1.2 间接比较法

利用物理量之间的函数关系,制成与待测量相关的标准量具或仪器,将待测量与该标准量具或仪器进行比较而间接地获得待测量之值的测量方法,称为间接比较法。如利用水银受热膨胀与温度的关系制成的水银温度计来测量体温,这就是间接比较法的测量。

间接比较法的实现一般要通过某种手段(如平衡法、补偿法、转换法)才能实现,如天平就是通过力矩平衡的原理设计的,弹簧秤是利用补偿原理设计的。可见,平衡法、补偿法等测量方法是为了实现间接比较而采用的不同手段。事实上,所有的测量方法本质上都是比较的方法。为了阐明各种测量方法的原理,下面介绍通过各种手段实现测量的方法。

3.2　平衡法

平衡法是将待测量与已知物理量相比较,并使两物理量之间的差异缩小到零,通过判断测量系统是否平衡来获得测量结果的方法。常用的平衡法有力学平衡法、电学平衡法和稳态平衡法。

3.2.1　力学平衡法

力学平衡是指力、力矩等力学量之间的平衡,它是最简单、最直观的一种平衡法。称量质量的天平就是根据这一原理设计的,测量质量时当天平的指针静止在零刻度位置或在零刻度位置等幅摆动时,天平达到力矩平衡,此时待测物体的质量与已知物体(即砝码)的质量相等。

3.2.2　电学平衡法

电学平衡是指电流、电压等电学量之间的平衡。如直流电桥测电阻(惠斯通电桥测电阻)实验,当电桥平衡时,电流计指针示为零,此时满足平衡条件 $R_x = \left(\dfrac{R_1}{R_2} \right) R_s$,由此求出 R_x。

3.2.3　稳态测量法

物理量测量系统处于静态或动态平衡时的状态称为稳态,利用这一状态进行测量的方法就是稳态测量法。如数字式温度计就是利用稳态原理制成的,在测量温度时,应在设定温度下稳定一段时间后再读数。

3.3　补偿法

补偿法就是将某种原因对测量系统的影响弥补回来,以获得测量结果的方法。补偿法通常结合比较法、平衡法使用。物理实验中,补偿法既可用于测量,也可用于消除系统误差。

3.3.1　补偿法用于测量

补偿法用于测量时,补偿测量系统通常由补偿装置和指零装置两部分构成。补偿装置产生补偿效应,获得设计规定的测量准确度;指零装置则是一个比较系统,用于显示被测量与补偿量的比较结果。如弹簧秤就是一个补偿测量系统;又如,电位差计测量电源的电动势和内阻的实验(详见第 5 章实验 4)也采用了补偿法。

3.3.2　补偿法用于消除系统误差

实验中,往往存在无法消除的系统效应,从而产生系统误差。补偿法可以在实验中引入相同的补偿效应来补偿那些无法消除的系统效应,以消除系统误差。

光学实验中,常配置适当的光学补偿器用来抵消光路中的光学器件所引起的光程差,如迈克尔逊干涉仪中的补偿板(详见第 6 章实验 4)就是它的应用。

3.4 换测法

实验中,根据物理量之间的某种效应或函数关系将难以测量或不便测量的待测量转换为易于测量的物理量,从而获得测量结果的方法称为转换测量法,简称为换测法。这种方法是间接测量法的一种手段。换测法分为参量换测法和能量换测法。

3.4.1 参量换测法

参量换测法就是利用参量间的变换效应及其函数关系进行间接测量来获得测量结果的方法。如,在测量不规则形状固体的体积时,用排水法将固体体积的测量转换为排开水的容积的测量,这样既使得测量过程易于进行,也大大减小了测量误差。又如,杨氏模量实验中,杨氏模量 E 难以直接测量,但金属丝所受的应力 F 以及应变 ΔL、长度 L、截面积 S 等参量易于测量,根据函数关系 $E = \dfrac{\dfrac{F}{S}}{\dfrac{\Delta L}{L}}$,将杨氏模量的处理转换为力及长度等其他参量的测量,进而间接测出杨氏模量的结果。物理实验中,采用参量换测法的例子还有很多。

3.4.2 能量换测法

我们知道不同的运动形式拥有不同的能量。能量换测法就是将不易测量的运动形式转换为易于测量的与之相对应的其它运动形式,来进行间接测量的方法。实现这一能量转换的仪器就是传感器。

传感器可以将热学参量转换为电学参量,即热电换测。如,利用热电偶测量温度时,就是利用材料的温差电动势原理,将温度的测量转换为对热电偶的温差电动势的测量。

传感器可以将力学参量(如压力)转换为电学参量,即压电换测。如,话筒就是将声波的压力变化转换成相应的电压变化;扬声器则是相反的情况。

传感器可以将光学参量(如光通量)转换为电学参量,即光电换测。其转换的原理就是光电效应,常用的转换器件有光电管、光电倍增管、光电池、光敏二极管等。近年来,这些器件已在计算机输入系统、测量和控制系统、光通信系统等方面得到了广泛的应用。

传感器还可以将磁学参量转换为电学参量,即磁电换测。其转换器件是半导体霍尔效应元件(见第 5 章的实验 9)。

3.5 放大法

实验中,有些待测量很小,无法被实验人或仪器直接感知和反应,这就需要将待测量按照某种规律放大后再进行测量。这种将被测量放大后再测量的方法称为放大法。常用的放大法有积累放大法、机械放大法、电学放大法和光学放大法等。

3.5.1　积累放大法

实验中,某些微小物理量具有时间或空间上的周期性,在一个周期内的测量结果可能会产生较大的不确定度,如果在多个周期内进行测量,再求出其平均值,就可以大大减小不确定度。这种对周期性被测量先进行多周期测量,再计算出单周期值的测量方法称为积累放大法。

在测量重力加速度的实验中,测量单摆的周期就利用了积累放大法,先测量单摆累计摆动 50 或 100 个周期的时间,再算出单摆的周期。设秒表的仪器误差为 $\Delta_{秒}$,用积累放大法测得单摆周期的误差为 $\dfrac{\Delta_{秒}}{50}$ 或 $\dfrac{\Delta_{秒}}{100}$。可见积累放大法的使用提高了测量精度,从而减小了测量的不确定度。

迈克尔逊干涉实验中,测量相邻干涉明(或暗)条纹的间距时,也采用了积累放大法。

3.5.2　机械放大法

机械放大法又称为力学放大法,它是利用力学量之间的几何关系将被测量进行转换放大,从而提高测量的精度的方法。机械放大法常用来测量微小长度或角度。

螺旋测微器就是将沿螺杆移动的长度转换成套筒的转动,每当螺杆移动一格(即 0.5 mm)时,套筒就转动一周(约 50 mm),使微小被测量的长度放大了约 100 倍 $\left(\dfrac{50\ \text{mm}}{0.5\ \text{mm}}\right)$ 同时提高了测量精度。

等臂天平测量物体质量时,需要将天平的横梁调整到水平状态,这用眼睛是很难判断的。用固定在横梁上的与横梁垂直的长指针就可以将横梁的微小倾斜放大,使天平易于调平。

3.5.3　电学放大法

电学放大法就是将微小的电学物理量(电流、电压和功率)放大的方法。如交流电的共射极三极管放大电路,如图 3-5-1 所示,当交流电压 U_S 由基极和发射极输入时,在集电极和发射极之间就输出放大了的交流电压 u_o,使电压信号得以放大。

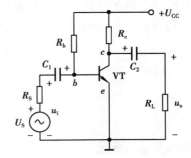

图 3-5-1　交流电的共射级放大电路

3.5.4　光学放大法

光学放大法有两种。一种是使被测物通过光学仪器形成放大的像,以增大视角,便于观察。常用的有测微目镜、读数显微镜等。另一种是先将被测物理量用光学方法放大,然后测量被放大的物理量的方法。杨氏模量的测量实验中,光杠杆的工作原理就是用光学方法将微小的长度变化量 Δl 转换为放大了的长度变化量 $\Delta x\left(\approx\dfrac{2H}{D}\Delta l\right)$,从而实现微小量测量的,其放大倍数 $\left(\dfrac{2H}{D}\right)$ 为 25~100 倍。

3.6　模 拟 法

有些物理现象和过程难以测量或无法测量、或即使可以测量也必须付出很大的代价,如地震等灾害的研究;有些抽象的物理现象的研究,如电场、磁场性质的研究,一方面难以引入仪器,另一方面即使引入仪器,仪器也会对原始状态(电场、磁场的性质)产生影响,使测量失去意义。此时,常采用模拟法来实现物理过程的测量。

模拟法就是不直接研究物理现象或物理过程,而是根据被研究的物理现象或物理过程,模拟设计出一个相似的模型,通过对模型的测量来间接地对原现象或过程进行研究的方法。模拟法分为物理模拟法和数学模拟法两种。

3.6.1　物理模拟法

物理模拟法就是模型与原物理现象或过程的本质相同的模拟,即在物理模拟的过程中,必须保证模拟的几何相似性、动力学相似性等物理模拟条件。如光测弹性法模拟工件内部应力的情况;在实验室模拟地震来研究地震的规律。

3.6.2　数学模拟法

数学模拟法就是模型的规律与原物理现象或过程的规律有相同的数学表达形式的测量方法,即在数学模拟的过程中,模型与原物理现象或过程的本质不同,只须保证模拟的规律具有数学相似性,就可以进行测量研究。如用稳定电流场模拟静电场进行研究,就是利用了稳定电流场与静电场的分布规律具有相同的数学表达形式的相似规律。

有些物理现象或过程的测量把物理模拟法和数学模拟法结合起来,可以获得较好的测量效果。随着实验技术的提高,计算机模拟已在越来越多的地方显示出其优越性,有着广阔的发展前景。

3.7　光 学 测 量 法

光学测量法就是利用光学原理(如干涉、衍射等)制成测量仪器实现测量的方法。随着实验技术的提高,光学测量法已在越来越多的地方应用于实验和生产检测当中。根据所采用的光学原理的不同,光学测量法又分为干涉法、衍射法、光谱法和光测法等。

3.7.1　干涉法

以光的干涉原理为理论依据,通过对干涉条纹的明或暗纹间距进行测量,来实现对微小长度、微小角度或光波波长等待测量的间接测量,这种测量方法就是干涉测量法,简称干涉法。干涉法所使用的仪器叫干涉仪,迈克尔逊干涉仪就是典型的干涉测量仪器。

3.7.2　衍射法

衍射法以光的衍射原理为理论依据,测量时在光场中放置一线度与入射光波长相近的狭缝或障碍物(如细缝、小孔、细丝、光栅等),在其后方会出现衍射图样,通过对衍射图样的测量和分析,可间接测出狭缝或障碍物的线度。如利用射线在晶体中的衍射,可以进行物质结构的分析。

3.7.3　光谱法

光谱法就是利用光谱学的原理,通过光栅或棱镜,将物质发出的光分解成按照波长排列的光谱,进而对物质的结构和化学性质进行研究的测量方法。光谱法是常用的灵敏、快速、准确的近代仪器分析方法之一,已广泛地用于地质、冶金、石油、化工、农业、医药、生物化学、环境保护等许多方面。

3.7.4　光测法

光测法就是以激光做光源,利用声-光、电-光、磁-光等物理效应,将声、电、磁等需要精确测量的物理量转换为光学量进行间接测量的方法。光测法在工程技术中已成为重要的测量手段。

以上是物理实验中常用的测量方法。事实上,在一个具体的物理实验中,往往是多种实验手段和测量方法综合应用的。在实验过程中,应认真思考,不断总结,灵活运用各种测量方法,才能获得精确度更高的测量结果。

习题 3

物理实验中常用的测量方法有哪些? 说明各种测量方法的测量原理。

第 **4** 章

力学和热学实验

‒‒‒

实验 1　长度的测量

长度是基本物理量之一,许多其他的物理量也常常化为长度量进行测量,如用温度计测量温度就是把温度的变化转化为水银柱长度的变化加以测量;用电表测量电流或电压就是把电流或电压转化为指针偏转的距离加以测量等,因此长度测量是一个基础性测量。物理实验中常用的测量长度的仪器有:米尺、游标卡尺、螺旋测微器、读数显微镜等。通常用量程和分度值表征这些仪器的规格。量程表示仪器的测量范围,分度值表示仪器所能准确读到的最小数值,分度值的大小反映了仪器的精密程度。一般来说,分度值越小,仪器越精密。

4.1.1　实验目的

1.理解游标卡尺、螺旋测微器、读数显微镜的测量原理,掌握其使用方法。
2.掌握数据处理中有效数字的运算法则及表示测量结果的方法。
3.熟悉直接和间接测量中的不确定度的计算。

4.1.2　实验仪器

不锈钢直尺,游标卡尺,螺旋测微器,读数显微镜,空心圆柱体、钢珠、钢丝。

4.1.3　实验原理

1)游标卡尺
用普通的米尺测量长度,只能准确地读到毫米位,毫米以下的一位要凭经验估计,要使读数准确到 0.1 mm 或更小时,一般采用游标卡尺和螺旋测微器。
(1)游标卡尺的结构
游标卡尺又叫游标尺或卡尺,它是为了使米尺测量得更准确一些,在米尺上附加了一段能够滑动的有刻度的小尺,叫做游标。利用它可将米尺估读的那位数值准确地读出来。因此,它是一种常用的比米尺精密的长度测量仪器。利用游标卡尺可以用来测量物体的长度、孔深及内外直径等。

　　游标卡尺的外形如图 4-1-1 所示。它主要由两部分构成：与量爪 AA' 相连的主尺 D；与量爪 BB' 及深度尺 C 相连的游标 E。游标 E 可紧贴着主尺 D 滑动。量爪 A、B 用来测量长度和外径，量爪 A'、B' 用来测量内径，深度尺 C 用来测量槽的深度，他们的读数值都是由游标的 0 线与主尺的 0 线之间的距离表示出来。

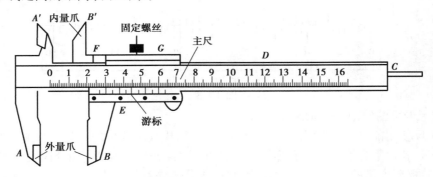

图 4-1-1　游标卡尺

　　（2）游标卡尺的测量原理

　　游标卡尺在构造上的主要特点是：游标刻度尺上 m 个分格的总长度和主刻度尺上的 $(m-1)$ 个分格的总长度相等。设主刻度尺上每个等分格的长度为 y，游标刻度尺上每个等分格的长度为 x，则有

$$mx = (m-1)y \qquad (4\text{-}1\text{-}1)$$

主刻度尺与游标刻度尺每个分格的差值是

$$\delta x = y - x = \frac{1}{m}y = \frac{\text{主尺上最小分度值}}{\text{游标上分度格数}} \qquad (4\text{-}1\text{-}2)$$

式中，δx 为游标卡尺所能准确读到的最小数值，即分度值（或称游标精度）。若把游标等分为 10 个分格（即 $m = 10$），这种游标卡尺叫做"十分度游标"。"十分度游标"的 $\delta x = 1/10$ mm。这是由主刻度尺的刻度值与游标刻度值之差给出的，因此 δx 不是估读的，它是游标卡尺所能准确读到的最小数值，即游标卡尺的分度值。若 $m = 20$，则游标卡尺的最小分度为 $1/20$ mm = 0.05 mm，称为 20 分度游标卡尺；还有常用的 50 分度的游标卡尺，其分度值为 $1/50$ mm = 0.02 mm。

　　（3）游标卡尺的读数

　　游标卡尺的读数表示的是主刻度尺的 0 线与游标刻度尺的 0 线之间的距离。读数可分为两部分：首先，从主刻度尺上与游标刻度上 0 线对齐的位置读出整数部分 L_1（整毫米位）；然后，根据游标刻度尺上与主刻度尺对齐的刻度线读出不足毫米分格的小数部分 L_2，则两者相加就是测量值，即 $L = L_1 + L_2$。下面介绍实验室常用的 10 分度的游标卡尺的读数方法。

　　如图 4-1-2 所示，第一步从主刻度尺上可读出的准确数是 30 mm，即 $L_1 = 30$ mm，第二步找到游标上的第 7 根刻线（不含 0 刻线）与主刻度尺上的某一刻度线对齐，则读数为 $L_2 = 7 \times 0.1$ mm = 0.7 mm，其中 0.1 mm 为该游标卡尺的分度值，所以图 4-1-2 所示的游标卡尺的读数为 $L = L_1 + L_2 = 30$ mm + 0.7 mm = 30.7 mm。

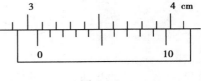

图 4-1-2

同理,图 4-1-3 所示,五十分度游标的读数方法是,第一步从主刻度尺上可读出的准确数是3 mm,即 $L_1 = 3$,第二步找到游标上的第 22 根刻线(不含 0 刻线)与主刻度尺上的某一刻度线对齐,则该读数为 $L_2 = 22×0.02$ mm $= 0.44$ mm,所以图 4-1-3 所示的游标卡尺的读数为 $L = L_1 + L_2 = 3.44$ mm。

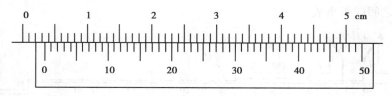

图 4-1-3

(4)游标卡尺的使用与注意事项

游标卡尺使用前,应该先将游标卡尺的卡口合拢,检查游标尺的 0 刻线和主刻度尺的 0 刻线是否对齐。若对不齐说明卡口有零点误差,应记下零点读数,用以修正测量值。使用游标卡尺时,推动游标刻度尺的过程中,不要用力过猛,卡住被测物体时松紧应适当,更不能卡住物体后再移动物体,以防卡口受损;用完后两卡口要留有间隙,锁紧固定螺丝,然后将游标卡尺放入包装盒内,不能随便放在桌上,更不能放在潮湿的地方。

2)螺旋测微器(千分尺)

螺旋测微器是比游标卡尺更为精密的测量长度的仪器,其量程比游标卡尺小,为 25 mm,分度值也比游标卡尺小,通常为 0.01 mm。螺旋测微器常用来测量准确度要求较高的物体的长度。

(1)螺旋测微器的结构及机械放大原理

实验室常用的螺旋测微器的结构如图 4-1-4 所示,螺旋测微器的尺架成弓形,一端装有测砧 2,测砧很硬,以保持基面不受磨损。测微螺杆 3(露出的部分无螺纹,螺纹在固定套管内)和微分筒 6、棘轮 7(测力装置)相连。当微分筒相对于固定套管转过一周时,测微螺杆前进或后退一个螺距,测微螺杆端面和测砧之间的距离也改变一个螺距长。实验室常用的螺旋测微器的螺距为 0.5 mm,沿着微分筒周界刻有 50 等分格,固定套管上刻有毫米刻度线。因此,当微分筒转过 1 分格时,测微螺杆沿轴线前进或后退 0.5/50 = 0.01 mm,该值就是这种螺旋测微器的分度值。在读数时可估计到最小分度的 1/10,即 0.001 mm,这就是螺旋测微器的机械放大原理,故螺旋测微器又称为千分尺。

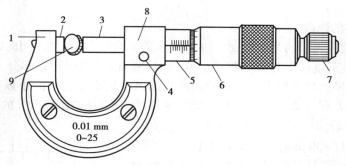

图 4-1-4　螺旋测微器

1—尺架　2—测砧　3—测微螺杆　4—锁紧装置　5—固定套筒

6—微分筒　7—棘轮　8—螺母套管　9—被测物

（2）螺旋测微器的读数

首先，观察固定标尺读数准线（即微分筒前缘）所在的位置，可以从固定标尺上读出整数部分，每格 0.5 mm，即可读到半毫米。其次，以固定标尺的刻度线为读数准线，读出 0.5 mm 以下的数值，估计读数到最小分度的 1/10，然后两者相加。

如图 4-1-5（a）所示，整数部分是 5.5 mm（因固定标尺的读数准线已经超过了 0.5 mm 刻度线，所以是 5.5 mm），副刻度尺上的圆周刻度是 15 的刻线正好与读数准线对齐，即 0.150 mm，所以，其读数值为 5.5+0.150＝5.650 mm。同理，图 4-1-5（b）的读数为 5.150 mm。

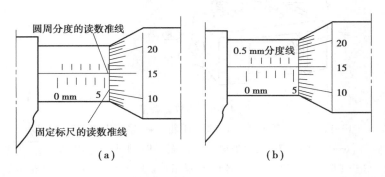

图 4-1-5

（3）螺旋测微器的使用与注意事项

用螺旋测微器测量物体的长度时，将待测物放在测砧和测微螺杆之间后，不得直接拧转微分筒，而应先轻轻转动棘轮，使测微螺杆前进，当它们以一定的力使待测物夹紧时，测力装置中的棘轮即发出"喀、喀"的响声。这样操作，不至于把待测物夹的过紧或过松，影响测量结果，也不会压坏被测物体和测微螺杆的螺纹。螺旋测微器能否保持测量结果的准确，关键是能否保护好测微螺杆的螺纹。

在使用螺旋测微器测量物体长度前必须读取初读数，即转动棘轮，当测微螺杆和测砧刚好接触时，记录固定套管上的准线在微分筒上的示值，即为初读数，考虑初读数后，测量结果应是：测量值＝读数值-初读数。在记录时还应该注意初读数的正、负值。

螺旋测微器使用完毕，应将测微螺杆退回几转，使测微螺杆与测砧之间留有空隙并锁紧螺丝，以免在受热膨胀时两者过分压紧而损坏测微螺杆。

3）读数显微镜

螺旋测微器虽能估读到千分之一毫米，但对于有些测量工作却很难或根本无法胜任，如刻线宽度、纤维粗细、光学系统的成像宽度等。然而，读数显微镜却能很好地完成这些物理量的测量工作。

（1）读数显微镜的结构

读数显微镜的结构如图 4-1-6 所示，从构造上可分为机械部分和光学部分。光学部分由显微镜及反光镜组成，显微镜又由物镜和目镜组成。目镜筒中装有十字叉丝。显微镜的作用是放大所测量的物体，反光镜的作用是给测量物提供合适的照明。机械部分由相互垂直的两个螺旋测微器、可旋转的载物台、调焦手轮、底座、支柱等组成。旋转两个螺旋测微器，可使载物台分别沿两互相垂直的方向移动。

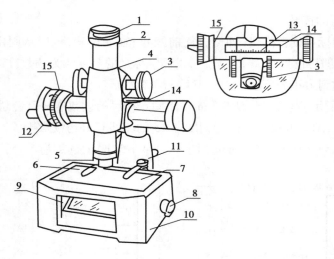

图 4-1-6　读数显微镜

1—目镜　2—锁紧圈　3—调焦手轮　4—镜筒支架　5—物镜
6—压紧片　7—台面玻璃　8—手轮　9—平面镜　10—底座
11—支架　12—测微手轮　13—标尺指示　14—标尺　15—测微指示

（2）读数显微镜的工作原理

读数显微镜的测微螺距为 1 mm（即标尺分度），测微鼓轮的周边上刻有 100 个分格，每格为 0.01 mm。鼓轮旋转一周，显微镜筒水平移动 1 mm，当测微鼓轮每旋转过一分格，显微镜筒将沿标尺移动 0.01 mm。0.01 mm 即为读数显微镜的最小分度。水平移动的距离（毫米数）由水平标尺上读出，小于 1 mm 的数，由测微鼓轮读出，两者之和就是此时读数显微镜的位置坐标值。

（3）读数显微镜的测量与读数

旋转目镜使十字叉丝清晰；转动调焦手轮，从目镜中观察使被测工件成像清晰；旋转目镜筒使十字叉丝与显微镜移动方向平行，具体调节步骤为：①当从显微镜中看到清晰的物像后，在像上选取易于选取的一点 A 作为参考点（如图 4-1-7（a）所示）。②移动物体（或载物台），使 A 点和十字叉丝交点"O"重合（如图 4-1-7（b）所示）。③转动读数鼓轮，A 点和 O 点将沿同一条直线相互离开（如图 4-1-7（c）所示）。④转动目镜筒使十字叉丝中一根通过 A 点，则该水平叉丝即与显微镜移动方向平行（如图 4-1-7（d）所示）；移动物体，使待测物一边与竖直叉丝相切（如图 4-1-7（e）所示），使被测工件的被测横截面和显微镜移动方向平行；测量时，从标尺和鼓轮上读出位置坐标 x，然后转动读数鼓轮，使叉丝线与待测物另一边相切，读出位置坐标 x'，则待测物长度 $L=|x-x'|$。

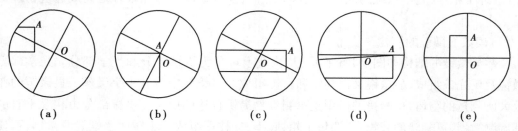

（a）　　　　（b）　　　　（c）　　　　（d）　　　　（e）

图 4-1-7　读数显微镜的十字叉丝线与待测物一边相切

（4）读数显微镜使用注意事项

①在松开每个锁紧螺丝时,必须用手托住相应部分,以免其坠落和受冲击;

②注意防止回程误差,由于螺丝和螺母不可能完全密合,螺旋转动方向改变时它的接触状态也改变,两次读数将不同,由此产生的误差叫回程误差。为防止此误差,测量时应向同一方向转动,使十字线和目标对准,若移动十字线超过了目标,就要多退回一些,重新再向同一方向转动。

4.1.4　实验内容与步骤

1）用游标卡尺测量空心圆柱体的体积

（1）练习正确使用游标卡尺。首先将游标卡尺的下量爪完全合拢,记录游标卡尺的初读数。然后移动游标,练习正确读数。

（2）测量空心圆柱体的外径 D、内径 d 和高度 H 各 6 次。注意:测量时,应该在圆柱体周围的不同位置上测量高度,沿轴线的不同位置上测量内径和外径,且每两次测量都应在互相垂直的位置上进行,将数据填入表 4-1-1 中。

（3）计算各测量量的平均值。修正由于游标卡尺初读数引入的系统误差,得到各测量量的测量结果。

（4）计算空心圆柱体的体积及不确定度,正确表示测量结果。

2）用螺旋测微器测量钢珠的体积

（1）练习正确使用螺旋测微器。首先记录初读数。然后移动测微螺杆,练习正确读数。

（2）测量钢珠的直径 d（在不同位置上测 6 次）,将数据填入表 4-1-2 中。

（3）计算各测量量的平均值。修正由于初读数引入的系统误差,得到 d 的测量结果。

（4）计算钢珠的体积及不确定度,正确表示测量结果。

3）用读数显微镜测量钢丝的直径

（1）将被测件放在工作台面上,用压片固定。调整目镜,使十字叉丝清晰。

（2）调节目镜进行视度调整,使分划板清晰;转动调焦手轮,从目镜中观察,使被测件成象清晰;调整被测件,使其被测部分的横面和显微镜移动方向平行。

（3）转动测微鼓轮,使十字分划板的纵丝对准被测件的起点,记下此值(在标尺上读取整数,在测微鼓轮上读取小数,此二数之和即是此点的读数) x,沿同方向转动测微鼓轮,使十字分划板的纵丝恰好停止于被测件的终点,记下此值 x',则所测之长度计算可得 $L=|x-x'|$。注意在一次测量过程中,测微鼓轮应沿一个方向旋转,中途不得反转,以免引起回程差。

4.1.5　实验数据及处理

1）用游标卡尺测量空心圆柱体的体积

（1）将测量数据填入表 4-1-1 中,并计算各测量值的平均值和误差

零点读数 $D_0 =$ 　　mm,

游标卡尺的仪器误差 $\Delta N_{仪} =$ 　　mm。

表 4-1-1　游标卡尺测量空心圆柱体的体积

游标分度数:$n=$　　　　　　　　最小分度值:$\delta=$

次　数	外径 $D/(\text{mm})$	$\Delta D/(\text{mm})$	内径 $d/(\text{mm})$	$\Delta d/(\text{mm})$	高 $H/(\text{mm})$	$\Delta H/(\text{mm})$
1						
2						
3						
4						
5						
6						
平均值						

（2）测量值的修正

$D=(\overline{D}-D_0)$　　mm,$d=(\overline{d}-D_0)$　　mm

$H=(\overline{H}-D_0)$　　mm,$h=(\overline{h}-D_0)$　　mm

（3）测量结果及误差

$\overline{D}\pm\overline{\Delta D}$　　mm,$E_D=$　%

$\overline{d}\pm\overline{\Delta d}$　　mm,$E_d=$　%

$\overline{H}\pm\overline{\Delta H}$　　mm,$E_H=$　%

$\overline{h}\pm\overline{\Delta h}$　　mm,$E_h=$　%

（4）由公式计算空心圆柱体的体积:$V=$　　　,

计算空心圆柱体的测量不确定度:$u_v=$　　　,

测量结果:$V=\overline{V}\pm u_V=$　　　。

2）用螺旋测微器测量钢珠的直径

（1）记录钢珠的直径

表 4-1-2　螺旋测微器测量钢珠直径数据表　　螺旋测微器零差 $D_0=$

次　数	1	2	3	4	5	6	7	8	9	10	平　均
D'/mm											

直径 D' 的 A 类不确定度：

$$S_{D'}=\sqrt{\dfrac{\sum\limits_{i=1}^{10}(D'_i-\overline{D'})^2}{n-1}}=\qquad \text{mm},$$

直径 D' 的 B 类不确定度：

螺旋测微器的误差为 0.005 mm,即 $\Delta_{仪} = 0.005$ mm,

$$\sigma_{D'} = \sqrt{S_{D'}^2 + \Delta_{仪}^2} = \qquad \text{mm},$$

结果的标准式表示:$D = (\overline{D}' - D_0) \pm \sigma_{D'} = \overline{D} \pm \sigma_{D'} = \qquad$ mm。

(2)钢珠体积及其不确定度的计算

$$\overline{V}_{珠} = \frac{\pi}{6} \overline{D}^3 = \qquad \text{mm}^3,$$

$$\sigma_{珠} = \left| \frac{\mathrm{d}V}{\mathrm{d}D} \right| \sigma_{D'} = \frac{\pi}{2} \overline{D}^2 \sigma_{D'} = \qquad \text{mm}^3,$$

$$V_{珠} = \overline{V}_{球} \pm \sigma_{球} = \qquad \text{mm}^3。$$

3) 用读数显微镜测量钢丝的直径

表 4-1-3　读数显微镜测量钢丝的直径

次　数	初位置读数/(mm)	末位置读数/(mm)	直径 d/(mm)	Δd/(mm)
1				
2				
3				
4				
5				
6				
平均值				

【思考题】

1.何谓仪器的分度数值? 50 分度游标卡尺和螺旋测微器的分度数值各为多少? 如果用它们测量一个物体约 7 cm 的长度,问每个待测量能读得几位有效数字?

2.游标刻度尺上 30 个分格与主刻度尺 29 个分格等长,问这种游标尺的分度数值为多少?

3.使用螺旋测微器时,为什么不可直接转动微分筒? 棘轮是做什么用的?

4.怎样判断螺旋测微器的零点读数的符号?

5.测量小球直径,是测同一部位好些还是侧不同部位好些? 为什么?

6.何谓回程误差? 怎样防止回程误差?

7.使用游标卡尺时应注意哪些问题? 为什么?

8.使用螺旋测微器时应注意哪些问题? 为什么?

9.使用读数显微镜时应注意哪些问题? 为什么?

实验 2 固体密度的测定

4.2.1 实验目的

1.掌握测定规则物体和不规则物体密度的方法。
2.掌握游标卡尺、螺旋测微器、物理天平的使用方法。

4.2.2 实验仪器

游标卡尺(0~150 mm,0.02 mm)、螺旋测微器(0~25 mm,0.01 mm)、物理天平(TW-02B型,200 g,0.02 g)、温度计、小圆柱体、不规则铁块、蜡块。

4.2.3 实验原理

1) 测量小圆柱体的密度

若一物体的质量为 m,体积为 V,则其密度为

$$\rho = \frac{m}{V} \qquad (4\text{-}2\text{-}1)$$

当待测物体是一直径为 d、高度为 h 的圆柱体时,

$$\rho = \frac{4m}{\pi d^2 h} \qquad (4\text{-}2\text{-}2)$$

只要测出圆柱体的质量 m、外径 d 和高度 h,就可计算出其密度。

2) 用流体静力称衡法测不规则物体的密度

如果不计空气的浮力,物体在空气中的重量 $G = mg$ 与它浸没在液体中的视重 $G_1 = m_1 g$ 之差等于它在液体中所受的浮力,即

$$F = G - G_1 = (m - m_1)g \qquad (4\text{-}2\text{-}3)$$

m 和 m_1 是该物体在空气中及全浸入液体中称衡时相应的天平砝码质量。根据阿基米德原理,物体在液体中所受的浮力等于它所排开的液体的重量,即

$$F = \rho_0 V g \qquad (4\text{-}2\text{-}4)$$

ρ_0 是液体的密度,在物体全部浸没液体中时,V 是排开液体的体积,亦即物体的体积。由式(4-2-1)、(4-2-3)和式(4-2-4)可得

$$\rho = \frac{m}{m - m_1}\rho_0 \qquad (4\text{-}2\text{-}5)$$

本实验中液体用水,ρ_0 即水的密度。

如果待测物体的密度小于液体的密度,则可采用如下方法:在物体下面细绳上拴一个密度大于水的重物,然后将物体连同重物一起全部浸没在液体中进行称衡,如图 4-2-1(a)所示,此时相应的砝码质量为 m_2。再将物体提升到液面之上,而重物仍浸没在液体中进行称衡,如图 4-2-1(b)所示,相应的砝码质量为 m_3,则物体在液体中所受的浮力为:

$$F = (m_3 - m_2)g \qquad (4\text{-}2\text{-}6)$$

$$密度\ \rho = \frac{m}{m_3 - m_2}\rho_0 \tag{4-2-7}$$

应当注意到,对于当浸入液体后物体的性质会发生变化或水会浸润物体等情形,不能用此法来测定它的密度。

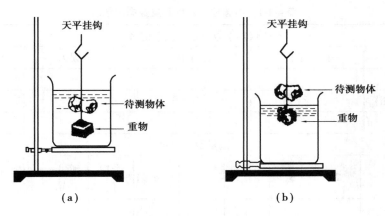

图 4-2-1　用流体静力称衡法称密度小于水的物体

4.2.4　实验内容与步骤

1) 测量小圆柱体的密度

(1) 熟悉游标卡尺和螺旋测微器,掌握正确的操作方法,记下所用游标卡尺和螺旋测微器的量程,分度值和仪器误差、零点读数。

(2) 用游标卡尺测小圆柱体的高度 h,在不同方位测量 6 次,再用螺旋测微器测小圆柱体的直径 6 次,计算它们的平均值(注意零点修正)和不确定度。

(3) 熟悉物理天平的使用方法,记下它的最大称量分度值和仪器误差。调横梁平衡,正确操作调节底座水平,正确操作天平,称出小圆柱体的质量 m,并测 6 次。

以上测量结果均记录在表 4-2-1 内。

2) 用流体静力称衡法测不规则物体的密度

(1) 测定外形不规则铁块的密度(大于水的密度)

① 按照物理天平的使用方法,称出物体在空气中的质量 m。

② 把盛有大半杯水的杯子放在天平左边的托盘上,然后将用细线挂在天平左边小钩上的物体全部浸没在水中(注意不要让物体接触杯子边和底部,除去附着于物体表面的气泡),称出物体在水中的质量 m_1。

③ 测出实验时的水温,查出水在该温度下的密度 ρ_0。

(2) 测定石蜡的密度(小于水的密度)

① 同上测出石蜡在空气中的质量 m;

② 将石蜡拴上重物,测出石蜡仍在空气中,而重物浸没水中的质量 m_3;

③ 将石蜡和重物都浸没在水中,测出 m_2;

④ 测出水温,由附录表 3 中查出水在该温度下的密度 ρ_0。

4.2.5 实验数据及处理

小圆柱体、铁栓、石蜡密度的理论参考值：

$\rho_{铜} = 8.426 \times 10^3 \text{ kg/m}^3$、$\rho_{铁} = 7.823 \times 10^3 \text{ kg/m}^3$、$\rho_{石蜡} = 0.898 \times 10^3 \text{ kg/m}^3$

表 4-2-1　小圆柱体密度测量数据记录表

仪器参数及系统误差记录										
仪器名称	最大量程		分度值			仪器误差			仪器零点读数	
游标卡尺(mm)										
螺旋测微器(mm)										
物理天平(g)										
测量数据记录										
物体	物理量	1	2	3	4	5	6	平均值	修正后值	不确定度	结果表示	百分误差
小圆柱体	d/mm											
	h/mm											
	mg											
	ρ											

表 4-2-2　流体静力称衡法密度测量数据记录表

待测物体材料	不规则铁块	石蜡块
待测物体在空气中的质量 m(g)		
待测物体在水中的质量 m_1(g)		
待测物体拴上重物的质量 m_3(g)		
物体和重物全浸入水中的质量 m_2(g)		
水温 t(℃)		
水在 t(℃)时的密度 ρ_0(×10 kg/m³)		
待测物体的密度 ρ(×10³ kg/m³)		
百分误差		

对数据处理的要求：

1.按理论课的方法和要求处理数据,并写出各物理量计算过程表达式及最后测量结果的标准表达式。

2.表 4-2-2 中百分误差指相对于密度理论参考值而言的。

【思考题】

1.怎样正确使用游标卡尺、螺旋测微器？实验时怎样操作有利于保护仪器？

2.使用物理天平应注意哪几点？怎样消除天平两臂不等造成的系统误差？

3.分析造成本实验误差的主要原因。

实验 3　杨氏模量的测定

力作用于物体引起的效果之一是使受力物体发生形变,物体的形变可分为弹性形变和塑性形变。固体材料的弹性形变又可分为纵向、切变、扭转、弯曲,我们用杨氏模量来描述材料抵抗纵向弹性形变的能力。杨氏模量是表征固体材料性质的一个重要的物理量,是工程设计上选用材料时常需涉及的重要参数之一,一般只与材料的性质和温度有关,与其几何形状无关。

本实验采用光杠杆法测定金属丝的杨氏模量。光杠杆法(又称拉伸法)是一种测量微小长度的方法,它可以实现非接触式的放大测量,具有直观、简便、精度高的优点。

4.3.1　实验目的

1.学会用拉伸法测量金属丝的杨氏模量。

2.掌握光杠杆法测量微小伸长量的原理及使用方法。

3.用逐差法处理实验数据。

4.3.2　实验仪器

杨氏模量仪的构造如图 4-3-1 所示,主要由实验架、望远镜系统、数字拉力计、测量工具(图中未显示)等组成。

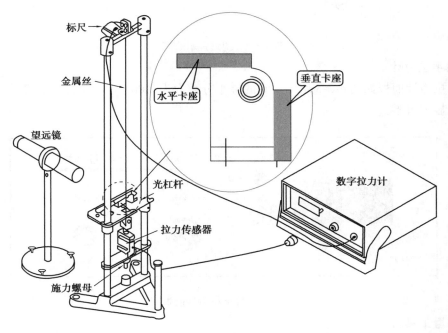

图 4-3-1　杨氏模量系统示意图

1) 实验架

实验架是待测金属丝杨氏模量测量的主要平台。金属丝上端固定,下端通过一夹头与拉力传感器相连,采用螺母旋转方式加力。拉力传感器输出拉力的大小通过数字拉力计来显示。光杠杆的反射镜转轴支座被固定在实验架的平台上,动足尖自由放置在夹头表面。反射镜转轴支座的一边有水平卡座和垂直卡座。水平卡座的长度等于反射镜转轴与动足尖的初始水平距离(即小型测微器的微分筒压在 0 刻线时的初始光杠杆常数),该距离在出厂时已严格校准,使用时勿随意调整动足与反射镜框之间的位置。旋转小型测微器上的微分筒可改变光杠杆常数。

实验架含有最大加力限制功能,实验中最大实际加力不应超过 13.00 kg。

2) 望远镜系统

望远镜系统包括望远镜支架和望远镜。望远镜支架可以通过调节螺钉进行微调。望远镜(如图 4-3-2 所示)放大倍数为 12 倍,最近视距 0.3 m,含有目镜十字分划线(纵线和横线)。

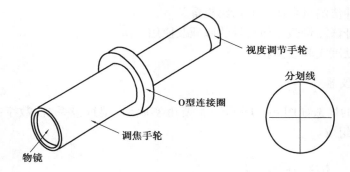

图 4-3-2　望远镜示意图

3) 数字拉力计

数字拉力计面板如图 4-3-3 所示。它的最小分辨力为 0.001 kg。含有显示清零功能(短按清零按钮显示清零)。

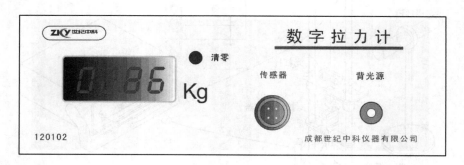

图 4-3-3　数字拉力计面板图

4) 测量工具

实验过程中需用到的测量工具及其相关参数、用途如下表:

量具名称	量　　程	分辨力	仪器误差	测量对象
标尺（mm）	80.0	1	0.5	Δx
钢卷尺（mm）	3000.0	1	0.8	L、H
游标卡尺（mm）	150.00	0.02	0.02	D
螺旋测微器（mm）	25.000	0.01	0.004	d
数字拉力计（kg）	20.00	0.01	0.005	m

4.3.3　实验原理

1）杨氏模量的定义

设金属丝的原长为 L，横截面积为 S，沿长度方向施力 F 后，其长度改变 ΔL，则金属丝单位面积上受到的沿长度方向的作用力 $\sigma = F/S$ 称为正应力，金属丝的相对伸长量 $\varepsilon = \Delta L/L$ 称为线应变。由胡克定律可知，在弹性限度内，弹性体的正应力与线应变成正比，即：

$$\sigma = E \cdot \varepsilon \tag{4-3-1}$$

或

$$\frac{F}{S} = E \cdot \frac{\Delta L}{L} \tag{4-3-2}$$

比例系数 E 称为金属丝的杨氏模量（单位：Pa 或 N/m²），它表征材料本身的性质，对横截面积相同的两种材料，E 越大，发生一定的相对形变所需沿形变方向的作用力也越大。

由式（4-3-2）可得杨氏模量的表达式：

$$E = \frac{F/S}{\Delta L/L} \tag{4-3-3}$$

对于直径为 d 的圆柱形金属丝，做如下推导：

$$E = \frac{F/S}{\Delta L/L} = \frac{mg / \left(\frac{1}{4} \pi d^2 \right)}{\Delta L/L} = \frac{4mgL}{\pi d^2 \Delta L} \tag{4-3-4}$$

式中 L 由米尺测量，d 由螺旋测微器测量，沿长度方向施加的作用力 F 由与传感器相连的数字拉力计上显示的质量 m 求出，即 $F = mg$（g 为重力加速度），而金属丝的伸长量 ΔL 是一个微小长度变化（mm 级），本实验利用光杠杆的光学放大原理对 ΔL 进行间接测量。

2）光杠杆的光学放大原理

光杠杆的光学放大原理如图 4-3-4 所示。光杠杆由反射镜、反射镜转轴支座和与反射镜固定连动的动足等组成。图中，H 为反射镜转轴与标尺间的垂直距离，D 为反射镜转轴到动足之间的距离。

测量时，使光杠杆的反射镜（图 4-3-4 中虚线所示的反射镜）法线与水平方向成一夹角，在望远镜中恰能看到标尺刻度 x_1 的像。当金属丝受力后，产生微小伸

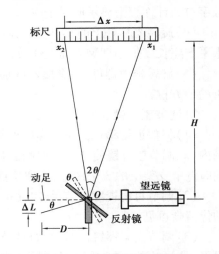

图 4-3-4　光杠杆放大原理图

长量 ΔL, 动足尖随之下降, 从而带动反射镜转动角度 θ(图 4-3-4 中实线所示的镜子), 根据光的反射定律可知, 在反射光线(即进入望远镜的光线)不变的情况下, 入射光线转动了 2θ, 此时望远镜中看到的入射光线在标尺上的刻度变为 x_2。即当金属丝产生微小伸长量 ΔL 时, 对应入射光线在标尺上的刻度位移了 $\Delta x = x_2 - x_1$。

实验中, 由于 $D \gg \Delta L$, 所以 θ 和 2θ 很小。从图 4-3-4 的几何关系中我们可以看出, 当 2θ 很小时, 有:

$$\Delta L \approx D \cdot \theta, \Delta x \approx H \cdot 2\theta$$

故

$$\Delta x = \frac{2H}{D} \cdot \Delta L \tag{4-3-5}$$

其中, $\frac{2H}{D}$ 称为光杠杆的放大倍数。由于光杠杆设备的 $H \gg D$, 所以光杠杆的放大倍数往往很大(可达 25~100 倍), 这使得虽然 ΔL 很小, 但对应入射光线在标尺上刻度的位移 Δx 却是容易测量的较大的长度。将式(4-3-5)代入式(4-3-4)得到:

$$E = \frac{8mgLH}{\pi d^2 D} \cdot \frac{1}{\Delta x} \tag{4-3-6}$$

可见, 通过测量式(4-3-6)等号右边的各参量就可以计算待测金属丝的杨氏模量。注意, 式(4-3-6)中各物理量的单位均取国际单位制(SI 制)的单位。

4.3.4 实验内容与步骤

1)调节实验架

(1)确保实验架上下夹头均夹紧金属丝, 防止金属丝在受力过程中与夹头发生相对滑移, 且反射镜转动灵活。

(2)将拉力传感器信号线接入数字拉力计信号接口, 用 DC 连接线连接数字拉力计电源输出孔和背光源电源插孔。

(3)打开数字拉力计电源开关, 预热 10 分钟。此时背光源应被点亮, 标尺刻度清晰可见。数字拉力计面板上显示此时金属丝上受到的拉力。

(4)旋转光杠杆上的小型测微器的微分筒, 使得光杠杆常数 D 为设定值(光杠杆常数等于水平卡座长度加小型测微器上读数)。

(5)旋转施力螺母, 给金属丝施加一定的预拉力 m_0(3.00±0.02 kg), 将金属丝原本存在弯折的地方拉直。

2)调节望远镜

(1)将望远镜移近并正对实验架平台板(望远镜前沿与平台板边缘的距离在 0~30 cm 范围内)。调节望远镜使从实验架侧面目视时, 反射镜转轴大致在镜筒中心线上(如图 4-3-5), 同时调节支架上的 3 个螺钉, 直到从目镜中能看到背光源发出的明亮的光。

(2)调节目镜视度调节手轮, 使得十字分划线清晰可见。调节调焦手轮, 使得视野中标尺的像清晰可见。

(3)调节支架螺钉(也可配合调节反射镜角度调节旋钮), 使十字分划线横线与标尺刻度线平行, 并对齐 ≤2.0 cm 的刻度线(避免实验做到最后超出标尺量程)。水平移动支架, 使十字分划线纵线对齐标尺中心。

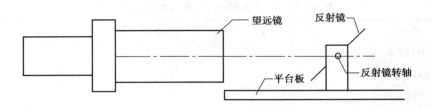

图 4-3-5　望远镜位置示意图

3) 数据测量

（1）测量 L、H、D、d

①用钢卷尺测量金属丝的原长 L。测量时，钢卷尺的始端放在金属丝上夹头的下表面（即横梁上表面），另一端对齐平台板的上表面。

②用钢卷尺测量反射镜转轴到标尺的垂直距离 H。测量时，钢卷尺的始端放在标尺板上表面，另一端对齐垂直卡座的上表面（该表面与转轴等高）。

③用游标卡尺和小型测微器测量光杠杆常数 D。测量时，用游标卡尺测量水平卡座长度，其读数加上小型测微器上的读数就是光杠杆常数 D。

以上各物理量为一次测量值，将实验数据记入数据表格 4-3-1 中。

④用螺旋测微器测量金属丝直径 d。测量前记下螺旋测微器的零差 d_0，然后对金属丝的不同位置、不同方向测量直径视值 $d_视$（至少 6 处），将实验数据记入表 4-3-2 中，计算直径视值的算术平均值 $\overline{d_视}$，根据 $\overline{d}=\overline{d_视}-d_0$ 计算金属丝的平均直径。

（2）测量标尺刻度 x 与拉力 m

①短按数字拉力计上的"清零"按钮，记录此时对齐十字分划线横线的刻度值 x_1。

②缓慢旋转施力螺母加力，逐渐增加金属丝的拉力，每增加 $1.00(\pm0.01)$ kg，记录一次标尺的刻度 x_i^+，加力至设置的最大值，数据记录后再加 0.5 kg 左右（不超过 1.0 kg，且不记录数据）。将数据记录于表 4-3-3 中对应位置。

③反向旋转施力螺母至设置的最大值并记录数据，同样地，逐渐减小金属丝的拉力，每减小 $1.00(\pm0.01)$ kg，记录一次标尺的刻度 x_i^-，直到拉力为 $0.00(\pm0.01)$ kg。将数据记录于表 4-3-3 中对应位置。

④实验完成后，旋松施力螺母，使金属丝自由伸长，并关闭数字拉力计，仪器归位。

4.3.5　实验数据及处理

1) 数据表格

表 4-3-1　一次性测量数据

$L/$mm	$H/$mm	$D/$mm

表 4-3-2　金属丝直径测量数据　　　　　螺旋测微器零误差 $d_0=$ _____mm

序号 i	1	2	3	4	5	6	平均值 $\overline{d}$
直径视值 $d_{视i}/$mm							

表 4-3-3　加、减力时标尺刻度与对应拉力数据

序号 i	1	2	3	4	5	6	7	8	9	10
拉力视值 m_i/kg										
加力时标尺刻度 x_i^+/mm										
减力时标尺刻度 x_i^-/mm										
平均标尺刻度 $x_i = \dfrac{x_i^+ + x_i^-}{2}$ /mm										
标尺刻度改变量 $\Delta x_i = x_{i+5} - x_i$/mm										

2) 数据处理

(1) 用逐差法计算 $\overline{\Delta x}$：$\overline{\Delta x} = \dfrac{\sum\limits_{i=1}^{5} \Delta x_i}{5 \times 5} = \dfrac{\sum\limits_{i=1}^{5} (x_{i+5} - x_i)}{25}$　　　　(4-3-7)

(2) 将各单次测量值 L、H、D、d 及多次测量平均值 $\overline{\Delta d}$、$\overline{\Delta x}$ 等代入公式(4-3-6)求得杨氏模量平均值 $\overline{E}$。

(3) 杨氏模量 E 不确定度的计算

分别求出各直接测量量的合成不确定度——u_{Cm}、u_{CL}、u_{CH}、u_{CD}、u_{Cd}、$u_{C\Delta x}$。

查表 1-3-1，杨氏模量 E 的相对不确定度：

$$E_E = \sqrt{\left(\frac{u_{Cm}}{m}\right)^2 + \left(\frac{u_{CL}}{L}\right)^2 + \left(\frac{u_{CH}}{H}\right)^2 + \left(\frac{u_{CD}}{D}\right)^2 + 2^2\left(\frac{u_{Cd}}{\overline{d}}\right)^2 + \left(\frac{u_{C\Delta x}}{\overline{\Delta x}}\right)^2} \times 100\% \quad (4\text{-}3\text{-}8)$$

根据式(1-2-7)，杨氏模量 E 的合成不确定度：$u_{CE} = E_E \cdot \overline{E}$。

(4) 杨氏模量 E 的测量结果表示为：$E = \overline{E} \pm u_{CE}$。

4.3.6　注意事项

1. 本实验是测量微小量的实验，实验时应避免实验台震动。

2. 实验测量过程中不可调整望远镜。

3. 加力和减力过程，施力螺母不能回旋；加力切勿超过实验规定的最大加力值 13.00 kg。

4. 严禁改变限位螺母位置，避免最大拉力限制功能失效。

5. 光学零件表面应使用软毛刷、镜头纸擦拭，切勿用手指触摸镜片。

6. 严禁使用测量装置观察强光源，如太阳等，避免灼伤人眼。

7. 实验完毕后，应旋松施力螺母，使金属丝自由伸长，防止金属丝疲劳，并关闭数字拉力计。

8. 计算杨氏模量平均值 $\overline{E}$ 时，m 的取值应与微小增量 Δx 对应。

【思考题】

1.简述光杠杆的放大原理,指出光杠杆法测量微小量的优点。

2.测量杨氏模量时,为什么要使金属丝处于伸直状态?

3.用逐差法计算 $\overline{\Delta x}$ 时,式(4-3-7)中分母为什么不是 5 而是 25?

4.分析实验中各直接测量量的 A 类和 B 类不确定度的情况,并讨论哪些情况是影响杨氏模量不确定度 u_{CE} 的主要因素。导出公式(4-3-8)。

5.给定材料的杨氏模量是确定的值(如钢的杨氏模量 $E \approx 2.0 \times 10^{11} \ \mathrm{N/m^2}$),根据你的计算结果进行自评。并分析误差原因。

实验 4　落球法测液体的粘滞系数

液体的粘滞系数又称为内摩擦系数或粘度,是描述液体内摩擦力性质的一个重要物理量,它表征液体反抗形变的能力,只有在液体内存在相对运动时才表现出来。粘度的测定有许多方法,如转桶法、落球法、阻尼振动法、杯式粘度计法、毛细管法等,对于粘度较小的流体,如水、乙醇、四氯化碳等,常用毛细管粘度计测量;而对粘度较大流体,如蓖麻油、变压器油、机油、甘油等透明(或半透明)液体,常用落球法测定。实验室测定粘度的原理一般大都是由斯托克斯公式和泊松公式导出有关粘滞系数的表达式,求得粘滞系数。粘度的大小取决于液体的性质与温度,温度升高,粘度将迅速减小,因此,要测定粘度,必须准确地控制温度的变化才有意义。粘度参数的测定,对于预测产品生产过程的工艺控制、输送性以及产品在使用时的操作性,具有重要的指导价值,在印刷、医药、石油、汽车等诸多行业有着重要的意义。

4.4.1　实验目的

1.用落球法测量不同温度下蓖麻油的粘滞系数。

2.掌握用落球法测粘滞系数的原理和方法。

3.掌握基本测量仪器包括温控试验仪、千分尺、米尺、数字秒表的用法。

4.4.2　实验仪器

温控实验仪、量筒、游标卡尺、米尺、读数显微镜、温度计、停表、小钢球若干。

本温控试验仪内置微处理器,带有液晶显示屏,具有操作菜单化、控制精度高等特点,能根据实验对象选择 PID 参数以达到最佳控制,能显示温控过程的温度变化曲线、功率变化曲线及温度和功率的实时值,能存储温度及功率变化曲线。

4.4.3　实验原理

有关液体中物体运动的问题,19 世纪物理学家斯托克斯(George Gabriel Stokes)建立了著名的流体力学方程组"斯托克斯方程组",它较为系统地反映了流体在运动过程中质量,动量,能量之间的关系:一个在液体中运动的物体所受力的大小与物体的几何形状、速度以及液体的内摩擦力有关。

也就是说,当液体稳定流动时,流速不同的各流层之间所产生的层面切线方向的作用力即为粘滞力(或称内摩擦力)。其大小与流层的面积成正比,与速度的梯度成正比,即:

$$F = \eta S \frac{\mathrm{d}v}{\mathrm{d}x} \qquad (4\text{-}4\text{-}1)$$

式中比例系数 η 即为该液体的粘滞系数,国际单位制中,单位是帕斯卡·秒(Pa·s);在厘米、克、秒制中,单位是 P(泊)或 cP(厘泊),它们的换算关系是 1 Pa·s = 10 P = 1 000 cP。粘滞系数决定于液体的性质和温度,温度升高,粘度将迅速减小,因此,欲准确测量液体的粘度,必须精确控制液体温度。

在此试验的原理中,我们试图创造一个无限广延的且无旋涡的流体环境,从而满足斯托克斯定律,即半径为 r 的圆球,以速度 v 在粘滞系数为 η 的液体中运动时,圆球所受液体的粘滞阻力大小为:

$$F = 6\pi\eta rv \qquad (4\text{-}4\text{-}2)$$

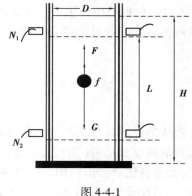

圆球在液体中下落时,受到重力、浮力和粘滞阻力的作用(图 4-4-1),由斯托克斯定律知粘滞阻力与圆球的下落速度成正比,当粘滞阻力与液体的浮力之和等于重力时,圆球所受合外力为零,圆球此后将以收尾速度匀速下落。由此得到:

图 4-4-1

$$\eta = \frac{(m - \rho V)g}{3\pi dv_0} = \frac{(\rho - \rho_0)d^2 g}{18 v_0} \qquad (4\text{-}4\text{-}3)$$

式中:ρ 为圆球密度,ρ_0 为液体密度,d 为圆球直径,v_0 为圆球的收尾速度。

需要注意的是,我们不能直接利用上式进行实验。因为实验中无法满足公式中液体为无限广延的条件。在实验中,圆球是在半径为 R 的圆筒内运动,如果只考虑筒壁对圆球运动的影响,则应将斯托克斯定律修正为:

$$F = 6\pi\eta rv_0 \left(1 + K\frac{r}{R} \right) \qquad (4\text{-}4\text{-}4)$$

从而得到:

$$\eta = \frac{(m - \rho V)g}{3\pi dv_0 \left(1 + K\dfrac{d}{D} \right)} = \frac{(\rho - \rho_0)d^2 g}{18 v_0 \left(1 + K\dfrac{d}{D} \right)} \qquad (4\text{-}4\text{-}5)$$

此式即为落球法测粘滞系数的实验公式。式中:D 为圆筒直径,K 为修正系数,通常取 2.4(有时取 2.1)。

4.4.4 实验内容与步骤

1.首先调节盛有蓖麻油量筒的底座螺丝,观察底座上的水准泡,使底座水平,以保证量筒铅直。

2.用游标卡尺测量圆筒的内径 D 共 3 次,取平均值。

3.取五颗小钢球,用读数显微镜测量其直径 d。每颗小球至少测取 3 次数据,然后分别算出平均值(编号分别为 d_1、d_2、d_3、d_4、d_5)待用。

4.用镊子夹住小钢球先在油中浸润,然后在量筒轴线并靠近液面处释放小球,用停表测出小球匀速下落经过两根刻度线 N_1、N_2 间的距离 l 所需要的时间 t。每个小球下落 3 次,测 3 个 t 取平均,求出 v_0,然后再做另一个球,直到把 5 个球做完。

5.将以上各测量的平均值代入公式计算粘滞系数的平均值。

6.对量筒内的蓖麻油进行加热,在不同温度下重复进行步骤 4,并分别测出其相应温度下的粘滞系数。

7.将实验结果填入表格并进行数据处理。

4.4.5 实验数据及处理

钢球密度 $\rho = 7.8$ g/cm^3 液体密度 $\rho_0 = 0.95$ g/cm^3

量筒内径 $D = $ _____ cm   室温 $t = $ _____ ℃

钢球直径 $d = $ _____ mm

粘度测量数据表

液体温度 (℃)	距离(cm)	时间(s)	速度(mm/s)	黏滞系数 (Pa·s)
室温	10			
30	10			
35	10			
40	10			
45	10			
50	10			

4.4.6 注意事项

1.首先测量用圆筒应尽量的粗一些、长一些,尽量使圆球沿圆筒的中心轴线下落;其次,为了不产生旋涡,圆球的收尾速度不能太大;因此,圆球的直径应该小些。

2.为避免小球通过 N_1、N_2 时的视差,用不透明物体(如白纸等)挡住 N_1、N_2 的上方,当然,白纸与白纸之间得有空隙能看到小球掉落。在 N_1 处看到小球时记下时间,在 N_2 处出现时记下时间。

3.小钢球沾上蓖麻油后,未用小毛巾擦干净前,禁止丢入量筒内。在实验结束后,用磁铁一次性将钢球全部吸出,而后擦干净放回,中途不得吸取小球。

4.测量过程中不能用手触碰钢球和量筒壁,小球必须用镊子夹,否则会导致实验结果产生很大误差。

5.在实验过程中,测量的关键点是球直径的测量。t 的测量为动态测量,其关键点在于球下落经过上标记线 N_1 以后,必须是匀速运动。若不是,则需将上标记线下移。

6.在数据处理时,需要格外注意各测量器具的分度值及测量数据的有效数字位数。

【思考题】

1.落球法能否用于低粘度液体的粘度测量？为什么？

2.实验有何缺陷,如何改进？

实验 5　金属线膨胀系数的测定

固体的长度一般会随着温度而发生变化,当温度升高时,受热固体的长度会增加,这个现象叫做固体的线膨胀。通过测定固体材料的线膨胀系数,可以了解材料的力学性能。

4.5.1　实验目的

1.测量金属在某一温度区域内的平均线膨胀系数。

2.学会用千分表测量长度的微小变化。

3.学会用最小二乘法处理数据。

4.熟悉不确定度的计算方法和测量结果的正确表示。

4.5.2　实验仪器

1）电加热箱

电加热箱的结构如图 4-5-1 所示。

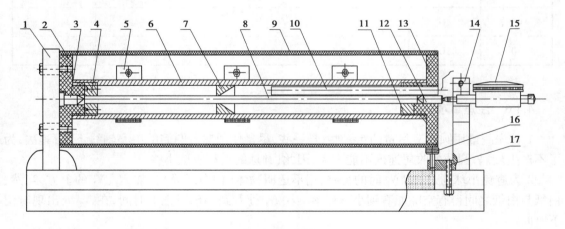

图 4-5-1　电加热箱的结构

1—托架　2—隔热盘 A　3—隔热顶尖　4—导热衬托 A　5—加热器　6—导热均匀管

7—导向块　8—被测材料　9—隔热罩　10—温度传感器　11—导热衬托 B　12—隔热棒

13—隔热盘 B　14—固定架　15—千分表　16—支撑螺钉　17—坚固螺钉

使用电加热箱时,应先将待测金属棒放置在加热箱内,金属棒的伸长量用千分表（精度0.001 mm）测量。测量时,需将千分表适当固定（以表头无转动为准）,且与被测物体有良好的接触,同时,被测物体与千分表探头应保持在同一直线上。

2）恒温控制仪（如图 4-5-2 所示）

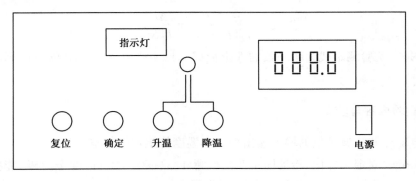

图 4-5-2　恒温控制仪面板简图

（1）当面板电源接通时，数字首先显示仪器的产品号为 FdHc。随即自动转向显示 A××（×表示当时传感器温度）、b＝＝（＝表示等待设定温度）。温度控制分辨率为 0.1 ℃。

（2）按升温键，数字即由零逐渐增大至实验所需的设定值，最高可设为 80 ℃。

（3）当数字显示值高于实验所需要的温度值时，可按降温键，设定需要的温度值。

（4）设定好温度值后，按确定键，加热箱开始对样品加热，同时频闪指示灯亮，发光频闪与加热速率成正比。

（5）加热过程中，按确定键可在当时的温度值和先前设定的温度值之间切换观测。

（6）如需改变设定值，可按复位键重新设置。

4.5.3　实验原理

长度为 L 的固体受热膨胀后，其伸长量 $\mathrm{d}L$ 与温度变化量 $\mathrm{d}t$ 的关系为：

$$\mathrm{d}L = \alpha L \mathrm{d}t \qquad 即 \qquad \frac{\mathrm{d}L}{L} = \alpha \mathrm{d}t \tag{4-5-1}$$

式中比例系数 α 称为固体的线膨胀系数，其物理意义是温度每升高 1 ℃固体长度的变化率，单位为 $℃^{-1}$。

设温度由 t_0 变化到 t 时，固体的长度由 L_0 变化到 L，对式（4-5-1）两边取积分，有：

$$\int_{L_0}^{L} \frac{\mathrm{d}L}{L} = \int_{t_0}^{t} \alpha \mathrm{d}t$$

积分后得到：
$$\ln \frac{L}{L_0} = \alpha(t - t_0) \qquad 即 \quad L = L_0 e^{\alpha(t - t_0)}$$

将其展开为级数形式：$L = L_0 \left[1 + \alpha(t - t_0) + \frac{\alpha^2 (t - t_0)^2}{2!} + \cdots + \frac{\alpha^n (t - t_0)^n}{n!} \right]$

由于 α 很小，在温度不太高的情况下，级数的二次项及以上可以忽略，上式简化为：

$$L = L_0 [1 + \alpha(t + t_0)] \tag{4-5-2}$$

设温度为 t_1 时，固体长度为 L_1；温度为 t_2 时，固体长度为 L_2，由式（4-5-2）分别有：

$$L_1 = L_0 [1 + \alpha(t_1 + t_0)] \qquad 和 \qquad L_2 = L_0 [1 + \alpha(t_2 + t_0)]$$

两式相减，得：
$$L_2 - L_1 = L_0 \alpha(t_2 - t_1)$$

令 $\Delta L = L_2 - L_1$，$\Delta t = t_2 - t_1$，即 $\Delta L = L_0 \alpha \Delta t$，则固体的线膨胀系数为：

$$\alpha = \frac{L_2 - L_1}{L_0(t_2 - t_1)} = \frac{\Delta L}{L_0 \Delta t} \tag{4-5-3}$$

式(4-5-3)正是本实验测定线膨胀系数的理论依据。只要测出 ΔL 和 Δt 就可以算出线膨胀系数 α。

4.5.4 实验内容与步骤

1.接通电加热器与温控仪的输入输出接口和温度传感器的航空插头。

2.旋松千分表固定架螺栓,转动固定架使被测样品($\phi 8 \times 400$ mm 的金属棒)能插入加热箱内,再插入不锈钢低导热体,适当用力压紧后,将固定架转回原位。

3.将千分表安装在固定架上,扭紧螺栓固定千分表,使其不可转动。向前移动固定架,使千分表读数值在 0.2 ~ 0.4 mm 间,将固定架固定。稍用力压一下千分表滑络端,判定其是否与绝热体有良好地接触,确定接触良好后,再转动千分表圆盘将读数调为零。

4.接通温控仪的电源,设定需加热的初始温度 t_1(如 35 ℃ 或 40 ℃),按确定键开始加热。

5.当显示值上升到大于设定值时,电脑会自动控制到设定值,一般情况下在 ±0.30 ℃ 左右波动一、二次后,将温度 t 和千分表读数 l 记录在表 4-5-1 中。

6.重新设定温度,将温度增加到新的设定值(如将温度增加 $\Delta t = 5$ ℃)。重复以上步骤 4、5,并将对应的温度 t 和千分表读数 l 记录在表 4-5-1 中。

7.用最小二乘法拟合回归方程,计算金属棒的线膨胀系数,求出不确定度,并正确表示计算结果。

8.换不同的金属棒样品,分别测量并计算其线膨胀系数的不确定度,正确表示计算结果。

4.5.5 实验数据及处理

表 4-5-1 金属棒线膨胀系数实验数据表　　$t_0 = 0$ ℃时, $L_0 = 400$ mm

测量次数 i	1	2	3	4	5	6	7	8	9	10
温度 t_i/℃										
千分尺读数 l_i/μm										
金属棒长度 $L_i = L_0 + l_i$/μm										
温度增量 $\Delta t_i = t_{i+1} - t_i$										
长度增量 $\Delta L_i = L_{i+1} - L_i$										

用最小二乘法拟合回归方程,计算金属棒的线膨胀系数,求出不确定度,并正确表示计算结果。

4.5.6　注意事项

1.使用千分表时,严禁用手直接拉动量杆。

2.插入不锈钢低导热体时,尖端朝向被测样品。

3.在安装千分表架时注意被测样品、低导热体与千分表测量头应保持在同一直线上。

4.由于固体伸长量极小,所以实验中仪器整体要求平稳,不应有振动。

【思考题】

1.式(4-5-3)的适用条件是什么?

2.除了用千分表测量 ΔL 外,还可以用什么方法测量?

3.本实验若等间距升温或降温,还可用什么方法处理数据?

实验 6　用三线摆测定物体的转动惯量

转动惯量是物体转动惯性的量度。物体对某轴的转动惯量的大小,除了与物体的质量有关外,还与转轴的位置和质量的分布有关。正确测量物体的转动惯量,在工程技术中有着十分重要的意义。如正确测定炮弹的转动惯量,对炮弹命中率有着不可忽视的作用。机械装置中飞轮的转动惯量大小,直接对机械的工作有较大影响。有规则物体的转动惯量可以通过计算求得,但对几何形状复杂的刚体,计算则相当复杂,而用实验方法测定,就简便得多,三线扭摆就是通过扭转运动测量刚体转动惯量的常用装置之一。

4.6.1　实验目的

1.学习用激光光电传感器精确测量三线摆扭转运动的周期。

2.学习用三线摆法测量物体的转动惯量,测量相同质量的圆盘和圆环绕同一转轴扭转的转动惯量,说明转动惯量与质量分布的关系。

3.验证转动惯量的平行轴定理。

4.6.2　实验仪器

新型转动惯量测定仪平台、米尺、游标卡尺、计数计时仪、水平仪,圆盘一个、圆环一个及圆柱体一个。

4.6.3　实验原理

三线摆是将一个匀质圆盘,以等长的三条细线对称地悬挂在一个水平的小圆盘下面构成的。每个圆盘的三个悬点均构成一个等边三角形。如图 4-6-1 所示,当底圆盘 B 调成水平,三线等长时,B 盘可以绕垂直于它并通过两盘中心的轴线 O_1O_2 作扭转摆动,扭转的周期与下圆盘(包括其上物体)的转动惯量有关,三线摆法正是通过测量它的扭转周期去求已知质量物体的转动惯量。

由理论推导可知,当绕圆盘圆心摆角很小,三悬线很长且等长,悬线张力相等,上下圆盘平行,且只绕 O_1O_2 轴扭转的条件下,下圆盘 B 对 O_1O_2 轴的转动惯量 I_0 为:

$$I_0 = \frac{m_0 gRr}{4\pi^2 H}T_0^2 \qquad (4\text{-}6\text{-}1)$$

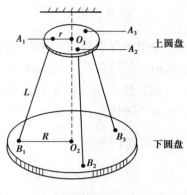

图 4-6-1

式中 m_0 为下圆盘 B 的质量,r 和 R 分别为上圆盘 A 和下圆盘 B 上线的悬点到各自圆心 O_1 和 O_2 的距离(注意 r 和 R 不是圆盘的半径),H 为两盘之间的垂直距离,T_0 为下圆盘扭转的周期。

若测量质量为 m 的待测物体对于 O_1O_2 轴的转动惯量 I,只须将待测物体置于圆盘上,设此时扭转周期为 T,对于 $O_1O_{2\text{轴}}$ 的转动惯量为:

$$I_1 = I + I_0 = \frac{(m+m_0)gRr}{4\pi^2 H}T^2 \qquad (4\text{-}6\text{-}2)$$

于是得到待测物体对于 O_1O_2 轴的转动惯量为:

$$I = \frac{(m+m_0)gRr}{4\pi^2 H}T^2 - I_0 \qquad (4\text{-}6\text{-}3)$$

上式表明,各物体对同一转轴的转动惯量具有相叠加的关系,这是三线摆方法的优点。为了将测量值和理论值比较,安置待测物体时,要使其质心恰好和下圆盘 B 的轴心重合。

本实验还可验证平行轴定理。如把一个已知质量的小圆柱体放在下圆盘中心,质心在 O_1O_2 轴,测得其直径 $D_{\text{小柱}}$,由公式 $I_2 = \frac{1}{8}mD_{\text{小柱}}^2$ 算得其转动惯量 I_2;然后把其质心移动距离 d,为了不使下圆盘倾翻,用两个完全相同的圆柱体对称地放在圆盘上,如图 4-6-2 所示。设两圆柱体质心离开 O_1O_2 轴距离均为 d(即两圆柱体的质心间距为 $2d$)时,它们对于 O_1O_2 轴的转动惯量为 I_2',设一个圆柱体质量为 M_2,则由平行轴定理可得:

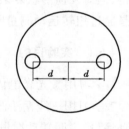

图 4-6-2

$$M_2 d^2 = \frac{I_2'}{2} - I_2 \qquad (4\text{-}6\text{-}4)$$

由此算出的 d 值和用长度器实测的值比较,在实验误差允许范围内两者相符的话,就验证了转动惯量的平行轴定理。

4.6.4 实验内容与步骤

1)调节三线摆

(1)调节上盘(启动盘)水平

将圆形水平仪放到旋臂上,调节底板调节脚,使其水平。

（2）调节下悬盘水平

将圆形水平仪放至下悬盘中心，调节摆线锁紧螺栓和摆线调节旋钮，使下悬盘水平。

2）调节激光器和计时仪

（1）先将光电接收器放到一个适当位置，后调节激光器位置，使其和光电接收器在一个水平线上。此时可打开电源，将激光束调整到最佳位置，即激光打到光电接收器的小孔上，计数计时仪右上角的低电平指示灯状态为暗。注意此时切勿直视激光源。

（2）再调整启动盘，使一根摆线靠近激光束。（此时也可轻轻旋转启动盘，使其在 5° 内转动起来）

（3）设置计时仪的预置次数。（20 或者 40，即半周期数）

3）测量下悬盘的转动惯量 I_0

（1）按图 4-6-3 所示方法 $r=\dfrac{\sqrt{3}}{3}a$ 算出上下圆盘悬点到盘心的距离 r 和 R，用游标卡尺测量悬盘的直径 D_1。

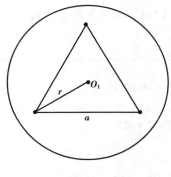

图 4-6-3

（2）用米尺测量上下圆盘之间的距离 H。

（3）测量悬盘的质量 M_0。

（4）测量下悬盘摆动周期 T_0，为了尽可能消除下圆盘的扭转振动之外的运动，三线摆仪上圆盘 A 可方便地绕 O_1O_2 轴作水平转动。测量时，先使下圆盘静止，然后转动上圆盘，通过三条等长悬线的张力使下圆盘随着作单纯的扭转振动。轻轻旋转启动盘，使下悬盘作扭转摆动（摆角 <5°），记录 10 或 20 个周期的时间。

（5）算出下悬盘的转动惯量 I_0。

4）测量悬盘加圆环的转动惯量 I_1

（1）在下悬盘上放上圆环并使它的中心对准悬盘中心。

（2）测量悬盘加圆环的扭转摆动周期 T_1。

（3）测量并记录圆环质量 M_1，圆环的内、外直径 $D_内$ 和 $D_外$。

（4）算出悬盘加圆环的转动惯量 I_1，圆环的转动惯量 I_{M1}。

5）测量悬盘加圆盘的转动惯量 I_3

（1）在下悬盘上放上圆盘并使它的中心对准悬盘中心。

（2）测量悬盘加圆盘的扭转摆动周期 T_3。

（3）测量并记录圆盘质量 M_3，直径 $D_{圆盘}$。

（4）算出悬盘加圆环的转动惯量 I_3，圆盘的转动惯量 I_{M3}。

6）圆环和圆盘的质量接近，比较它们的转动惯量，得出质量分布与转动惯量的关系。将测得的悬盘、圆环、圆盘的转动惯量值分别与各自的理论值比较，算出百分误差

7）验证平行轴定理

（1）按图 4-6-2 将两个相同的圆柱体按照下悬盘上的刻线，对称的放在悬盘上，相距一定

的距离 $2d=D_{槽}-D_{小柱}$。

（2）测量扭转摆动周期 T_2。

（3）测量圆柱体的直径 $D_{小柱}$，悬盘上刻线直径 $D_{槽}$ 及圆柱体的总质量 $2M_2$。

（4）算出两圆柱体质心离开 O_1O_2 轴距离均为 d（即两圆柱体的质心间距为 $2d$）时，它们对于 O_1O_2 轴的转动惯量 I'_2。

（5）由公式 $I=\dfrac{1}{8}mD^2$ 算出单个小圆柱体处于轴线上并绕其转动的转动惯量 I_2。

（6）由公式（4-6-4）$md^2=\dfrac{I'_2}{2}-I_2$ 算出的 d 值和用长度器实测的 d' 值比较，算百分误差。

4.6.5　实验数据及处理

表 4-6-1　各周期的测定

测量项目	悬盘质量 $M_0=$ _____ g	圆环质量 $M_1=$ _____ g	圆柱体总质量 $M_2=$ _____ g	圆盘质量 $M_3=$ _____ g
摆动周期数 n				
10 周期时间 t/s　1				
2				
3				
4				
平均值 $\bar{t}/\text{s}$				
平均周期 $T_i=\bar{t}/n$	$T_0=$ _____ s	$T_1=$ _____ s	$T_2=$ _____ s	$T_3=$ _____ s

表 4-6-2　上、下圆盘几何参数及其间距

测量项目	D_1/cm	H/cm	a/cm	b/cm	$R=\dfrac{\sqrt{3}}{3}\bar{a}/\text{cm}$	$r=\dfrac{\sqrt{3}}{3}\bar{b}/\text{cm}$
次数　1						
2						
3						
平均值						

表4-6-3 圆环、圆柱体几何参数

测量项目		$D_内$/cm	$D_外$/cm	$D_{圆盘}$/cm	$D_{小柱}$/cm	$D_槽$/cm	$2d=D_槽-D_{小柱}$/cm
次数	1						
	2						
	3						
平均值							

数据处理如下:

1)算出悬盘、圆环、圆盘的转动惯量,比较相同质量的圆盘和圆环绕同一转轴扭转的转动惯量,说明转动惯量与质量分布的关系并进行误差分析

(1)由实验数据分别计算出悬盘、圆环、圆盘的转动惯量值:

(2)由公式分别出悬盘、圆环、圆盘的转动惯量的理论值:

结论:

(3)误差分析

将测得的悬盘、圆环、圆盘的转动惯量值分别与各自的理论值比较,分别算出百分误差。

结论:

2)平行轴定理的验证

两圆柱体质心离开O_1O_2轴距离均为d(即两圆柱体的质心间距为$2d$)时,它们对于O_1O_2轴的转动惯量J_2'与悬盘的转动惯量J_0之和为:

两圆柱体对于O_1O_2轴的转动惯量J_2':

单个小圆柱体处于轴线上并绕其转动的转动惯量J_2:

由$md^2=\dfrac{J_2'}{2}-J_2$算出的d值:

实测值:

百分误差:

结论:

4.6.6 注意事项

1.切勿直视激光光源或将激光束直射人眼。

2.做完实验后,要把样品放好,不要划伤表面,以免影响以后的实验。

3.移动接收器时,请不要直接搬上面的支杆,要拿住下面的小盒子移动。

4.启动盘及悬盘上各有平均分布的三只小孔,实验时用于测量两悬点间距离。

【思考题】

1.试分析式(4-6-1)成立的条件。实验中应如何保证待测物转轴始终和O_1O_2轴重合?

2.将待测物体放到下圆盘(中心一致)测量转动惯量,其周期T一定比只有下圆盘时大吗?为什么?

【附录】1.新型转动惯量测定仪结构

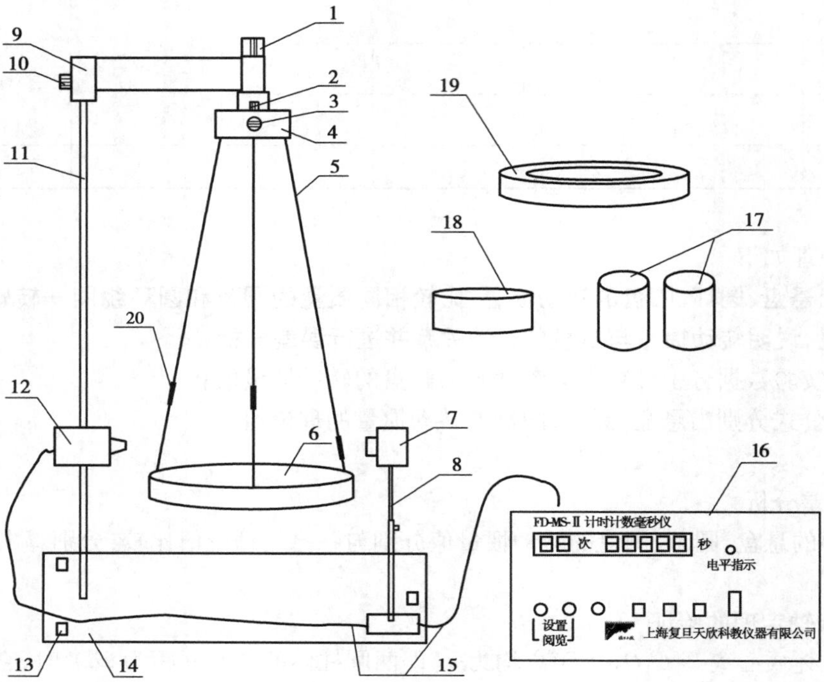

图 4-6-4　新型转动惯量测定仪结构图

1—启动盘锁紧螺母　2—摆线调节锁紧螺栓　3—摆线调节旋钮　4—启动盘　5—摆线(其中一根线挡光计时)

6—悬盘　7—光电接收器　8—接收器支架　9—悬臂　10—悬臂锁紧螺栓　11—支杆　12—半导体激光器

13—调节脚　14—底板　15—连接线　16—计数计时仪　17—小圆柱样品

18—圆盘样品　19—圆环样品　20—挡光标记

2.计数计时仪使用说明

1)用途

本计时计数仪可用于单摆、气垫导轨、测量马达转速、产品计数等与计时有关的实验

2)原理

此仪器内设单片机,具有计时和计数功能。设置计数数值后,计数计时仪每接收到一个下降沿信号就计数一次,直至使用者设定的值。这时可从计时显示中读取发生触发信号所用的时间,例如:弹簧振动的周期、三线摆的摆动周期等。

3)使用步骤

(1)将主机后面板的航空插座与操作平台上的光电接收器上的航空插头相连接。仪器上的接线柱仅备用,+5 V 也可作电源(5 V,0.5 A),GND 是接地,IN 是触发信号输入端,可与传感器输出端相连。

（2）打开电源,预置计数值,此时计数显示屏上将显示设定值,仪器处于等待状态,仪器右上角的低电平指示灯为暗状态,(使用在激光光电传感器上时,等待状态为暗,每接收到一个触发信号,低平指示灯就亮一次;用在其它传感器上时,此灯等待状态为亮,接收到一个触发信号,低平指示灯就暗一次。)接收到触发信号后,计数计时仪开始计时。

（3）当计数至设定值后,可读出所用时间。这时再按"设定/阅览"键,转换为阅览功能,可阅览每次触发间隔的时间值。

实验 7　受迫振动与共振

受迫振动与共振的现象是一个重要的物理现象,其规律在建筑、机械、石油化工等工程中得到了广泛的应用。本实验以音叉振动系统为研究对象,用电磁激振线圈的电磁力作为驱动力、用电磁线圈作为检测振幅的传感器,来测量受迫振动系统振动振幅与驱动力频率的关系,研究受迫振动与共振的现象及其规律。

4.7.1　实验目的

1.研究音叉振动系统在驱动力作用下振幅与驱动力频率的关系,测量并绘制它们的关系曲线,求出共振频率和振动系统振动的锐度。

2.测量与研究音叉双臂振动与对称双臂质量的关系。

3.通过测量共振频率的方法,测定附在音叉上的一对物块的未知质量。

4.增加音叉振动系统的阻尼力,测量其共振频率及锐度,并与阻尼力小的情况进行对比。

4.7.2　实验仪器

FD-VR-A 型受迫振动与共振实验仪、示波器等。

FD-VR-A 型受迫振动与共振实验仪主要由电磁激振线圈、双臂音叉、电磁线圈传感器、阻尼片、加载质量块(成对)、支座、音频信号发生器、液晶显示模块等组成,如图 4-7-1 所示。

图 4-7-1　FD-VR-A 型受迫振动与共振实验仪装置

在音叉的双臂外侧两端对称地装置有两个线圈——激振线圈和检测线圈。激振线圈在由低频信号发生器供给的正弦交变电流作用下产生交变磁场激振音叉,使音叉产生正弦振动。

当线圈中的电流最大时,吸力最大;电流为零时磁场消失,吸力为零,释放音叉。因此音叉受到的电磁吸力就是音叉受迫振动的驱动力,音叉的振动频率决定于激振线圈中电流的频率。激振线圈中电流的频率越高,磁场交变越快,音叉振动的频率就越大。

检测线圈是检测振幅的传感器,当音叉振动时,磁场发生变化,检测线圈中产生感应电流,并将感应电流输出到交流数字电压表中。显然,音叉的振幅越大,音叉振动的速率 v 就越大;而 v 越大,在检测线圈中感应的磁场变化就越快,即 dB/dt 越大;又因为感应电流与磁感应强度的变化率成正比,即 $I = dB/dt$,所以速率 v 越大,产生的感应电流 I 越大,由感应电流输出到交流数字电压表显示的数值就越大。可见,电压值和音叉的振幅成正比,因此可用电压表的示数代替音叉的振幅。

实验中,将检测线圈产生的电信号输入到交流数字电压表,就可以研究音叉受迫振动系统在驱动力作用下振幅与驱动力频率的关系及其锐度,同时也可以在增加音叉阻尼力的情况下,研究音叉受迫振动系统与驱动力频率的关系及其锐度。

4.7.3　实验原理

1)简谐振动与阻尼振动

许多振动系统(如弹簧振子、单摆、扭摆等)的振动,在振幅较小、且空气阻尼可以忽略的情况下,都可看做是简谐振动,一般以弹簧振子为例来研究简谐振动的规律。

简谐振动方程为:

$$\frac{d^2x}{dt^2} + \omega_0^2 x = 0 \tag{4-7-1}$$

其解为:

$$x = A\cos(\omega_0 t + \varphi) \tag{4-7-2}$$

式中,弹簧振子的固有圆(角)频率为 $\omega_0 = \sqrt{\dfrac{k}{m+m_0}}$,其中 k 为弹簧的劲度系数,m 为振子的质量,m_0 为弹簧的等效质量。

由上式可以推出,弹簧振子的周期 T 满足以下关系:

$$T^2 = \frac{4\pi^2}{k}(m + m_0) \tag{4-7-3}$$

实际的振动系统存在着各种阻尼因素。在小阻尼情况下,阻尼与速率成正比,表示为 $2\beta\dfrac{dx}{dt}$,其振动方程则需在式(4-7-1)左边增加阻尼项,即:

$$\frac{d^2x}{dt^2} + 2\beta\frac{dx}{dt} + \omega_0^2 x = 0 \tag{4-7-4}$$

式(4-7-4)中 β 称为阻尼系数。

2)受迫振动与共振

阻尼振动的振幅随时间而衰减,直到停止振动(如图 4-7-2)。要使振动持续下去,就必须从外界给系统施加一个周期变化的驱动力(通常采用随时间作正弦函数或余弦函数变化的强迫力),这就是受迫振动。在驱动力作用下,振动系统的受迫振动满足方程:

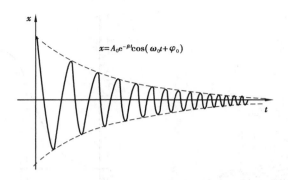

$$x = A_0 \mathrm{e}^{-\beta t} \cos(\omega_0 t + \varphi_0)$$

图 4-7-2　阻尼振动

$$\frac{\mathrm{d}^2 x}{\mathrm{d}t^2} + 2\beta \frac{\mathrm{d}x}{\mathrm{d}t} + \omega_0^2 x = \frac{F}{m'} \cos \omega t \tag{4-7-5}$$

式中，$m' = m + m_0$ 为振动系统的总质量，F 为驱动力的振幅，ω 为驱动力的圆频率。其解为：

$$x = A_0 \mathrm{e}^{-\beta t} \cos(\sqrt{\omega_0^2 - \beta^2} t + \varphi_0) + A\cos(\omega t + \varphi) \tag{4-7-6}$$

式（4-7-6）表明，受迫振动可以看做是两个振动的合成。一个振动是式（4-7-6）右边的第一项，称为瞬态振动，由于阻尼存在，振动开始后振幅很快衰减，一段时间后，这一分振动就减弱到可以忽略不计了；另一个振动是式（4-7-6）右边的第二项，称为稳态振动，其振幅不变，这正是受迫振动达到稳态时的等幅振动，因此受迫振动达到稳定状态时的振动方程为：

$$x = A\cos(\omega t + \varphi) \tag{4-7-7}$$

其中振幅 A 为：

$$A = \frac{F/m'}{\sqrt{(\omega_0^2 - \omega^2)^2 + 4\beta^2 \omega^2}} \tag{4-7-8}$$

可以求出，振幅达到极大值的条件是：

$$\omega = \sqrt{\omega_0^2 - 2\beta^2} \tag{4-7-9}$$

振幅的最大值为：

$$A_{\mathrm{m}} = \frac{F/m'}{2\beta\sqrt{\omega_0^2 - \beta^2}} \tag{4-7-10}$$

在弱阻尼（即 $\beta \ll \omega_0$）情况下，驱动力的圆频率 $\omega \approx \omega_0$，振幅 A 达到最大值，即：

$$A_{\mathrm{m}} = \frac{F/m'}{2\beta\omega_0} \tag{4-7-11}$$

我们把这种振幅达到最大值的现象称为共振。

由式（4-7-8）和（4-7-11）可以看出：β 越小，$A \sim \omega$ 关系曲线的极值越大，曲线越陡（如图（4-7-3））。描述曲线陡峭程度的物理量称为锐度，其值等于品质因数

$$Q = \frac{\omega_0}{\omega_2 - \omega_1} = \frac{f_0}{f_2 - f_1} \tag{4-7-12}$$

其中，f_0 是共振频率，f_1、f_2 分别是半功率点的频率，即振幅为最大振幅的 $\dfrac{1}{\sqrt{2}}$ 倍时所对应的频率，如图 4-7-4。

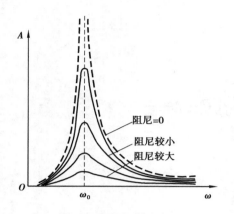

图 4-7-3 $A \sim \omega$ 关系曲线与阻尼系数 β 的关系

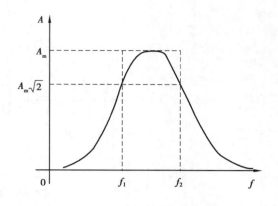

图 4-7-4 半功率点的频率与振幅的关系

3) 可调频率音叉的振动周期与质量的关系

由式(4-7-9)可知,在阻尼 β 很小、可以忽略的情况下,周期 $T = \dfrac{2\pi}{\omega} \approx \dfrac{2\pi}{\omega_0}$ 。与式(4-7-3)比较有 $T = \dfrac{2\pi}{\omega} \approx \dfrac{2\pi}{\omega_0} = 2\pi \sqrt{\dfrac{m'}{k}}$ (m' 为音叉振动系统的质量)。这说明,我们可以通过改变音叉系统的质量的方法来改变音叉的共振频率。

一个给定的音叉一旦起振,它将以某一基频振动而无谐频振动。将相同质量的物块 m 对称地加在给定音叉的两臂上,这时音叉的周期 T 增大,基频减小,即共振频率 f 变小。对于这种加载了物块的音叉,其振动周期 T 的规律与式(4-7-3)相似,表示为:

$$T^2 = B(m + m_0) \tag{4-7-13}$$

其中 B 为常数,它由音叉材料的力学性质、大小及形状等因素决定, m_0 为音叉振动系统中每个振动臂的有效质量。式(4-7-13)表明,音叉振动周期的平方与质量成正比。由此,可通过测量音叉的振动周期来测量未知质量,还可以利用这一规律制成各种音叉传感器,如液体密度传感器、液位传感器等。

4.7.4 实验内容与步骤

1) 必做实验

(1)仪器接线

用屏蔽信号线将信号源的输出端与激振线圈的电压输入端连接;用屏蔽信号线将电磁线圈的信号输出端与信号接收器的输入端相连接。

接通电子仪器的电源,使仪器预热 15 分钟。

(2)测定共振频率 f_0 和输出电压 U(振幅)的关系

①测定共振频率 f_0 和输出电压 $U_{\max}$(最大振幅)

选定一个合适的驱动信号输出幅度(选定后整个实验过程中保持不变),将低频信号发生器的输出信号频率,由低到高缓慢调节,仔细观察交流电压有效值的变化,当读数达最大值(参考值约为 250 Hz 左右)时,音叉振幅达到最大,即发生共振。记录音叉共振时的频率 f_0 和共振时的输出电压 $U_{\max}$ 。

②测量音叉振动系统传感器输出电压 U 与驱动信号频率 f 的关系

重复步骤(1)的操作,测量不同驱动力频率 f 下数字电压表的输出电压 U,将数据填入表 4-7-1 中,注意在共振频率附近取点应密集一些,确保找准共振频率。

③绘制 $U \sim f$ 关系曲线。求出半功率点 f_1 和 f_2,计算音叉的锐度(即 Q 值)。

(3)测量音叉共振频率与对称双臂质量的关系

①将不同质量块 m(13 g、18 g、23 g、28 g、33 g、38 g)分别对称地固定在音叉双臂指定的位置,并用螺丝旋紧。重复步骤(2)①的操作,测出对应的共振频率。将 $m \sim f_0$ 数据记录在表 4-7-2 对应位置中。

②根据表 4-7-2 的数据,计算对应周期的 T^2,并填入表 4-7-2 对应位置中。

③绘制 $T^2 \sim m$ 关系曲线,求出直线斜率 B 和在 m 轴上的截距,并算出 m_0。

(4)测定附在音叉上的一对物块的未知质量

用一对未知质量的物块 m_x 替代已知质量物块 m,重复步骤(2)①的操作,测出音叉的共振频率 f_x,求物块的未知质量 m_x,并计算其不确定度。

2)选做实验

(1)用示波器观测激振线圈的输入信号和电磁线圈传感器的输出信号,测量它们的相位关系。

(2)在音叉臂靠近激振线圈侧对称的位置分别固定两块轻质磁钢薄片,以改变振动系统的结构、增加空气阻尼,用电磁力驱动音叉,将低频信号发生器的输出信号频率,由低到高缓慢调节,仔细观察交流电压有效值的示数,记录音叉振动的频率 f 与电压值 U。测量音叉的共振频率和锐度。

(3)将两块阻尼片部分浸入液体(如水或油)中,观察音叉共振频率及锐度的改变。(注意振动幅度不能过大,以免激起水花)。

4.7.5 实验数据及处理

1)输出电压 U 与频率 f 的关系

表 4-7-1 输出电压 U 与频率 f_i 关系数据表 $\quad f_0 = $ _____ Hz, $U_{max} = $ _____ V

f_i/Hz								
U/V								
f_i/Hz								
U/V								

根据表 4-7-1 的数据绘制 $U \sim f$ 关系曲线。在 $U \sim f$ 曲线上求出半功率点 f_1 和 f_2,由式(4-7-12)计算音叉的锐度(Q 值)。

2)音叉的共振频率 f_0 与双臂质量 m 的关系

表 4-7-2 共振频率 f_0 与双臂质量 m 的关系

m/g					
f_0/Hz					
$T^2 \times 10^{-5}$/s^2					

将表 4-7-2 的数据进行线性拟合,绘制 $T^2 \sim m$ 关系曲线,求出直线斜率 B 和在 m 轴上的截距 m_0,拟合出 $T^2 \sim m$ 线性方程。

3)测定附在音叉上的一对物块的未知质量

测得共振频率为 $f_x =$ _____ Hz,求得 $T^2 =$ _____ s^2,代入拟合所得的 $T^2 \sim m$ 线性方程,求得未知质量块的质量 $m_x =$ _____ kg,用天平测得该对质量块的质量为 $m =$ _____ kg,计算其百分误差。

4)(选做)改变振动系统结构并增加空气阻尼与液体阻尼时,测定音叉的共振频率及锐度

学生自行设计数据表,并绘图和计算。

5)(选做)将两块阻尼片部分浸入液体中,测定音叉的共振频率及锐度

学生自行设计数据表,并绘图和计算。

4.7.6 注意事项

1.实验中所测量的共振数据是在驱动力恒定的条件下进行的,因此实验中要保持信号发生器的输出幅度不变。

2.加不同质量物块时,注意每次的位置要固定,因为不同的位置会引起共振频率的变化。

3.实验中,选定的驱动信号输出幅度要适当。选定输出幅度后,在整个实验过程中应保持不变。

4.驱动线圈和接收线圈距离音叉臂的位置要合适,距离近容易相碰,距离远信号变小。测量共振曲线时驱动线圈和接收线圈的位置确定后不能再移动,否则会造成曲线失真。

5.将两块阻尼片部分浸入液体中进行测量时,注意振动幅度不能过大,以免激起水花。

【思考题】

1.平移阻尼块的位置,可能会发生什么现象?

2.在重复测量时,前后的实验结果可能不完全一致,分析其原因。

实验 8 弦振动的研究

驻波是一种特殊的波动现象,它广泛存在于自然现象之中,空气柱振动、琴弦振动、薄膜振动都可以形成驻波,驻波在声学、电磁学和光学等方面有着重要的应用。本实验以弦产生的驻波为研究对象,用音叉振动系统作为弦产生驻波的波源,测量弦上横波的传播速度,并通过驻波的测量,求出弦的线密度。

4.8.1 实验目的

1.理解均匀弦振动的传播规律。

2.观察弦振动形成的驻波。

3.测量弦上横波的传播速度。

4.通过驻波的测量,求出弦的线密度。

4.8.2　实验仪器

FD-VR-A 型受迫振动与共振实验仪(如图 4-7-1),弦线,滑轮,砝码盘,砝码,钢卷尺,带凹槽的固定支架等。

4.8.3　实验原理

实验装置如图 4-8-1,将弦线的 A 端固定在受迫振动的音叉的一个臂上,弦线的另一端经可移动带凹槽的固定支架(B 端)跨过定滑轮 C 被砝码拉紧,显然,弦线受到的张力 T 等于砝码的重力 mg。当激振线圈 D 迫使音叉振动时,波动由 A 端向 B 端传播,这列波称为行波;当这列波传到固定点 B 端时,被反射回去,被反射回去的这列波称为反射波。行波与反射波在同一条弦线上沿相反方向传播,它们频率相同、振动方向相同,将互相干涉,只要固定支架 B 点的位置恰当,弦线上的波就形成驻波。这时,弦线就被分成几段,且每段波两端的点始终静止不动,而中间的点振幅最大。这些始终静止的点称为波节,振幅最大的点称为波腹。

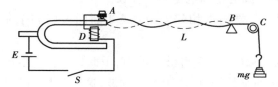

图 4-8-1　弦振动的研究

驻波的形成如图 4-8-2 所示。图中的两列波是沿 x 轴相反方向传播的振幅相等、频率相同的简谐波。细实线表示向右传播的波,细虚线表示向左传播的波,粗实线表示它们合成的驻波。由图可见,任意两个相邻波腹间的距离都等于半个波长。

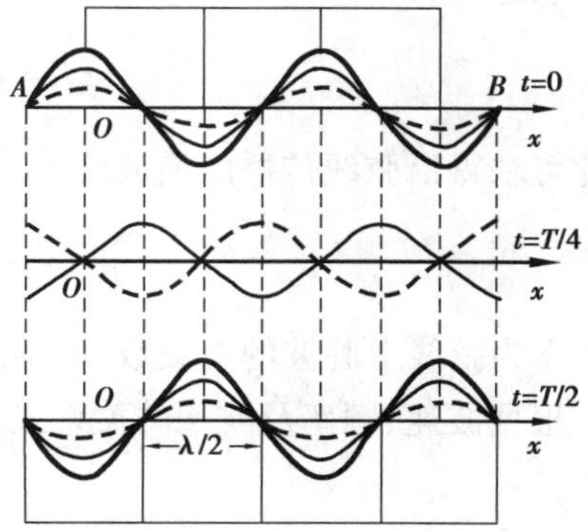

设图 4-8-2 中沿 x 轴正方向传播的波为行波,沿 x 轴负方向传播的波为反射波,取它们振动位相始终相同的点作坐标原点,且在 x = 0 处,振动质点向上达最大位移时开始计时,则它们的波动方程分别为:

图 4-8-2　驻波的形成

$$y_1 = A \cos 2\pi\left(ft - \frac{x}{\lambda}\right) \qquad y_2 = A \cos 2\pi\left(ft + \frac{x}{\lambda}\right)$$

式中 A 为简谐波的振幅,f 为频率,λ 为波长,x 为弦线上质点的坐标位置。两波叠加后的合成波为驻波,其方程为:

$$y = y_1 + y_2 = 2A \cos 2\pi\left(\frac{x}{\lambda}\right) \cos 2\pi ft \qquad (4\text{-}8\text{-}1)$$

可见,入射波与反射波合成后,弦上各点都以相同的频率作简谐振动,它们的振幅为 $|2A \cos 2\pi(x/\lambda)|$,即驻波的振幅只与质点的位置 x 有关,与时间 t 无关。

在波节处,振幅为零,即 $|\cos 2\pi(x/\lambda)| = 0$,有

$$\frac{2\pi x}{\lambda} = (2k + 1) \frac{\pi}{2} \quad (k = 0,1,2,3,\cdots)$$

可求得波节所在的位置为：

$$x = (2k + 1) \frac{\lambda}{4} \tag{4-8-2}$$

而相邻两波节之间的距离为：

$$x_{k+1} - x_k = \left[2(k + 1) + 1 \right] \frac{\lambda}{4} - (2k + 1) \frac{\lambda}{4} = \frac{\lambda}{2} \tag{4-8-3}$$

式(4-8-3)表明，相邻的波节间的距离是半个波长。

在波腹处，质点振幅最大，即 $|\cos 2\pi(x/\lambda)| = 1$，有

$$\frac{2\pi x}{\lambda} = k\pi \quad (k = 0,1,2,3,\cdots)$$

可求得波腹所在的位置为： $\quad x = k \frac{\lambda}{2} = 2k \frac{\lambda}{4} \tag{4-8-4}$

式(4-8-4)表明，相邻的波腹间的距离也是半个波长。

可见，在驻波实验中，只要测得相邻波节(或相邻两波腹)间的距离，就能确定该波的波长。

本实验中，固定弦的两端(A、B)是驻波的波节，因此，只有当弦线的 A、B 两个固定端间的距离 L(弦长)等于半波长的整数倍时，才能形成驻波，这就是均匀弦振动产生驻波的条件，其数学表达式为：

$$L = k \frac{\lambda}{2} \quad (k = 0,1,2,3,\cdots) \tag{4-8-5}$$

由此可求得沿弦线传播的横波波长为：

$$\lambda = \frac{2L}{k} \quad (k = 0,1,2,3,\cdots) \tag{4-8-6}$$

式中 k 为弦线上驻波的波腹数，即半波数。

根据波速、频率及波长的关系式 $v = f\lambda$，将式(4-8-6)代入可求得波速：

$$v = \frac{2Lf}{k} \quad (k = 0,1,2,3,\cdots) \tag{4-8-7}$$

根据波动理论，弦线横波的传播速度为：

$$v = \sqrt{\frac{T}{\rho}} \tag{4-8-8}$$

式中 T 为弦线张力，ρ 为弦线的线密度。

由(4-8-7)、(4-8-8)式可求得：

$$\rho = T\left(\frac{k}{2fL}\right)^2 \quad (k = 0,1,2,3,\cdots) \tag{4-8-9}$$

可见，当给定 T、ρ、L 时，频率 f 只有满足该式时，才能产生驻波。为此，调节信号发生器的频率，使之与这些频率一致时，弦线产生共振，弦上便形成驻波。

4.8.4　实验内容与步骤

1) 观察弦振动驻波的形成

（1）按照图 4-8-1 安装实验装置。设置 A、B 两固定端间的距离为 60 cm。在砝码盘内放入适量砝码,使弦弦拉紧。调整固定架 B 和定滑轮的位置,使弦线方向垂直于音叉振动的方向,且与定滑轮施加的张力保持水平。

（2）给 FD-VR-A 型受迫振动与共振实验仪通电,预热 15 分钟。

（3）缓慢地调整函数信号发生器的输出频率,当达到共振频率时,可以看到弦振动形成的驻波并听到弦的振动引发的声音最大。如果看不到振动或听不到声音,稍稍增大函数发生器的输出振幅或改变一下接收线圈的位置重新试验。

2) 测定金属弦线的线密度 ρ 和弦线上横波的传播速度 v

（1）选取一个固定的频率 f,张力 T 由砝码的质量获得,调节弦码以改变弦线长度 L,使弦线上依次出现一个、两个、三个稳定且明显的驻波段,在表 4-8-1 中记录相应的 f、T、k、L 的值,由公式(4-8-9)计算弦线的线密度 ρ。

（2）选取一个固定的频率 f,增加砝码盘中的砝码以改变张力的大小,在不同张力的作用下调节弦长 L,使弦线上出现稳定明显的驻波段。在表 4-8-2 中记录相应的 f、m、k、L 的值,由公式(4-8-8)计算弦线上横波的传播速度 v,讨论 v 与 f、T、m、k、L 间的关系,并与式(4-8-7)比较。

（3）在张力一定的条件下,改变频率 f,调节弦长 L,使弦线上出现 2 个稳定且明显的驻波段。在表 4-8-3 中记录相应的 f、T、k、L 的值,由公式(4-10-8)计算弦线上横波的传播速度 v,讨论 v 与 f、T、m、k、L 间的关系,并与式(4-8-7)比较。

4.8.5　实验数据及处理

1) 测定金属弦线的线密度 ρ

表 4-8-1　金属弦线线密度测量数据表　　$f=$ _____Hz　　$T=mg=$ _____N

k	1	2	3
L/cm			
$\rho/\text{kg/m}$			

求金属弦线线密度的平均值 $\bar\rho$,计算不确定度,写出测量结果。

2) 频率一定时,测定弦线上横波的传播速度 v

表 4-8-2　频率一定时金属弦线上横波传播速度测量数据表　　$f=$ _____Hz

i	1	2	3	4	5	6
m/kg						
k						
L/cm						
$v=\sqrt{\dfrac{T}{\rho}}/\text{m/s}$						

讨论 v 与 f、T、m、k、L 间的关系,并与式(4-8-7)比较。

3）张力一定时,测定弦线上横波的传播速度 v

表4-8-3　张力一定时金属弦线上横波传播速度测量数据表　$F=mg=$ _____ N　$k=2$

i	1	2	3	4	5	6
f/Hz						
L/cm						
T/s						
$v=\sqrt{\dfrac{T}{\rho}}$/m/s						

讨论 v 与 f、T、m、k、L 间的关系,并与式(4-8-7)比较。

4.8.6　注意事项

1.音叉不起振时,应将开关切断,调整触电后重新起振。不起振时,应及时断开触点。

2.测量时,应保持砝码稳定,不晃动。在驻波波形稳定、波节清晰的情况下记录数据。

3.实验完毕后,应立即取下砝码,将仪器归位。

【思考题】

1.按照图4-8-1安装实验装置时,为什么要用砝码通过定滑轮对弦线施力?

2.按照图4-8-1安装实验装置时,可否将音叉固定在弦线的固定点 A 点?为什么?

3.实验中,有时会出现音叉振动,但弦线不起振或弦线驻波波幅很小的情况,这是什么原因造成的?怎样解决这个问题?

实验 9　超声声速的测定

声波是一种在弹性媒质中传播的机械波,它是纵波,其振动方向与传播方向相一致。频率低于 20 Hz 的声波称为次声波;频率在 20 Hz~20 kHz 的声波可以被人听到,称为可闻声波;频率在 20 kHz 以上的声波称为超声波。

声速是描述声波在媒质中传播特性的一个基本物理量,声波在媒质中的传播速度与媒质的特性及环境状态等因素有关,因而通过媒质中声速的测定,可以了解媒质的特性或状态变化,在现代检测中应用非常广泛。例如,测量氯气、蔗糖等气体或溶液的浓度、氯丁橡胶乳液的比重以及输油管中不同油品的分界面等,这些问题都可以通过测定这些物质中的声速来解决,可见,声速测定在工业生产上具有一定的实用意义。

本实验以高于 20 kHz 的超声波为研究对象,采用压电陶瓷超声换能器来测定超声波在空气中、水中的传播速度,这是非电量电测方法应用的一个例子。

4.9.1　实验目的

1.了解超声换能器的工作原理和功能。
2.学习不同方法测定声速的原理和技术。
3.熟悉测量仪和示波器的调节使用。
4.测定声波在空气及水中的传播速度。

4.9.2　实验仪器

ZKY-SS 型声速测定实验仪(图 4-9-1)、双踪示波器

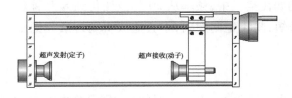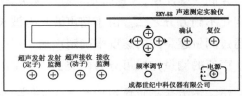

图 4-9-1　ZKY-SS 型声速测定实验仪

超声实验装置中发射器固定,摇动丝杆摇柄可使接收器前后移动,以改变发射器与接收器的距离。丝杆上方安装有数字游标尺(带机械游标尺),可准确显示位移量。整个装置可方便的装入或拿出水槽。

声速测定信号源面板上有一块 LCD 显示屏用于显示信号源的工作信息;还具有上下、左右按键,确认按键、复位按键、频率调节旋钮和电源开关。上下按键用作光标的上下移动选择,左右按键用作数字的改变选择,确认按键用作功能选择的确认以及工作模式选择界面与具体工作模式界面的交替切换。

同时还有超声发射驱动信号输出端口(简称 TR,连接到超声波发射换能器)、超声发射监测信号输出端口(简称 MT,连接到示波器显示通道 1)、超声接收信号输入端口(简称 RE,连接到超声波接收换能器)、超声接收信号监测输出端口(简称 MR,连接到示波器显示通道 2)。

声速测定信号源具有选择、调节、输出超声发射器驱动信号;接收、处理超声接收器信号;显示相关参数:提供发射监测和接收监测端口连接到示波器等其它仪器等功能。

开机显示欢迎界面后,自动进入按键说明界面。按确认键后进入工作模式选择界面,可选择驱动信号为连续正弦波工作模式(共振干涉法与相位比较法)或脉冲波工作模式(时差法)。

选择连续波工作模式,按确认键后进入频率与增益调节界面;在该界面下将显示输出频率值;发射增益挡位,接收增益挡位等信息,并可作相应的改动。

选择脉冲波工作模式,按确认键后进入时差显示与增益调节界面;在该界面下将显示超声波通过目前超声波换能器之间的距离所需的时间值;发射增益挡位,接收增益挡位等信息,并可作相应的改动。

用频率调节旋钮调节频率,在连续波工作模式下显示屏将显示当前输出驱动信号的频率值。

增益可在 0 挡到 3 挡之间调节,初始值为 2 挡;发射增益调节驱动信号的振幅;接收增益将调节接收信号放大器的增益,放大后的接收信号由接收监测端口输出。以上调节完成后就可进行测量了。

改变测量条件可按确认键,将交替显示模式选择界面或频率(时差显示)与增益调节界面。按复位键将返回欢迎界面。

4.9.3　实验原理

在同一媒质中,声速基本与频率无关,例如在空气中,频率从 20 赫兹变化到 8 万赫兹,声速变化不到万分之二。由于超声波具有波长短,易于定向发射,不会造成听觉污染等优点,我们通过测量超声波的速度来确定声速。

声速的测量方法可分为两类:

第一类方法是直接根据关系式 $v = \dfrac{s}{t}$,测出传播距离 s 和所需时间 t 后即可算出声速,称为"时差法",这是工程应用中常用的方法。

第二类方法是利用波长频率关系式 $v = \lambda \cdot f$,测量出频率 f 和波长 λ 来计算出声速,测量波长时又可用"共振干涉法"或"相位比较法",本实验用三种方法测量气体和液体中的声速。

1)压电陶瓷换能器

压电材料受到与极化方向一致的应力 F 时,在极化方向上会产生一定的电场,它们之间有线性关系 $E = g \cdot F$。反之,当在压电材料的极化方向上加电压 E 时,材料的伸缩形变 S 与电压 E 也有线性关系 $S = a \cdot E$,比例系数 g、a 称为压电常数,它与材料性质有关。本实验采用压电陶瓷超声换能器将实验仪输出的正弦振荡电信号转换成超声振动。压电陶瓷片是换能器的工作物质,它是用多晶体结构的压电材料(如钛酸钡,锆钛酸铅等)在一定的温度下经极化处理制成的。在压电陶瓷片的前后表面粘贴上两块金属组成的夹心型振子,就构成了换能器,由于振子是以纵向长度的伸缩,直接带动头部金属作同样纵向长度伸缩,这样所发射的声波,方向性强,平面性好。每一只换能器都有其固有的谐振频率,换能器只有在其谐振频率,才能有效地发射(或接收)。实验时用一个换能器作为发射器,另一个作为接收器,二换能器的表面互相平行,且谐振频率匹配。

2)共振干涉(驻波)法测声速

到达接收器的声波,一部分被接收并在接收器电极上有电压输出,一部分被向发射器方向反射。由波的干涉理论可知,两列反向传播的同频率波干涉将形成驻波,驻波中振幅最大的点称为波腹,振幅最小的点称为波节,任何两个相邻波腹(或两个相邻波节)之间的距离都等于半个波长。改变两只换能器间的距离,同时用示波器监测接收器上的输出电压幅度变化,可观察到电压幅度随距离周期性的变化。记录下相邻两次出现最大电压数值时游标尺的读数,两读数之差的绝对值应等于声波波长的二分之一(图 4-9-2)。已知声波频率并测出波长,即可计算声速。实际测量中为提高测量精度,可连续多次测量并用逐差法处理数据。

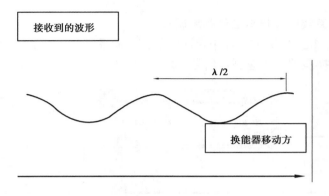

图 4-9-2　驻波法

3）相位比较（行波）法测声速

当发射器与接收器之间距离为 L 时,在发射器驱动正弦信号与接收器接收到的正弦信号之间将有相位差 $\Phi = 2\pi L/\lambda = 2\pi n + \Delta\Phi$。

若将发射器驱动正弦信号与接收器接收到的正弦信号分别接到示波器的 X 及 Y 输入端,则相互垂直的同频率正弦波干涉,其合成轨迹称为李萨如图,如图 4-9-3 所示。

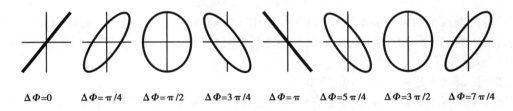

$\Delta\Phi = 0$　　$\Delta\Phi = \pi/4$　　$\Delta\Phi = \pi/2$　　$\Delta\Phi = 3\pi/4$　　$\Delta\Phi = \pi$　　$\Delta\Phi = 5\pi/4$　　$\Delta\Phi = 3\pi/2$　　$\Delta\Phi = 7\pi/4$

图 4-9-3　相位差不同时的李萨如图

当接收器和发射器的距离变化等于一个波长时,则发射与接收信号之间的相位差也正好变化一个周期（即 $\Delta\Phi = 2\pi$）,相同的图形就会出现。反之,当准确观测相位差变化一个周期时接收器移动的距离,即可得出其对应声波的波长 λ,再根据声波的频率,即可求出声波的传播速度。

4）时差法测量声速

若以脉冲调制正弦信号输入到发射器,使其发出脉冲声波,经时间 t 后到达距离 L 处的接收器。接收器接收到脉冲信号后,能量逐渐积累,振幅逐渐加大,脉冲信号过后,接收器作衰减振荡,如图 4-9-4 所示。t 可由测量仪自动测量,也可从示波器上读出。实验者测出 L 后,即可由 $v = L/t$ 计算声速。

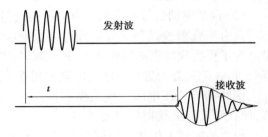

图 4-9-4　时差法

4.9.4 实验内容与步骤

1)声速测定仪系统的连接与工作频率调节

（1）连接装配。超声实验装置和声速测定仪信号源及双踪示波器之间的连接如下：

①测试架上的换能器与声速测定信号源之间的连接（如图 4-9-5 所示）：

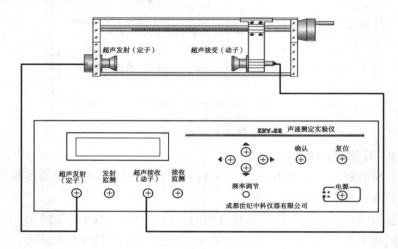

图 4-9-5　测定仪与实验架连接图

信号源面板上的发射驱动端口（TR），用于输出一定频率的功率信号，请接至测试架左边的发射换能器（定子）；仪器面板上的接收换能器信号输入端口（RE），请连接到测试架右边的接收换能器（动子）。

②示波器与声速测定信号源之间的连接：

信号源面板上的超声发射监测信号输出端口（MT）输出发射波形，请接至双踪示波器的 CH_1（X 通道），用于观察发射波形；仪器面板上的超声接收监测信号输出端口输出接收的波形，请接至双踪示波器的 CH_2（Y 通道），用于观察接收波形。

（2）在接通市电开机后，显示欢迎界面后，自动进入按键说明界面。按确认键后进入工作模式选择界面，可选择驱动信号为连续正弦波工作模式（共振干涉法与相位比较法）或脉冲波工作模式（时差法）；在工作模式选择界面中选择驱动信号为连续正弦波工作模式，在连续正弦波工作模式中是信号源工作预热 15 分钟。

（3）调节驱动信号频率到压电陶瓷换能器系统的最佳工作点

只有当发射换能器的发射面与接收换能器的接收面保持平行时才有较好的系统工作效果。为了得到较清晰的接收波形，还须将外加的驱动信号频率调节到发射换能器的谐振频率点处时，才能较好的进行声能与电能的相互转换，以得到较好的实验效果。

按照调节到压电陶瓷换能器谐振点处的信号频率估计一下示波器的扫描时基并进行调节，使在示波器上获得稳定波形。

超声换能器工作状态的调节方法如下：在仪器预热 15 分钟并正常工作以后，首先自行约定超声换能器之间的距离变化范围，再变化范围内随意设定超声换能器之间的距离，然后调节声速测定仪信号源输出电压（10—15V_{pp}之间），调整信号频率（在 30～45 kHz），观察频率调整时接收波形的电压幅度变化，在某一频率点处（34 kHz～38 kHz 之间）电压幅度最大，这时稳定信号频率,再改变超声换能器之间的距离,改变距离的同时观察接收波形的电压幅度变化,记录接收波形电压幅度的最大值和频率值;再次改变超声换能器间的距离到适当选择位置,重复上述频率测定工作,共测多次,在多次测试数据中取接收波形电压幅度最大的信号频率作为压电陶瓷换能器系统的最佳工作频率点。

2) 用共振干涉法测量空气中的声速

按第一条的要求完成系统连接与调谐,并保持在实验过程中不改变调谐频率。

将示波器设定在扫描工作状态,并将发射监测输出信号输入端设为触发信号端。信号源选择连续波(Sine-Wave)模式,建议设定发射增益为 2 挡、接收增益为 2 挡。

摇动超声实验装置丝杆摇柄,在发射器与接收器距离为 5 厘米附近处,找到共振位置(振幅最大),作为第 1 个测量点。按数字游标尺的归零(ZERO)键,使该点位置为零(对于机械游标尺而言,以此时的标尺示值作始点)。摇动摇柄使接收器远离发射器,每到共振位置均记录位置读数,共记录 10 组数据于表 4-9-1 中。

接收器移动过程中若接收信号振幅变动较大影响测量,可调节示波器的通道增益旋钮,使波形显示大小合理。

3) 用相位比较法测量空气中的声速

按第一条的要求完成系统连接与调谐,并保持在实验过程中不改变调谐频率。

信号源选择连续波(Sine-Wave)模式,建议设定发射增益为 2 挡、接收增益为 2 挡。将示波器在设定 X-Y 工作状态。将信号源的发射监测输出信号接到示波器的 X 输入端,并设为触发信号,接收监测输出信号接到示波器的 Y 输入端。

在发射器与接收器距离为 5 厘米附近处,找到 $\Delta\Phi=0$ 的点,作为第 1 个测量点。按数字游标尺的归零(ZERO)键,使该点位置为零(对于机械游标尺而言,以此时的标尺示值作始点)。摇动摇柄使接收器远离发射器,每到 $\Delta\Phi=0$ 时均记录位置读数,共记录 10 组数据于表 4-9-2 中。

接收器移动过程中若接收信号振幅变动较大影响测量,可调节示波器 Y 通道增益旋钮,使波形显示大小合理。

4) 用相位比较法测量水中的声速

测量水中的声速时,将实验装置整体放入水槽中,槽中的水高于换能器顶部 1~2 厘米。按第一条的要求完成系统连接与调谐,并保持在实验过程中不改变调谐频率。

信号源选择连续波(Sine-Wave)模式,设定发射增益为 0,接收增益调节为 0 档。在发射器与接收器距离为 3 厘米附近处,找到 $\Delta\Phi=0$(或 π)的点,作为第 1 个测量点。按数字游标尺的归零(ZERO)键,使该点位置为零(对于机械游标尺而言,以此时的标尺示值作始点)。摇动摇柄使接收器远离发射器,接收器移动过程中若接收信号振幅变动较大影响测量,可调节示波器 Y 衰减旋钮。由于水中声波长约为空气中的 5 倍,为缩短行程,可在 $\Delta\Phi=0$;π 处均进行测量,共记录 8 组数据于表 4-9-3 中。

5) 用时差法测量水中的声速

按第一条的要求完成系统连接与调谐,并保持在实验过程中不改变调谐频率。

信号源选择脉冲波工作模式,设定发射增益为 2,接收增益调节为 2 档。将发射器与接收器距离为 3 厘米附近处,作为第 1 个测量点。按数字游标尺的归零(ZERO)键,使该点位置为零(对于机械游标尺而言,以此时的标尺示值作始点),并记录时差。摇动摇柄使接收器远离发射器,每隔 20 毫米记录位置与时差读数,共记录 10 点于表 4-9-4 中。

4.9.5 数据记录与处理实例

表 4-9-1 共振干涉法测量空气中的声速

谐振频率 $f_0 =$ _____ kHz   温度 $T =$ _____ °C

测量次数 i	1	2	3	4	5	
位置 L_i (mm)						
测量次数 i	6	7	8	9	10	$\lambda_{平均}$
位置 L_i (mm)						
波长 λ_i (mm)						

数据处理计算公式:$v_{理论} = 331.45 + 0.59T$ $\lambda_i = 2 \cdot (L_{i+5} - L_i)/5$

$v_{实验} = f_0 \cdot \lambda_{平均}$ 误差 $E = (v_{实验} - v_{理论})/v_{理论}$

实验结论:$v_{实验} =$ _____ (m/s) $v_{理论} =$ _____ (m/s)   误差 $E =$ _____ %

表 4-9-2 相位比较法测量空气中的声速

谐振频率 $f_0 =$ _____ kHz   温度 $T =$ _____ °C

测量次数 i	1	2	3	4	5	
位置 L_i (mm)						
测量次数 i	6	7	8	9	10	$\lambda_{平均}$
位置 L_i (mm)						
波长 λ_i (mm)						

数据处理计算公式:$v_{理论} = 331.45 + 0.59T$ $v_{实验} = f_0 \cdot \lambda_{平均}$ $\lambda_i = (L_{i+5} - L_i)/5$

误差 $E = (v_{实验} - v_{理论})/v_{理论}$

实验结论:$v_{实验} =$ _____ (m/s) $v_{理论} =$ _____ (m/s)   误差 $E =$ _____ %

表 4-9-3 相位比较法测量水中的声速

谐振频率 $f_0 =$ _____ kHz   温度 $T =$ _____ °C

测量次数 i	1	2	3	4	5	
位置 L_i (mm)						
测量次数 i	6	7	8	9	10	$\lambda_{平均}$
位置 L_i (mm)						
波长 λ_i (mm)						

数据处理计算公式:$\lambda_i = 2 \cdot (L_{i+5} - L_i)/5$ $v_{实验} = f_0 \cdot \lambda_{平均}$

实验结论:$v_{实验} =$ _____ (m/s)

表 4-9-4 时差法测量水中的声速

谐振频率 $f_0 =$ _____ kHz   温度 $T =$ _____ °C

测量次数 i	1	2	3	4	5	
位置 L_i(mm)	10	30	50	70	90	
时刻 t_i(μs)						$v_{平均}$
测量次数 i	6	7	8	9	10	
位置 L_i(mm)	110	130	150	170	190	
时刻 t_i(μs)						
速度 v_1(m/s)						

数据处理计算公式：$v = (L_{i+5} - L_i) / (t_{i+5} - t_i)$

实验结论：$v_{平均} =$ _____ (m/s)

4.9.6 注意事项

1.定子、动子两端面应平行；信号源电源打开后定子、动子不准接触。

2.频率有改变,信号源输出频率有少量漂移,是正常现象,处理数据取平均值。

3.注意换能器系统的谐振频率的调节,先粗调后细调,调好后不可再改变,否则就必须重复调整步骤测量数据。

4.测量波长时,注意在振幅最大或直线状态进行测读;读数时应预先估测波形最大或重合位置,精细调节,不可来回旋转鼓轮,避免回程误差。

5.发射、接受增益的大小应在监测信号不失真的原则下设定。

6.在水中共振法测量声速的效果较差,接收波形的幅度变化不明显,根据对实验数据分析,我们认为是由于水介质与接收头对声波的特性阻抗相接近,反射信号弱,从而导致了驻波现象的不明显。故无法做水介质中共振干涉法测量声速的实验。

7.关于固体中声速的测量的说明:由于被测固体样品的长度不能连续变化,因此只能采用时差法进行测量。为了增强测量的可靠性,在换能器端面及被测固体的端面上涂上声波耦合剂,建议采用医用超声耦合剂。

【思考题】

1.利用本实验给出的仪器,有几种方法可测出超声波的波长？各自的原理是什么？实验是如何进行的？

2.为什么先要调整换能器系统处于谐振状态？怎样调整谐振频率？

实验 10　电热法测量热功当量

改变系统内能的方法有两种——做功和热传递,即要使系统的内能发生变化,则既可以通过做功的方式来实现,也可以通过热传递的方式来实现,两者作用于系统可以产生相同的效果。热量以卡为单位,功以焦耳为单位,那么 1 卡的热量对内能改变的效果相当于多少焦耳的功对内能改变的效果呢? 我们用热功当量来表示单位卡与焦耳之间的数量关系。英国物理学家焦耳首先用实验确定了这种关系,将这种关系表示为 1 卡 = 4.1840 焦耳,即热功当量 J = 4.1840 焦耳/卡。

本实验用电热法测量热功当量。

4.10.1　实验目的

1.学会用电热法测定热功当量。

2.熟悉量热器的使用方法。

3.认识自然冷却现象,学习用牛顿冷却定律进行散热修正。

4.10.2　实验仪器

量热器、搅拌器、加热器、稳压电源、电流表、电压表、连接线、天平、秒表、数字温度计等。

实验装置如图 4-10-1 所示。

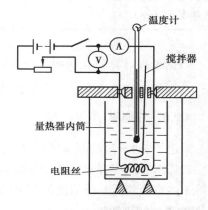

图 4-10-1　热功当量实验装置示意图

4.10.3　实验原理

1) 电热法测量热功当量

设加热器两端的电压为 U,通过电阻的电流为 I,通过时间为 t,则电流做的功为:

$$A = UIt \tag{4-10-1}$$

式中 A 的单位是 J;U 的单位是 V;I 的单位是 A;t 的单位是 s。

当这些功转化为量热器系统的内能,使量热器系统的温度从 T_0 升高至 T 时,系统所吸收的热量为:

$$Q = (m_0 c_0 + m_1 c_1 + m_2 c_2 + m_3 c_3 + \cdots + x\delta V)(T - T_0) \tag{4-10-2}$$

式中 Q 是系统吸收的热量,单位是 cal;m_0、m_1、m_2、m_3、$\cdots$ 分别是量热器系统中水、内桶、搅拌器、电阻丝等的质量,单位为 g;c_0、c_1、c_2、c_3、$\cdots$ 分别是量热器系统中水、内桶、搅拌器、电阻丝等的比热容,单位为 cal/(g·℃);δV 是水银温度计浸入水中部分的体积,单位是 cm³;

$x \approx \rho_{水银} \times c_{水银} \approx \rho_{玻璃} \times c_{玻璃} \approx 0.0450$,是单位体积水银温度计的比热容,单位为 cal/(cm³·℃);$(T-T_0)$ 是量热器系统温度的变化量,单位是℃。

式(4-10-2)也可以表示为:

$$Q = C(T - T_0) \tag{4-10-3}$$

其中 $C = m_0 c_0 + m_1 c_1 + m_2 c_2 + m_3 c_3 + \cdots + x\delta V$,称为系统的热容。

如果整个过程中没有热量的散失，则电流做的功全部转化为量热器系统的内能，即

$$A = JQ \tag{4-10-4}$$

式中，J 为热功当量，单位是 J/cal。若已知为 A 和 Q，则

$$J = \frac{A}{Q} \tag{4-10-5}$$

实验中，用测量结果代入式（4-10-1）、（4-10-2），分别算出 A 和 Q 后，再代入式（4-10-5）即可求出 J。

2）散热修正

在系统因加热而升温时，由于系统温度高于外界环境的温度，系统与外界环境必定会发生热交换而耗散一部分热量，因此，实验中测得系统的实际温度低于式（4-10-2）中的理想温度，从而导致系统误差。我们依据牛顿冷却定律来修正这一系统误差。

牛顿冷却定律表述为：当定质量系统的温度与环境温度相差不大（如小于 5 ℃）时，系统温度的变化速率 $\frac{\mathrm{d}T}{\mathrm{d}t}$ 与系统温度 T 和环境温度 T_s 之差（$T - T_s$）成正比，即

$$\frac{\mathrm{d}T}{\mathrm{d}t} = -k(T - T_s) \tag{4-10-6}$$

式中 k 称为散热系数，它由系统的表面和环境状况决定，在满足牛顿冷却定律的条件下，k 为常数，单位：s^{-1}。

（1）测定散热系数 k

设测量的初始时刻为 t_0，系统初始温度为 T_0，经过 $\Delta t = (t - t_0)$ 时间系统温度升高到 T，对式（4-10-6）分离变量后取定积分，有

$$\int_{T_0}^{T} \frac{\mathrm{d}T}{T - T_s} = -\int_{t_0}^{t} k\mathrm{d}t$$

求得：　　$\ln(T - T_s) - \ln(T_0 - T_s) = -k(t - t_0)$

令 $b = \ln(T_0 - T_s)$，则上式简化为：

$$\ln(T - T_s) = -k(t - t_0) + b \tag{4-10-7}$$

式（4-10-7）是关于 $\ln(T - T_s)$ 和（$t - t_0$）的线性方程，其斜率为 k。只要拟合出这条线性曲线，就可以求出散热系数 k。

（2）系统温度的修正

若在室温 T_s 下，Δt 时间内系统的温度由 T_0 线性变化为 T，则式（4-10-6）可改写为：

$$\Delta T = -k(\overline{T} - T_s)\Delta t \tag{4-10-8}$$

式中变化量 $\Delta T = T - T_0$ 就是系统温度的修正值，$\overline{T}$ 是 Δt 时间内系统温度的平均值，即 $\overline{T} = \frac{T + T_0}{2}$。

设将测量时间 t 分割成 n 等份进行测量，测量的时刻分别为 t_0、t_1、t_2、$\cdots$、t_i、$\cdots$、t_n，即 $t = t_n - t_0$，且每份时间间隔均匀，即 $\Delta t = t_1 - t_0 = t_2 - t_1 = \cdots = t_i - t_{i-1} = \cdots = t_n - t_{n-1}$，测得的系统温度分别为 T_0、T_1、T_2、$\cdots$、T_i、$\cdots$、T_n，则 Δt 时间内系统温度的平均值分别为 $\overline{T_1} = \frac{T_1 + T_0}{2}$、$\overline{T_2} = \frac{T_2 + T_1}{2}$、$\cdots$、$\overline{T_i} = \frac{T_i + T_{i-1}}{2}$、$\cdots$、$\overline{T_n} = \frac{T_n + T_{n-1}}{2}$。

根据式（4-10-8），每间隔 Δt 时间，温度的修正值分别为 $\Delta T_1 = -k(\overline{T_1}-T_s)\Delta t$、$\Delta T_2 = -k(\overline{T_2}-T_s)\Delta t$、$\cdots$、$\Delta T_i = -k(\overline{T_i}-T_s)\Delta t$、$\cdots$、$\Delta T_n = -k(\overline{T_n}-T_s)\Delta t$。

那么，t_n 时刻测得的温度 T_n 相对于初始温度 T_0 的修正值为：

$$\delta T_n = -\sum_{i=1}^{n}\Delta T_i = -\sum_{i=1}^{n}k(T_{i-1}-T_s)\Delta t \tag{4-10-9}$$

而修正后的温度为：

$$T = T_n + \delta T_n \tag{4-10-10}$$

4.10.4　实验内容与步骤

1.用天平测量热器系统中水、内桶、搅拌器、电阻丝的质量 m_0、m_1、m_2、m_3，查表确定它们的比热容，用量筒测量温度计浸入水中部分的体积 δV。将数据记录在表 4-10-1 中。计算系统的热容 C。

2.按照图 4-10-1 连接线路。

3.测量环境温度 T_s 和系统初始温度 T_0，将数据记录在表 4-10-3 中。

4.接通电源，开始加热，同时用秒表开始计时。加热过程中要不停地均匀搅拌，注意不要碰到电极。每隔 20 秒记录一次系统温度（即水温），将数据记录在表 4-10-3 中。每隔 1 分钟记录一次电流和电压值，将数据记录在表 4-10-4 中。

5.当水温比室温高出 15 ℃时，切断电源，停止加热，同时将时间 t 记录在表 4-10-4 中。

6.隔一段时间后，系统温度达到最高。此时，系统开始自然降温。每隔 1 分钟记录一次系统温度，15 分钟后停止记录。将数据记录在表 4-10-2 中。

4.10.5　实验数据及处理

1）计算系统的热容 C

表 4-10-1　天平测量数据表

序号 i	0	1	2	3
测量对象	水	内桶	搅拌器	电阻丝
质量 m_i/g				
比热容 C_i/cal/(g·℃)				

温度计浸入水中部分的体积 $\delta V =$ _____ cm³

系统的热容 $C = m_0 c_0 + m_1 c_1 + m_2 c_2 + m_3 c_3 + \cdots + 0.450 \delta V =$ _____ cal/℃。

2）计算散热系数 k

表 4-10-2　降温时温度、时刻数据表　　　　时间间隔 $\Delta t = 1$ min

测量次序 i	0	1	2	3	4	5	$\cdots$	13	14	15
时刻 t_i/min										
系统温度 T_i/℃										
$t-t_0$										
$\ln(T_i-T_s)$										

利用表 4-10-2 的数据拟合 $\ln(T-T_s)$ 和 $(t-t_0)$ 直线,求出直线的斜率,取其绝对值即为散热系数 k。

3) 加温测量时温度的修正

表 4-10-3　加热时温度、时刻数据表　　　　时间间隔 $\Delta t = 20$ s　　环境温度 $T_s = $ _____ ℃

测量次序 i	0	1	2	3	4	5	6	7	…	n
时刻 t_i/s										
系统温度 T_i/℃										
温度的修正值 $\Delta T_i = -k(\overline{T_i}-T_s)\Delta t$/℃										

根据式(4-10-10)计算修正后的温度 T。将已求出的系统热容 C 和修正后的温度 T 代入式(4-10-3),求出系统吸收的热量 Q。

4) 计算电流做功 A

表 4-10-4　加热时电流、电压数据表　　　　加热时间 $t = $ _____ min

测量次序 i	0	1	2	3	4	5	6	7	…	n
电流 I_i/A										
电压 U_i/V										

计算电流平均值 $\overline{I} = \dfrac{\sum\limits_{i=1}^{n} I_i}{n}$,电压平均值 $\overline{U} = \dfrac{\sum\limits_{i=1}^{n} U_i}{n}$,代入式(4-10-1),求出电流做的功 A。

5) 计算热功当量 J

6) 利用式(4-10-5)计算热功当量 J,与公认值比较,计算百分误差

4.10.6　注意事项

1.测量系统温度的过程中,要不停地均匀搅拌,使系统内液体温度均匀,温度计的读数能够代表系统温度,同时注意不要碰到电极。

2.温度计不能靠电阻丝太近。

3.搅拌过程中注意避免短路。

【思考题】

1.为什么要进行散热修正? 如果不修正,对测量结果产生什么影响?

2.本实验要求环境温度为恒温,但实验中,环境温度往往是变化的,怎样才能减小环境温度的变化造成的影响?

实验 11　空气比热容比的测定

空气比热容比在热力学理论及工程技术的应用中是一个重要的参数。本实验用绝热膨胀法测定空气的比热容比。

4.11.1　实验目的

1.理解气体压力传感器和电流型集成温度传感器的原理,并学习其使用方法。
2.学会用标准指针式压力表对气体压力传感器进行定标。
3.观测热力学过程中状态的变化及基本物理规律。
4.学会用绝热膨胀法测定空气的比热容比。

4.11.2　实验仪器

空气比热容比测定仪、大气压计。

空气比热容比测定仪如图 4-11-1 所示。它由机箱(含三位半数字电压表 1 只、四位半数字电压表 1 只、指针式气体压力表 1 只)、贮气瓶、AD590 电流型集成温度传感器、扩散硅压力传感器、引线等组成。

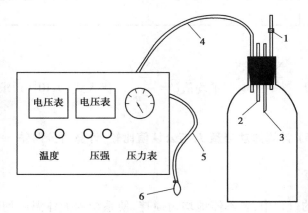

图 4-11-1　空气比热容比测定实验装置
1—放气活塞 C_1　2—AD590 温度传感器
3—气体压力传感器　4—导管(连接贮气瓶与机箱)
5—导管(连接贮气瓶与打气球)　6—打气球及打气活塞

1)扩散硅压力传感器和三位半数字电压表

三位半数字电压表的量程为 0~199.9 mV,它是硅压力传感器的二次仪表,用于测量贮气瓶内空气的压强。

扩散硅压力传感器的测量范围大于环境气压 0~10 kPa(本实验要求:贮气瓶内空气压强的变化范围约在 0~6 kPa 之间),其灵敏度约为 20 mV/kPa(由于实验仪器的差异,实验时须学生自己定标确认灵敏度 a),精度为 5 Pa。

扩散硅压力传感器与三位半数字电压表相匹配,用于测量贮气瓶内空气的压强。测量时,当贮气瓶内气体压强等于环境大气压强时,扩散硅压力传感器测量值为0;当贮气瓶内气体压强大于环境大气压强时,扩散硅压力传感器测量值大于0,即扩散硅压力传感器可以感知大于环境压强的数值。将传感器测得的压强值传递给二次仪表三位半数字电压表后,就将压强值按比例转换为电压值,因此,贮气瓶内气体压强大于容器外环境大气压强的差值就以电压的形式显示出来了。

2) AD590 电流型集成温度传感器与四位半数字电压表

四位半数字电压表的量程为 1.9999 V,它是集成温度传感器的二次仪表,用于测量贮气瓶内空气的温度。

AD590 电流型集成温度传感器具有敏度高、线性好的优点。它的测温范围是 $-50 \sim 150$ ℃,测温灵敏度为 1.00 μA/℃,测量精度可达到 0.02 ℃,

AD590 电流型集成温度传感器与四位半数字电压表相匹配,用于测量贮气瓶内空气的温度。其测温原理如图 4-11-2,给 AD590 电流型集成温度传感器连接 6 V 直流电源后组成一个稳流源,AD590 电流型集成温度传感器的电流与环境温度成正比,即随着温度越高(或降低),温度传感器所在的稳流源的电流会按照比例升高(或降低)。本装置在电路中串接 5.000 kΩ 电阻作为测量输出端,当环境的热力学温度为 0 K(0 K=−273 ℃)时,稳流源的电流为 0,温度传感器输出到四位半数字电压表的电压值为 0;当环境的热力学温度发生变化时,稳流源的电流也随之变化,可产生 5 mV/℃ 的信号电压,即温度每变化 1℃,四位半数字电压表的电压值就改变 5 mV。因此,若四位半数字电压表显示的电压值为 U(单位 mV),则其测量所得的摄氏温度就是 $t = \dfrac{U}{5} - 273$ ℃。

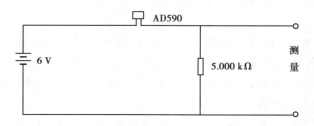

图 4-11-2　AD590 温度传感器测温原理图

3) 贮气瓶

贮气瓶包括玻璃瓶、放气活塞 C_1、密封的橡皮塞等。AD590 电流型集成温度传感器和扩散硅压力传感器均被密封在贮气瓶中接近中心的位置,用于测量瓶内气体的温度和超出环境大气压力的压强。

4.11.3　实验原理

气体在不同的状态变化过程中,温度变化相同,所吸收(或放出)的热量却不一定相同。对 1 摩尔理想气体,在等压过程中,温度升高(或降低)1 K 时,所吸收(或放出)的热量称为定压比热容,用符号 C_p 表示;在等容过程中,温度升高(或降低)1 K 时,所吸收(或放出)的热量称为定容比热容,用符号 C_v 表示。

1 摩尔理想气体的定压比热容 C_p 和定容比热容 C_v 满足如下关系：

$$C_p - C_v = R \qquad (4\text{-}11\text{-}1)$$

式中，R 为普适气体常数。

定压比热容 C_p 与定容比热容 C_v 之比，称为气体的比热容比，也称为气体的绝热指数，用符号 γ 表示，即

$$\gamma = \frac{C_p}{C_v} \qquad (4\text{-}11\text{-}2)$$

根据分子运动理论，气体的比热容比 γ 的理论值由气体分子(或原子)微观运动自由度的数目来决定。当气体分子只有三个平移运动自由度时，如氩、氦等单原子气体，其 γ 的值为 3/5。在不太高的温度下，双原子气体分子除有三个平动自由度外，还有两个转动自由度，如氧、氮等分子，其 γ 的值为 7/5。因此，当将空气视为理想气体时 $\gamma = 1.402$。对于三原子气体，分子运动的自由度至少有六个，其 γ 的值为 4/3 或更小，如二氧化碳(CO_2)的 γ 值等于 1.30。实验中，γ 的实验值随温度的上升而略有下降。

如图 4-11-1 所示，以贮气瓶中的空气作为研究对象，设环境大气压强为 p_0、环境温度为 T_0，贮气瓶体积为 V_2，进行如下实验过程：

(1)先打开放气活塞 C_1，使贮气瓶与大气相通，再关闭 C_1，此时瓶内充满与周围空气等温等压的气体，以这些气体作为研究对象，气体处于初始状态(p_0, V_2, T_0)。

(2)用充气球向瓶内打气，充入一定量的气体后，关闭进气活塞 C_2。此时瓶内空气被压缩，被作为研究对象的气体体积减小，压强增大，温度升高。待内部气体压强稳定、温度恒定时，气体处于状态 Ⅰ (p_1, V_1, T_1)。

此时，由于瓶中还有充气球打入的研究对象以外气体，所以瓶内研究对象的气体体积 V_1 小于 V_2。

(3)迅速打开活塞 C_1，使瓶内气体与大气相通，当瓶内气体压强降至 p_0 时，立刻关闭 C_1，由于放气过程较快，气体来不及与外界进行热交换，可以近似认为是一个绝热膨胀过程。这个过程中，被作为研究对象的气体压强减小，温度降低，体积恢复为初始体积 V_2。此时，气体由状态 Ⅰ (p_1, V_1, T_1) 转变为状态 Ⅱ (p_0, V_2, T_2)。

(4)由于瓶内气体温度 T_2 低于初温 T_0，所以瓶内气体从外界吸热，这个过程近似认为是一个等容吸热过程。当温度上升到初温 T_0 时，瓶内气体的压强增大到 p_2，气体由状态 Ⅱ (p_0, V_2, T_2) 转变为状态 Ⅲ (p_2, V_2, T_0)。

状态 Ⅰ→状态 Ⅱ→状态 Ⅲ 的变化过程如图 4-11-3(a)、(b)所示。

对状态 Ⅰ→状态 Ⅱ 的绝热过程，由绝热过程方程得：

$$P_1 V_1^{\gamma} = P_0 V_2^{\gamma} \qquad (4\text{-}11\text{-}3)$$

状态 Ⅰ 和状态 Ⅲ 的温度均为 T_0，由等温过程气体状态方程得：

$$P_1 V_1 = P_2 V_2 \qquad (4\text{-}11\text{-}4)$$

合并式(4-11-3)和式(4-11-4)，消去 V_1、V_2 得：

$$\gamma = \frac{\ln p_1 - \ln p_0}{\ln p_1 - \ln p_2} = \frac{\ln p_1/p_0}{\ln p_1/p_2} \qquad (4\text{-}11\text{-}5)$$

由式(4-11-5)可以看出，只要测得 p_0、p_1、p_2，就可求得空气的比热容比 γ 之值。

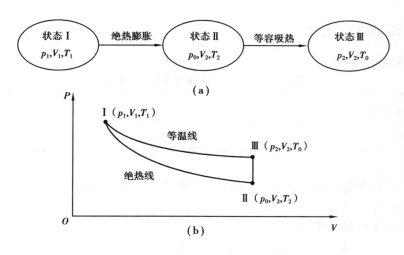

图 4-11-3 贮气瓶中空气的状态变化过程

4.11.4 实验内容与步骤

1) 气体压力传感器的定标

(1) 按图 4-11-1 组装好仪器,开启电源,预热 20 分钟。打开活塞 C_1,使用调零电位器,将三位半数字电压表示值调零。

(2) 记录四位半数字电压表读数,即为室温 T_0(单位:mV);用大气压计测定大气压强 p_0(单位 Pa)。

(3) 关闭活塞 C_1,向瓶内缓缓压入空气,仔细观测指针式压力表示数,将指针式压力表示值 p' 分别为 2、3、4、5、6、7 和 8 kPa 时,压力传感器输出的电压值 U 记录在表 4-11-1 中,作出传感器输出电压 U 随压力表示值 p' 变化的图像,由图像求出直线斜率,即是气体压力传感器的灵敏度 a。

2) 空气比热容比的测定

(1) 打开活塞 C_1,将贮气瓶中的气体排尽(此时如果压力传感器输出值偏离零点,则应再次调节调零旋钮,使其归零),在室温下静置一段时间,待贮气瓶内温度稳定后,关闭活塞 C_1。

(2) 打开活塞 C_2,用打气球将空气缓缓打入贮气瓶内,观察三位半数字电压表的变化,当示值达到 130~150 mV 时,停止打气,同时关闭活塞 C_2。

(3) 待瓶内温度稳定时,四位半数字电压表读数 $T_1' \approx T_0$,三位半数字电压表读数 p_1'(单位:mV)也相对稳定,将瓶内气体的初始压强 p_1' 和温度 T_1' 之值记录在表 4-11-2 中。

(4) 突然打开活塞 C_1,当贮气瓶内压强即将达到大气压强 p_0'(放气声消失)时,迅速关闭 C_1,这时瓶内空气温度下降至 T_2。

(5) 由于瓶内气体温度 T_2 低于环境温度 T_0,因此接下来瓶内气体要从外界吸收热量,这是一个等容升温的过程。随着瓶内气体温度上升,压强增大,当瓶内温度上升到 $T_2' \approx T_0$,压强基本稳定时,将瓶内气体的压强 p_2'(单位:mV)和温度 T_2' 之值记录在表 4-11-2 中。

(6) 重复以上 4~8 的步骤 3 次。

(7) 对测得的数据用气体压力传感器的灵敏度 a 将单位换算为 Pa 后,求出压强 p_1($=p_1'+p_0$)和 p_2($=p_2'+p_0$),代入公式(4-13-5)进行计算,求得空气比热容比 γ 之值,并进行误差分析。

4.11.5 实验数据及处理

1）气体压力传感器定标

表 4-11-1 气体压力传感器定标数据表

压强/kPa							
电压值/mV							

对表 4-11-1 的数据作图并进行线性拟合，求得直线方程 $U = ap' + b$，此压力传感器灵敏度为 a，单位 mV/kPa。

2）空气比热容比的测定

计算公式：$p_1 = p_0 + \dfrac{p'_1}{a}$；$p_2 = p_0 + \dfrac{p'_2}{a}$。

其中 p_0 单位 kPa，p'_1 和 p'_2 单位为 mV，$\dfrac{p'_1}{a}$ 和 $\dfrac{p'_2}{a}$ 的单位为 kPa。

表 4-11-2 空气比热容比测量数据表 $\rho_0 =$ _____ kPa

测量次数	p'_1/mV	T'_1/mV	p'_2/mV	T'_2/mV	p_1/kPa	p_2/kPa	$\gamma = \dfrac{\ln(p_1/p_0)}{\ln(p_1/p_2)}$
1							
2							
3							
4							

求空气比热容比的平均值：$\bar{\gamma} = \dfrac{\sum\limits_{i=1}^{4} \gamma_i}{4}$。

由表中数据计算值 $\bar{\gamma}$ 与标准值 v_0 比较，求出百分误差。标准值 $v_0 = 1.402$。

4.11.6 注意事项

1. 连接装置时，注意 AD590 电流型集成温度传感器的正负极切勿接错。

2. 用打气球向贮气瓶内打气时，应徐徐将气体打入瓶内，不得太急太快。

3. 实验内容 7 打开活塞 C_1 放气时，当听到放气声结束时，应迅速关闭活塞，提早或推迟关闭 C_1，都将影响实验结果，导致误差。这是由于数字电压表的显示有滞后现象，若用计算机实时测量，可以发现此放气时间约零点几秒，且与放气声音的产生与消失很一致，所以用听声的方法来掌握关闭活塞 C_1 的时机更为可靠。

4. 在充、放气后要让气体回到室温需要较长时间，且需要保证此过程中室温不发生变化。

大量的实验数据显示,当瓶内气体的温度变化趋于停止时,这个温度就已经非常接近初温了,此时可认为气体已处于平衡状态,由此引起的误差对实验结果的贡献不大。

【思考题】

1.分析本实验产生误差的主要原因,指出减小误差应采取的措施。

2.本实验仪器如果漏气,对实验结果有什么影响? 怎样检查是否漏气?

3.对气体压力传感器定标数据的处理,是否可用最小二乘法? 如果可以,试对你所测量的数据用最小二乘法拟合回归方程,求出气体压力传感器的灵敏度 a。并与作图法求出的灵敏度 a 进行优劣比较。

第5章

电磁学实验

实验 1 静电场的描绘

相对于观察者为静止的带电物体,假如它所带的电荷不随时间发生变化,则在它周围存在一种特殊的物质,叫静电场。除极简单的情况外,大都不可能求出它们的数学表达式,而用实验方法直接测量静电场又遇到很大困难,因为把探针或试探电极伸入静电场时,探针上会产生感应电荷,这些感应电荷又产生电场与原电场叠加起来,使原来的电场发生畸变,因此,在本实验中,我们用稳定的电流场来代替静电场的测量,这种方法称为模拟法。

5.1.1 实验目的

1.学习用模拟法测绘静电场。
2.描绘静电场中的等位线和电场线。

5.1.2 实验仪器

(1)静电场描绘仪(包括导电玻璃、双层固定支架、同步探针等)。如图 5-1-1 所示,支架采用双层式结构,上层放记录纸,下层放导电玻璃。电极已直接制作在导电玻璃上,并将电极引线接出到外接线柱上,因此在电极之间就有电导率远小于电极且各向均匀的电介质导电玻璃。接通电源就可进行实验。在导电玻璃和记录纸上各有一探针通过金属探针臂把两探针固定在同一手柄座上,两探针始终保持在同一铅直线上。移动手柄座时,可保证两探针的运动轨迹时一样的。由导电玻璃上方的探针找

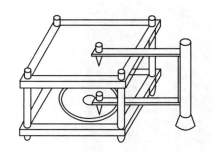

图 5-1-1 静电场描绘仪

到待测点后,按一下记录纸上的探针,在记录纸上留下一对应的标记,移动同步探针在导电玻璃上找出若干电位相同的点,由此即可描绘出等位线。

（2）静电场描绘仪专用电源，导线等。

5.1.3　实验原理

静电场可以用电场强度 E 和电位 U 的空间分布来描述。电场强度的定义是

$$\vec{E} = \frac{\vec{F}}{q}$$

它表示电场中某点的电场强度在量值和方向上等于单位正电荷在该点处所受的力。电位的定义是

$$U = \frac{W}{q}$$

电场中某一点的电位在数值上等于将单位正电荷从该点移至无穷远处时电场力所做的功，U 是一个标量。如果引进电场线和等位面这两个辅助概念，它们有如下对应关系：电场线上每一点的切线方向代表该点处场强 $\vec{E}$ 的方向，在垂直于 $\vec{E}$（亦即垂直于电场线）的单位面积上穿过的电场线根数，与该点处的场强的量值相等。也就是说场强大的地方电场线密集，场强弱的地方电场线稀疏，而等位面则是由电场中电位相等的各点所构成的曲面。电荷在等位面上移动，电场力对它不做功，因此电场线必定垂直于等位面。

在测绘静电场时，通常是测绘出等位面，这是因为电场强度面是矢量，而电位 U 是标量，直接测定电位要比测定场强容易得多，然后根据电场线与等位面处处正交的特点作出电场线。

模拟法要求两个类似的物理现象遵从的物理规律具有相似的数学形式。在本实验中，我们采用导电玻璃进行模拟测量，电极由良导体制成。由于导电玻璃具有一定的导电率，因此在两极间加上稳定的直流电压时，会有电流沿导电玻璃流过，在导电玻璃上形成稳恒电流场，只要导电玻璃的导电率比电极的导电率小得多，电极的表面就可以认为是一个等位面，导电玻璃上的电位分布就与被模拟的静电场完全类似。

为了研究电场空间各点的情况，一般模拟用的电流场应是三维的，这就要求导电介质充满整个进行模拟的空间，但对于带异号电荷的两根无限长圆柱形平行导线和无限长同轴圆柱体所产生的场，它们的电场线在垂直于电极轴线的平面内，模拟用的电流场的电流线也在同样的平面内，因此导电介质只需要充满所研究的平面就可以了。

利用互易关系可"直接"测绘电场线。用电流场模拟静电场，在相同的边界条件下，两种场的电位分布完全相同。通过测定电流场的电位分布，我们就得到了静电场的电位分布，然后根据等位线和电场线正交的关系，即可画出电场线。我们注意到，在电流场中，由于电荷沿电场线的方向流动，即电流线在电场线的方向，而电流线不能穿过导电玻璃的边缘或切口，因而电流线必定平行于导电玻璃的边缘或切口，又垂直于电极表面。故电场线平行于导电玻璃的边缘或切口，垂直于电极表面。而等位线与电场线垂直。由于导电玻璃可以根据需要加工成任意形状，因而我们可以人为地制造边缘或切口，使其在电场线方向。如果在导电玻璃的边缘（或电场线）的地方用一个电极表面去代替它，而在电极表面（或等位线）的地方用一个边缘去代替它，那么所得到的新的等位线的形状将是原电极时电场线的形状，而新的电场线即为原等位线。这个关系称为互易关系。实际上是通过电极的变换，使电场线和等位线这两个相互正交的曲线族得到互换，使原来不能直接测定的电场线改变成可以直接测量的等位线。从理论

上也可以证明此关系。应用互易关系我们可以直接测绘电场线。在导电玻璃上切割出半径为 r_1 和 r_2 的两个同心圆切口,再沿同心圆的任意半径方向制作出两个扇形电极,加上电压 V_1,就得到了同轴电缆模型的互易装置、利用此装置描绘出的等位线即为原模拟模型的辐射状的电场线。

5.1.4　实验内容与步骤

(1)测绘同轴电缆的等位线簇

①参考原理电路图 5-1-2,将导电玻璃上两电极分别与静电场描绘仪专用电源的正负极相连接,专用电源的电压表的正极与同步探针相连接(电压表的负极专用电源中已接好,不需再接)。

②将白纸放在导电玻璃上层,用磁条压住,移动同步探针测绘同轴电缆的等位线簇。电源电压为 14 V,要求每隔 2 V 测一条等位线。

③据电场线和等位线正交关系,再画出电场线,并指出电场强度的方向,得到一张完整的电场分布图。

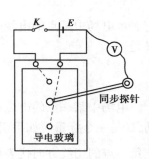

图 5-1-2　静电场的描绘原理电路图

(2)根据同样方法,测绘出两个无限长带电直导线之间的电场以及平行电极板间的电场。

(3)根据"互易法"测绘扇形电极的电场线。

5.1.5　注意事项

1.由于导电玻璃易碎,实验中要轻拿轻放。

2.为能光滑连线,一条等位线上相邻两个记录点的距离建议为 1 cm 左右,曲线弯曲处或两条曲线靠近时,记录点应取得密一点,否则连接曲线时将遇到困难。

3.自备 16 K 白纸 3 张。

【思考题】

1.用电流场模拟静力场的理论依据是什么? 用电流场模拟静电场的理论条件是什么?

2.紧靠电极处的等位线应该呈何形状? 其附近的电场线的分布有何特点?

3.如果在实验过程中,电源电压有不大的变化,对测量结果有无影响?

4. 实验所得的等位线、电场线形状与事先估计的是否相同?若不同,试分析原因。

5. 等位线是否要通过所有测量点,为什么?

实验 2　直流电桥测电阻

电桥是很重要的电磁学基本测量仪器之一。种类较多,用途各异。最简单的是单臂电桥,即惠斯通电桥,用来测量中等大小阻值的电阻,测量范围为 $1 \sim 10^6 \Omega$。此外还有测量低阻值(1 Ω以下)的双臂电桥,即开尔文电桥;测量线圈电感量的电感电桥;测量电容量的电容电桥等。

5.2.1　实验目的

1.了解惠斯通电桥测量电阻的原理。
2.掌握用箱式电桥测量电阻的方法。
3.了解电桥灵敏度的概念及影响电桥灵敏度的因素。
4.了解箱式惠斯通电桥仪器误差的来源。

5.2.2　实验仪器

QJ23a 型直流电阻电桥(等级 0.1),ZX21a 直流电阻箱。

5.2.3　实验原理

1)惠斯通电桥测电阻的原理

(1)图 5-2-1 为惠斯通电桥的原理图,待测电阻 R_x 和
R_1、R_2、R_0 四个电阻构成电桥的四个"臂",检流计 G 连通的
C、D 称为"桥"。当 A、B 端加上直流电源时,桥上的检流计
用来检测其间有无电流及比较"桥"两端(即 C、D 端)的电
位大小。

(2)调节 R_0,使 C、D 两点的电位相等,检流计 G 指针指
零(即 $I_g = 0$),此时,电桥达到平衡。电桥平衡时,$U_{AC} = U_{AD}$,
$U_{BC} = U_{BD}$,即 $I_1R_1 = I_2R_2$,$I_xR_x = I_0R_0$。因为 G 中无电流,所
以,$I_1 = I_x$,$I_2 = I_0$。上列两式相除,得

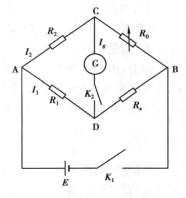

图 5-2-1　惠斯通电桥原理图

$$\frac{R_1}{R_x} = \frac{R_2}{R_0} \qquad (5\text{-}2\text{-}1)$$

则

$$R_x = \frac{R_1}{R_2}R_0 = CR_0 \qquad (5\text{-}2\text{-}2)$$

显然,惠斯通电桥测电阻的原理,就是采用电压比较法。由于电桥平衡须由检流计示零表
示,故电桥测量方法又称为零示法。当电桥平衡时,已知三个桥臂电阻,就可以求得另一桥臂
的待测电阻值。通常称 R_0 为比较臂,$\dfrac{R_1}{R_2}$(即 C)为比率(或倍率),R_x 为电桥未知臂。在测量
时,要先知道 R_x 的估测值,根据 R_x 的大小,选择合适的比率 C,把 R_0 调在预先估计的数值上,
再细调 R_0 使电桥平衡。

利用惠斯通电桥测电阻,从根本上消除了采用伏安法测电阻时由于电表内阻接入而带来
的系统误差,因而准确度也就提高了。

2)电桥的灵敏度及箱式惠斯通电桥的仪器误差

箱式惠斯通电桥的仪器误差主要有两类。

一类仪器误差是由电桥的灵敏度有限引起的。公式(5-2-2)是在电桥平衡的条件下推导
出的,而电桥是否平衡,实验时是看检流计有无偏转来判断的,而这一判断是相对的。实验时
所使用的检流计指针偏转 1 格所对应的电流大约为 10^{-6} 安,当通过它的电流小于 10^{-7} 安时,指

针的偏转小于 0.1 格,人们就很难察觉出来。假设在电桥平衡后,把 R_0 改变一个量 ΔR_0,电桥就应失去平衡,从而有电流 I_g 流过检流计,但如果 I_g 小到使检流计的偏转 Δn 我们觉察不出来,我们认为电桥还是平衡的,因而得出 $R_x = \dfrac{R_1}{R_2}(R_0 + \Delta R_0)$,但实际上 $R_x = \dfrac{R_1}{R_2}R_0$,$\Delta R_x$ 就是由于检流计灵敏度不够而带来的测量误差,$\Delta R_x = \dfrac{R_1}{R_2}\Delta R_0$。对此,我们引入电桥相对灵敏度的概念,来对这一误差进行估计。

设在电桥平衡时,某一桥臂电阻为 R,把 R 改变一个微小量 ΔR,电桥失去平衡,则将电桥相对灵敏度定义为

$$S = \frac{\Delta n}{\dfrac{\Delta R}{R}} \tag{5-2-3}$$

式中:Δn 是电桥偏离平衡时检流计的偏转格数。S 表示电桥对桥臂电阻相对不平衡值的反应能力。S 的单位为"格",S 越大,在 R 的基础上改变 ΔR 后引起的检流计偏转格数就越大,电桥越灵敏,测量误差就越小。

实际上,由于待测臂 R_x 是不能改变的,所以在测量相对灵敏度时,在电桥平衡后,通过改变比较臂电阻 R_0 造成电桥不平衡,来计算 S。

通常认为,检流计偏转 0.2 格,人们就可分辨。所以,由电桥的灵敏度有限而引起的仪器误差限由式 $\Delta_{R_{x1}} = \dfrac{0.2R_x}{S}$ 来计算。

可以证明,选用灵敏度高,内阻低的检流计,适当调高电源电压、减小桥臂电阻,尽量把桥臂配制成均匀状态,有利于提高电桥的灵敏度。

另一类仪器误差是由电桥仪器引起的误差,用 $\Delta_{R_{x2}} = a\%\left(\dfrac{R_N}{10} + \overline{R_x}\right)$ 来计算,式中 a 为电桥对应量程的准确度等级,R_N 是电桥有效量程的基准值。如 $C = 0.1$,有效量程为 1111 Ω,该量程的基准值为 10^3。

以上两类误差可合成为

$$\Delta_{仪} = \Delta_{R_{x1}} + \Delta_{R_{x2}} \tag{5-2-4}$$

箱式惠斯通电桥已综合以上两方面的仪器误差,定出准确度等级 a。所以其仪器误差可由下式计算

$$\Delta_{仪} = R_x a\% \tag{5-2-5}$$

5.2.4 实验内容与步骤

(1)熟悉 QJ23a 型直流电阻电桥面板

QJ23a 型直流电阻电桥面板如图 5-2-2 所示。

(2)仪器水平放置,打开仪器盖。在仪器后面,用专用导线接通 220 V 市电,并开启电源开关,将内外接检流计转换开关 G 扳向"内接"。

(3)将被测电阻接至"R_x"接线柱,根据被测电阻的标称值,选择好倍率 C 及电源电压(务必保证测量值有 4 位有效数字)。调节"灵敏度"旋钮,使检流计灵敏度最大。调节检流计

"调零"旋钮使检流计指针指零。

（4）按下"B"按钮，然后轻按"G"按钮，调节测量盘，使电桥平衡（检流计指零）。如果电桥无法平衡，检流计指针偏向"＋"边，表示被测电阻大于估计值，需增加测量盘示值，使检流计趋向于零位，如果检流计仍偏向"＋"边，则可增大倍率，再调节测量盘使检流计趋向于零位。若指针向"－"方向偏转，表示被测电阻小于估计值，需减少测量盘示值使检流计趋向于零位，测量盘示值减少到 1000 Ω 时，检流计仍然偏向"－"边，则可减小倍率，再调节测量盘使检流计趋向于零位。

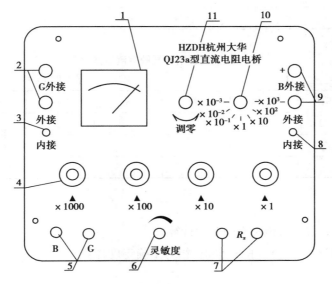

图 5-2-2　QJ23a 型直流电阻电桥面板图

1—检流计　2—外接检流计接线端钮　3—内、外接检流计转换开关
4—测量盘　5—电源按键 B、检流计按键 G　6—检流计灵敏度调节旋钮
7—被测电阻接线端钮（R_x）　8—内、外接电源转换开关　9—外接电源接线端钮
10—倍率开关　11—检流计调零旋钮

当检流计指零位时，电桥平衡，被测电阻值可由下式求得：

$$被测电阻值 = 倍率 \times 测量盘示值。$$

将数据记录在表 5-2-1 中。

（5）被测电阻若小于 10 kΩ 可使用内附检流计，当内附检流计灵敏度不够时，可外接高灵敏度的检流计。

（6）换上另一个待测电阻，重复以上过程。

（7）将电阻箱（置于 2 000 Ω 档）接至"R_x"接线柱处，调整倍率和测量盘使电桥平衡，检流计指零，记录 R_0 的值。取 R_0 的改变量 ΔR_0 分别为 1 Ω、2 Ω、3 Ω、4 Ω、5 Ω，将检流计的偏转格数 Δn 记录在表 5-2-2 中。

（8）恢复仪器，整理实验器材、场地。

5.2.5 实验数据及处理

1）数据记录

表 5-2-1 电阻测量数据表

待测电阻标称值（Ω）	倍率 C	测量盘示数 $R_0(\Omega)$	待测电阻实际值 $R_x(\Omega)$

表 5-2-2 电桥相对灵敏度测量数据表

$R_x =$ _____ Ω   平衡时 $R_0 =$ _____ Ω

序号 i	1	2	3	4	5
$\Delta R_0/\Omega$					
$\Delta n/$格					
S_i					

2）数据处理

（1）待测电阻 R_{x1}、R_{x2} 的相对不确定度计算。

（2）该电桥的相对灵敏度 S 的最佳值、相对不确定度计算。

3）实验结论

5.2.6 注意事项

1.仪器使用完毕后将"内、外接检流计转换开关"扳向外接。

2."B"是电源开关按钮,实验中不要将此按钮按下锁住,以避免电流热效应引起电阻阻值改变,并防止电池很快耗尽。"G"是检流计开关按钮,一般只能跃按,以避免非瞬时过载而引起检流计损坏。

3.在测量时,连接被测电阻的导线电阻要小于 0.002 Ω。

4.当采用提高电源电压方法以增加电桥线路灵敏度时,电源电压不能超过各量程的规定值。

【思考题】

1.当电桥达到平衡后,若互换电源与检流计的位置,电桥是否依然保持平衡?

2.为了提高电桥测量的灵敏度,应采取哪些措施?

3.测量电阻中选择比率时应注意什么?

4.用电桥测电阻,线路接通后,检流计指针总是偏向一边,无论怎样调节,电桥达不到平衡,试分析是什么原因?

实验 3　热敏电阻的电阻温度特性测量

　　热敏电阻通常是用半导体材料制成的,它的电阻对温度变化非常敏感,阻值随温度变化而急剧变化,它分为负温度系数(NTC 热敏电阻)和正温度系数(PTC)热敏电阻两种。与金属或合金电阻较小的正温度系数相比,NTC 热敏电阻具有较大的负温度系数,它一般由 Mg、Ni、Cr、Co、Fe、Cu 等金属氧化物中的 2~3 种均匀混合压制后,在 600~1 500 ℃温度下烧结而成,由这类金属氧化物半导体制成的热敏电阻具有对热敏感、电阻率大、体积小、热惯性小等特点,因此,被广泛用于测温、控温以及电路中的温度补偿、时间延迟等。PTC 热敏电阻分为陶瓷 PTC 热敏电阻及有机材料 PTC 热敏电阻两类,是 20 世纪 80 年代初发展起来的一种新型材料电阻器。它的特点是存在一个"突变点温度",当这种材料的温度超过突变点温度时,其阻值可急剧增加 5~6 个数量级(例如由 $10^1 \Omega$ 急增到 $10^7 \Omega$ 以上),因而具有极其广泛的应用价值。

5.3.1　实验目的

①了解热敏电阻的电阻-温度特性。
②掌握用单臂电桥测定热敏电阻电阻与温度的关系。
③学会单对数坐标纸的使用及通过曲线改直图解法处理数据求得经验公式的方法。

5.3.2　实验仪器

DHT-2 型热学实验仪,直流单臂电桥。

5.3.3　实验原理

1) NTC 热敏电阻的电阻-温度特性

NTC 热敏电阻在工作温度范围内阻值随温度的升高而减小,阻值与温度关系满足下列经验公式

$$R_T = R_0 e^{B\left(\frac{1}{T} - \frac{1}{T_0}\right)} \tag{5-3-1}$$

式中,R_T、R_0 分别为热敏电阻在热力学温度 T、T_0 时的电阻值。B 是热敏电阻的材料常数,它不仅与材料性质有关,而且与温度有关,在一个不太大的温度范围内 B 为常数。一般 B 值越大,阻值随温度的变化越大。

　　由式(5-3-1)可求得,NTC 热敏电阻在热力学温度 T 时的电阻温度系数 α

$$\alpha = \frac{1}{R_T} \cdot \frac{dR_T}{dT} = -\frac{B}{T^2} \tag{5-3-2}$$

　　由式(5-3-2)可知,NTC 热敏电阻的电阻温度系数是与热力学温度的平方有关的量,在不同温度下,α 值不相同。负号表示随温度 T 的升高,阻值 R_T 减小。NTC 热敏电阻的温度系数约为 $-(30~60)\times10^{-4}\mathrm{K}^{-1}$。

　　对式(5-3-1)两边取对数,得

$$\ln R_T = B\left(\frac{1}{T} - \frac{1}{T_0}\right) + \ln R_0 = \frac{B}{T} + \left(\ln R_0 - \frac{B}{T_0}\right) \tag{5-3-3}$$

式中，$\left(\ln R_0 - \dfrac{B}{T_0}\right)$ 为常量。

在一定温度范围内，$\ln R_T$ 与 $\dfrac{1}{T}$ 成线性关系，在实验中测得各个温度 T 的 R_T 值后，即可通过作图法（以 $\ln R_T$ 为纵坐标，$\dfrac{1}{T}$ 为横坐标）或最小二乘法求得斜率 B 的值。并由式（5-3-2）求得某一温度时 NTC 热敏电阻的电阻温度系数 α。图 5-3-1 表示了 NTC 热敏电阻与普通电阻的不同温度特性。

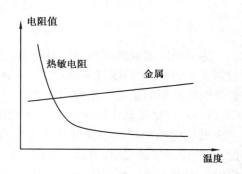

图 5-3-1　热敏电阻与金属电阻
的温度特性对比

2）PTC 热敏电阻的电阻-温度特性

PTC 热敏电阻具有独特的电阻-温度特性，这一性质是由其微观结构决定的。当温度升高超过 PTC 热敏电阻突变点温度时，其材料结构发生了突变，它的电阻值有明显变化，可以从 $10^1\,\Omega$ 变化到 $10^7\,\Omega$，PTC 热敏电阻的温度大于突变点温度时的阻值随温度变化符合如下经验公式

$$R_T = R_0 e^{A(T-T_0)} \tag{5-3-4}$$

式中，R_T、R_0 分别为热敏电阻在热力学温度 T、T_0 时的电阻值。A 的值在某一范围内近似为常数。

对陶瓷 PTC 热敏电阻，在小于突变点温度时，电阻与温度关系满足式（5-3-1），为负温度系数性质，在大于突变点温度时，满足式（5-3-4），为正温度系数性质，此突变点温度常称为居里点。而对有机材料 PTC 热敏电阻，在突变点温度上下均为正温度系数性质，但是其常数 A 也在突变点发生了突变，即 A 值在温度高于突变点后明显激增。

5.3.4　实验内容与步骤

本实验将热敏电阻固定在恒温加热器的发热元件中，通过温控仪加热。

在"热敏电阻"端钮接入单臂电桥的电阻测量端，测定负温度系数热敏电阻的电阻值。在不同的温度下，测出热敏电阻的电阻值，从室温到 110 ℃，每隔 5 ℃测一个数据，将测量数据逐一记录在表格内。

在加热装置的圆盖上有"PTC 热敏电阻"端钮，该端钮通过专用连接线接入单臂电桥的电阻测量端，测定正温度系数热敏电阻的电阻值。在不同的温度下，测出 PTC 热敏电阻的电阻值，从室温到 120 ℃，每隔 5 ℃测一个数据，将测量数据逐一记录在表格内。

注意：正温度系数热敏电阻（PTC）在温度较低的起始段时有一个很小的负温度系数，在到达一定的温度点后才体现出明显的正温度系数。本实验使用的正温度系数热敏电阻（PTC）在 70~80 ℃前有很小的负温度系数，在 70~80 ℃开始有较明显的正温度系数特性，并且阻值变化的曲线斜率较大。

（1）如图 5-3-2 所示，把各连线接好，打开温控仪后面板上的电源开关。此时温控仪的测量值显示屏显示的温度为环境温度。

（2）按温控仪面板上的设定键（S）设定加热温度。

（3）测量室温下热敏电阻的阻值。估计被测热敏电阻的阻值，选择合适的电桥比率，并把比较臂放在适当的位置,先按下电桥的"B"按钮(电源按钮),再按下"G"按钮(检流计按钮),仔细调节比较臂,使检流计指零。

（4）将加热炉座上电风扇的电源开关关断,打开加热电流开关。加热时,根据所需升温速度的快慢及环境温度与所需加热温度的大小,调节电流调节旋钮输出一个合适的加热电流。在设定的温度低于 60 ℃时,加热电流小于 1 A;在设定温度高于 100 ℃时,加热电流最好调到最大。

（5）设定不同的温度值,用电桥测量出对应温度下的热敏电阻阻值,将数据记录于数据表中。

（6）做完实验后,打开风扇使加热炉内的温度快速下降(将支撑杆向上抬升)。

（7）实验中需要使温度下降,首先设置所需温度,再打开风扇开关,使温度下降。

（8）实验完毕后,将温度设置为 000.0,同时将面板上的加热电流开关关闭,关闭电源,拔下电源插头。

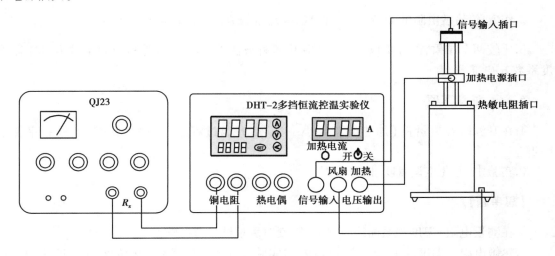

图 5-3-2　热敏电阻测量连线图

5.3.5　实验数据及处理

表 5-3-1　负温度系数热敏电阻数据记录　　　室温_____℃

序号	1	2	3	4	5	6	7	8	9	10
温度/℃										
电阻/kΩ										
序号	11	12	13	14	15	16	17	18	19	20
温度/℃										
电阻/kΩ										

表 5-3-2　　正温度系数热敏电阻数据记录　　　　室温_____℃

序　号	1	2	3	4	5	6	7	8	9	10
温度/℃										
电阻/kΩ										
序　号	11	12	13	14	15	16	17	18	19	20
温度/℃										
电阻/kΩ										

1.按等精度作图的方法,用所测的各对应数据作出 R_T-T 特性曲线。作 NTC 热敏电阻在 40 ℃曲线的切线,求出该点切线的斜率 $\dfrac{dR}{dT}$ 及电阻温度系数 α。

2.作 NTC 热敏电阻的 $\ln R_T - \dfrac{1}{T}$ 曲线,确定常数 B,再求出 40 ℃时的 α。

3.比较两个结果,试分析以上两种方法中哪种方法求出的 NTC 热敏电阻常数 B 和电阻温度系数 α 更准确。

5.3.6　注意事项

1.在升温时要尽量慢(加热电流要小一些)。升温过程中,电桥要跟踪,始终在平衡点附近。

2.实验中,避免空调直吹、阳光直射。

【思考题】

1.在测量电阻–温度关系曲线时,哪些因素对测量结果有影响?

2.热敏电阻与温度的关系为非线性的,本实验怎样进行线性化处理的? 在图解法中怎样实现曲线改直的?

实验 4　电位差计测量电源的电动势和内阻

补偿法是电磁测量的一种基本方法,它是将因种种原因使测量状态受到的影响尽量加以弥补,从而使测量精度大大提高,所以这种实验方法在精密测量和自动控制等方面得到广泛的应用。电位差计正是应用了补偿原理,使得测量精密度高,使用方便。它可以直接测量直流电动势和电压,还可以间接测量电流和电阻。如果加上各种换能器,可进行非电量的测量。因此,用途广泛。

5.4.1　实验目的

1.掌握用补偿法测电动势的原理。

2.了解式直流电位差计的结构原理和应用。

3.学习用直流电位差计测量电源的电动势和内阻的方法。

5.4.2　实验仪器

UJ31 型低电势直流电位差计,DHBC-3 型标准电势与待测低电势,直流检流计,电阻箱(2台),待测干电池,开关和导线。

5.4.3　实验原理

电位差计的工作原理是根据电压补偿法。

1)电压补偿法

测量未知电动势,可采用图 5-4-1 所示电路,调节 E 使电动势 E 和 E_x 大小相等,此时回路中没有电流,检流计指针不偏转,电路达到电压补偿。如 E 已知,则 $E_x = E$,这种测量电动势的方法,称为电压补偿法。

2)电位差计的工作原理

电位差计的工作原理如图 5-4-2 所示,图中①为工作电流调节回路,②为校准工作电流回路,③为测量回路。

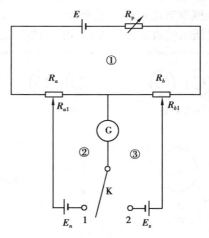

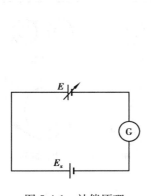

图 5-4-1　补偿原理　　　　图 5-4-2　工作差计的工作原理

工作电流调节回路:由直流稳压电源 E、可变电阻 R_p、电位器 R_a 和 R_b 等组成,由它提供稳定的工作电流 I_0。

校准工作电流回路(K 拨向"1"):由标准电势 E_n、检流计 G、可调电阻 R_{a1} 等组成,R_{a1} 取一预定值,其大小由标准电势 E_n(根据温度而定)确定。调节 R_p,使检流计 G 指零,即 $E_n = I_0 R_{a1}$。

此时测量电路的工作电流已调好为

$$I_0 = \frac{E_n}{R_{a1}} \tag{5-4-1}$$

校准工作电流的目的是使测量回路中的 R_{b1} 流过一个已知的标准电流 I_0,以保证测量盘上精密电阻 R_{b1} 的电压示值(刻度值)与加在其上的实际电压值相一致。

测量回路(K 拨向"2"):由待测电势 E_x、检流计 G、可调电阻 R_{b1} 等组成。保持 I_0 不变(即 R_p 不变),调节测量盘 R_{b1}(Ⅰ、Ⅱ、Ⅲ三个电阻转盘),使检流计 G 指零,即有

$$E_x = I_0 R_{b1} \tag{5-4-2}$$

由此可得

$$E_x = \frac{E_n}{R_{a1}} R_{b1} \tag{5-4-3}$$

　　电位差计使用时,一定要先"校准",后"测量",两者不能倒置。不同型号的电位差计,工作电流 I_0 取值一定,R_{b1} 的分度可直接表示为电压 $I_0 R_{b1}$。电位差计面板上的测量盘就是根据 R_{b1} 电阻值标出其对应的电压刻度值,因此 R_{b1} 电阻盘刻度的电压读数,即为被测电动势 E_x 的测量值。

　　使用电位差计测电动势,总是使检流计 G 指零,电路中无电流,能够准确地测量电动势(电源电动势在数值上等于电源内部没有净电流通过时两极间的电压),测量结果的精确度取决于标准电阻和标准电池以及检流计的灵敏度。而用电压表直接测量电源的电动势,必有电流通过电源内部,由于电源有内阻,在电源内部不可避免地存在电压降,因此电压表的测量值是电源的端电压,而不是电源的电动势。

　　电位差计达到平衡时,不从被测对象中吸取或注入电流,使得 E_n、E_x 的内阻,以及这些回路的导线电阻、接触电阻都不产生附加电压降,不会影响测量结果,因此,电位差计可相当于"内阻"极高的电压表。电位差计也可用来准确测量电压、电流和电阻。

3）UJ31 型直流电位差计使用说明

　　UJ31 型低电势直流电位差计的面板如图 5-4-3 所示。

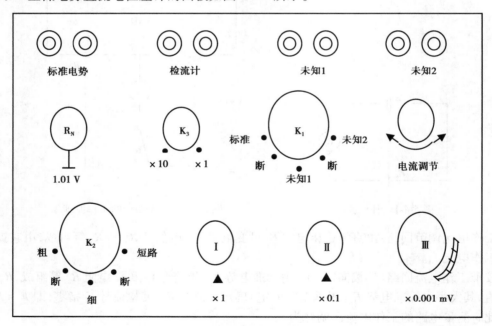

图 5-4-3　UJ31 型低电势直流电位差计的面板

整个面板可分为以下七个部分:

①四组接线端钮;

②标准电池电动势的温度补偿 R_N;

③工作电流调节旋钮 R_p;

④测量调节电阻盘Ⅰ、Ⅱ、Ⅲ;

⑤测量转换开关 K_1；

⑥检流计转换开关 K_2；

⑦量程变换开关 K_3。

UJ31 型电位差计采用 6 V 高稳定度直流稳压电源 E 供电，其工作电流为 10 mA。标准电势温度补偿盘 R_N 的补偿范围为 1.017 8～1.018 8 V。量程变换开关 K_3 在"×1"一档，测量范围为 0～17.1 mV，测量盘的最小分度值为 1 μV，游标尺的分度值为 0.1 μV；在"×10"一档，测量范围为 0～171 mV，测量盘的最小分度值是 10 μV，游标尺的分度值为 1 μV。检流计转换开关 K_2 的"粗"、"细"和"短路"挡的作用是：开关置于"粗"挡，检流计的保护电阻和检流计串联，此时检流计的灵敏度降低；开关置于"细"挡，保护电阻被短路，此时检流计的灵敏度提高；按下"短路"按钮，检流计被短路，此时检流计指针不偏转。

4）电动势（或电压）的测量

在电位差计未接入线路前，先将测量转换开关 K_1 和检流计转换开关 K_2 均指示在"断"的位置；打开检流计，调整零点；将量程变换开关 K_3 按测量需要，指示在"×10"或"×1"的位置上；按面板上分布的接线端钮的极性，将 DHBC-3 型标准电势接到电位差计的"标准"接线柱上，待测电势接电位差计的"未知 1"或"未知 2"、直流检流计接电位差计的"检流计"接线柱。在调节工作电流之前，应先考虑到标准电势与室内温度的关系，在采用 Ⅱ 级标准电池时，按下式计算 E_n

$$E_n = E_{20} - 0.000\ 040\ 6(t - 20) - 0.000\ 000\ 95(t - 20)^2 \tag{5-4-4}$$

式中，E_{20} 为室内温度在 20 ℃时，标准电动势为 1.018 6 V。

根据计算出的室温下的 E_n，调整温度补偿开关 R_N 到计算值，即可实现温度补偿。将测量转换开关 K_1 指示在"标准"位置，将检流计转换开关 K_2 旋至"粗"挡，旋转电流调节旋钮，调节工作电流，使检流计指零；再将 K_2 旋至"细"挡，再次调节工作电流使检流计指零。然后将 K_1 旋至"未知 1"或"未知 2"的位置，测量被测电动势 E_x。先"粗"后"细"调节 R_b（旋转测量调节电阻盘 Ⅰ、Ⅱ、Ⅲ），使检流计中无电流流过（即检流计指零），所测得的 E_x 的数值则为电位差计所有测量盘上读数之和与量程变换开关 K_3 所指示的倍率之乘积。在测量中应经常校准工作电流，在校准工作电流时，测量转换开关 K_1 应指示在"标准"位置。

5）内阻的测量

测量电路如图 5-4-4 所示，将被测电势与一标准电阻 R_0 串联。开关 K 断开时，用电位差计直接测量被测电源电动势 E_x。合上开关 K，测量标准电阻 R_0 两端电压 U_x，则

$$r = \frac{E_x - U_x}{U_x} R_0 \tag{5-4-5}$$

若被测电源电动势大于电位差计量程时，可采用扩大量程的方法测量，如图 5-4-5 所示，选择较大值 R_1 和 R_2（如取几千欧姆，可忽略电源的内压降）使得 R_1 两端的电压在电位差计的量程范围之内。测电动势 E_x 时，用电位差计测出 R_1 两端电压 U_1，再根据电阻分压比算出 E_x

$$E_x = \frac{R_1 + R_2}{R_1} U_1 \tag{5-4-6}$$

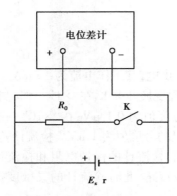

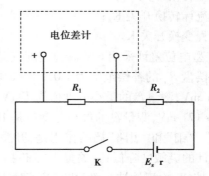

图 5-4-4　测量电源电动势和内阻电路图　　　　图 5-4-5　分压扩大测量范围电路图

测电源内阻时,R_1、R_2 取较小值(如取几十欧姆),用电位差计测出 U_1,然后根据电阻分压比算出电源的端电压 $U_x = \dfrac{R_1 + R_2}{R_1} U_1$,再根据全电路欧姆定律,得

$$r = (R_1 + R_2)\left(\frac{E_x}{U_x} - 1\right) \tag{5-4-7}$$

6)电流的测量

测量电路图如图 5-4-6 所示,当 R 为标准电阻时,测出其两端的电压 U_x,则可计算出电流 I

$$I = \frac{U_x}{R} \tag{5-4-8}$$

选用标准电阻时,应根据电流大小选择,并按下列规定来选用。

(1)标准电阻上的电压降应低于 171 mV。

(2)标准电阻的负荷,不应超过该电阻的额定功率数值。

7)电阻的测量

如图 5-4-7 所示,R_0 为标准电阻,R_x 为待测电阻。用电位差计分别测出 R_0 和 R_x 上的电压 U_0 和 U_x,由于 $\dfrac{U_x}{U_0} = \dfrac{R_x}{R_0}$,所以

$$R_x = \frac{U_x}{U_0} R_0 \tag{5-4-9}$$

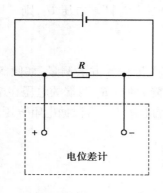

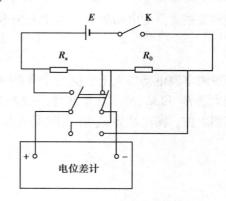

图 5-4-6　测量电流电路图　　　　　　　图 5-4-7　测量电阻电路图

在测量时,为了减少测量误差,所选用标准电阻的数值,应尽可能接近被测电阻的数值。

由于电阻测量,采用两个电压降之比较,因此,只要在电位差计工作电流不变的情况下,可以不必用标准电池来校准电位差计的工作电流。

5.4.4　实验内容与步骤

1) 测量 DHBC-3 型标准电势所配备的被测电动势的实际值

分别测量标称值为 $E_{x1} = 10$ mV、$E_{x2} = 60$ mV、$E_{x3} = 120$ mV 的待测电势的实际值,各测量 3 次,将读数记录于表 5-4-1 中。

2) 测量 DHBC-3 型标准电势所配备的标称 90 mV 电动势和内阻

按图 5-4-4 接线,用电位差计测量 E_x 和 U_x,测量 3 组数据,记录于表 5-4-2 中。

表 5-4-1

次　数	E_{x1}(mV)	ΔE_{x1}(mV)	E_{x2}(mV)	ΔE_{x2}(mV)	E_{x3}(mV)	ΔE_{x3}(mV)
1						
2						
3						
平均						

表 5-4-2　　　　　　　　　　　　$R_0 = $ _____ Ω

次　数	E_x(mV)	ΔE_x(mV)	U_x(mV)	$r = \dfrac{E_x - U_x}{U_x} R_0(\Omega)$	Δr(mV)
1					
2					
3					
平均					

3) 测量干电池的电动势和内阻

由于干电池电动势大于电位差计的量程,故需采用标准电阻分压。试根据电位差计量程和干电池电动势初测值(用万用表测量),估算分压电阻 R_1,R_2 之值,写出计算过程。按图 5-4-5 接线,记录测量数据,计算电动势和内阻的平均值。

5.4.5　实验数据及处理

1. 被测电动势 E_{x1}、E_{x2}、E_{x3} 的相对误差(百分数表示)及测量结果;

2. 被测电动势 E_x 和内阻 r 的相对误差(百分数表示)及测量结果;

3. 根据实验数据计算干电池的电动势和内阻。

5.4.6　注意事项

1. 电位差计在使用前,应将所有旋钮及标度盘转动数次,以使所有接触部分能保持良好接触。

2.接线路时注意各电源及未知电压的极性。

3.为防止工作电流的波动,每次测电压前都应校准。并且测量时,必须保持标准的工作电流不变,即当测量转换开关 K_1 置"未知 1"或"未知 2"测量待测电压时,不能调节工作电流。

4.测量前,必须预先估算被测电压值,并将测量盘Ⅰ、Ⅱ、Ⅲ调到估算值。

5.标准电池只能用作电动势测量的比较标准,绝不能作电源使用。并且在使用过程中电流绝对不能超过 $10^{-6}A$,绝对不能倒置,不能振动,绝对不允许用电压表测量其电动势。否则将立即失去"标准",成为废物。

6.仪器使用完毕后,将开关 K_1 置于"断"的位置,切断电源,拔掉电源插头。

【思考题】

1.为什么电位差计可以实现高精确度的测量?

2.使用箱式电位差计时,为什么要"先校准,后测量"?

3.测量时为什么要估算并预置测量盘的电位差值?接线时为什么要特别注意电压极性是否正确?

4.校准(或测量)时如果无论怎样调节电流调节盘(或测量盘),电流计总是偏向一侧,可能有哪几种原因?

实验 5 热电偶的定标与测温

热电偶亦称温差电偶,是由两种不同材料的金属丝的端点彼此紧密接触而组成的一个闭合回路,当两个接点处于不同温度时,在回路中就有直流电动势产生,该电动势称为温差电动势或热电动势。当制作热电偶的材料确定后,温差电动势的大小只取决于两个接触点的温度差。实验证明,热电偶的热电动势是热电偶两个接点温度差的函数,当冷端温度不变时,热电动势则是热端温度的单值函数。因而,根据热电偶的热电动势随温度变化的关系,可以用热电偶进行温度的测量。热电偶的种类很多,不同材料组成的热电偶其适用条件、测温范围、灵敏度等都有所不同,实际应用时还要考虑测量对象、测头形状、测头大小和引线长度等多方面因素。铜-康铜热电偶以其灵敏度高、稳定可靠、抗震抗摔、热电动势大、测温范围广、容易制作、价格低廉、在 $-200\sim400$ ℃ 范围内其温差电势与温度之间具有良好线性、能直接把非电学量温度转换成电学量、适用于远距离测温和自动控制等优势,被广泛应用于制冷、化工、食品、轻工、农业科学研究等领域。

本实验通过对铜-康铜热电偶温差电动势的测量,绘出铜-康铜热电偶的定标曲线,从而进行温度的测量。

5.5.1 实验目的

1.了解热电偶的测温原理。

2.进一步掌握电位差计的使用方法。

3.掌握热电偶的定标与测温方法。

5.5.2　实验仪器

UJ31 型电位差计，DHBC-3 型标准电势与待测低电势，AZ19 型直流检流计，DHT-2 型多挡恒流控温实验仪。

5.5.3　实验原理

1）热电偶的热电现象及测温原理

如图 5-5-1 所示，将 A、B 两根不同的均质金属或合金丝的端点互相连接（接点焊接或熔接）制成一热电偶，如果两接点温度不等，则在热电偶回路中有温差电动势产生。温差电动势的大小只与两接点的温差及组成电偶的材料有关，与材料的长度、直径无关。

当组成热电偶的材料一定时，热电偶回路中的温差电动势 E_x 仅与两接点处的温度有关，并且两接点的温差在一定温度范围内有如下近似关系式

$$E_x \approx \alpha(t - t_0)$$

式中，α 为温差电系数（或电偶常数），t 为热端温度，t_0 为冷端温度。对于不同金属组成的热电偶，α 是不同的，其数值上等于两接点温度差为 1 ℃时所产生的电动势。

为了测量温差电动势，就需要在图 5-5-1 所示的回路中接入电位差计，但测量仪器的引入不能影响热电偶原来的性质，例如不影响它在一定的温差（$t-t_0$）下应有的电动势 E_x 值。要做到这一点，实验时应保证一定的条件。根据中间导体定律，即在热电偶回路中插入第三种材料的导线，只要第三种材料的两端温度相等，第三种导线的引入就不会影响热电偶的电动势。如图 5-5-2 所示，在 A、B 两种金属之间插入第三种金属 C 时，若它与 A、B 的两连接点处于同一温度 t_0，则该闭合回路的温差电动势与上述只有 A、B 两种金属组成回路时的数值完全相同。所以，我们把 A、B 两根不同化学成分的金属丝的一端焊在一起，构成热电偶的热端（工作端）；将另两端各与铜引线（即第三种金属 C）焊接，构成两个同温度（t_0）的冷端（自由端）；铜引线与电位差计相连，这样就组成一个热电偶温度计，如图 5-5-3 所示。通常将冷端置于冰水混合物中，保持 $t_0 = 0$ ℃，将热端置于待测温度处，即可测得相应的温差电动势，再根据事先校正好的曲线（定标曲线）或数据（分度表）来求出温度 t。

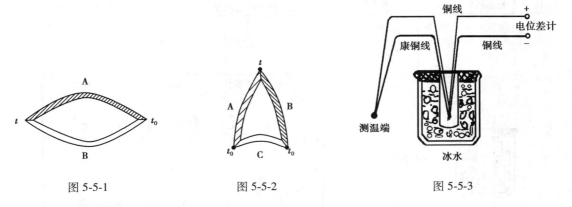

图 5-5-1　　　　　　　　　　图 5-5-2　　　　　　　　　　图 5-5-3

2）热电偶的定标（校准）

热电偶的定标就是用实验方法，作出热电偶的温差电动势与工作端温度之间的对应关系曲线。热电偶的定标方法有比较法和固定点法两种。

本实验采用的是比较定标法，即用被校热电偶与一标准热电偶去测同一温度，测得一组数

111

据,其中被校热电偶测得的热电势即由标准热电偶所测的热电势来校准,在被校热电偶的使用范围内改变不同的温度,进行逐点校准,就可得到被校热电偶的一条 $E_x \sim t$ 定标曲线。

5.5.4 实验内容与步骤

(1)按图 5-5-4 所示连接线路,注意热电偶及各电源的正、负极的正确连接。将热电偶的冷端置于冰水混合物中之中,确保 $t_0 = 0$ ℃(测温端置于加热器内)。

(2)测量待测热电偶的电动势。按 UJ31 型电位差计的使用步骤,先接通检流计(接入前要先进行零点调节),并调好工作电流,然后进行电动势的测量。

先将电位差计倍率开关 K_1 置"×1"挡,测出室温时热电偶的电动势,然后开启温控仪电源,给热端加温。

方法 1:先进行升温测量,每隔 5 ℃测一组(t, E_x),共测 10 组数据。由于升温测量时,温度是动态变化的,故测量时可提前 2 ℃进行跟踪,以保证测量速度与测量精度,测量时,一旦达到补偿状态(检流计指针指零)应立即读取温度值和电动势值。再做一次降温测量,即先将热端升温至某一温度,然后每降低 5 ℃测一组(t, E_x),再取升温降温测量数据的平均值作为最后测量值。

方法 2:设定需要测量的温度,等温控仪稳定后再测量该温度下的温差电动势。这样可以测的更精确些,但需花费较长的实验时间。

(3)完成实验后,打开仪器进风口和风扇,使温度降到室温。

(4)整理试验台。

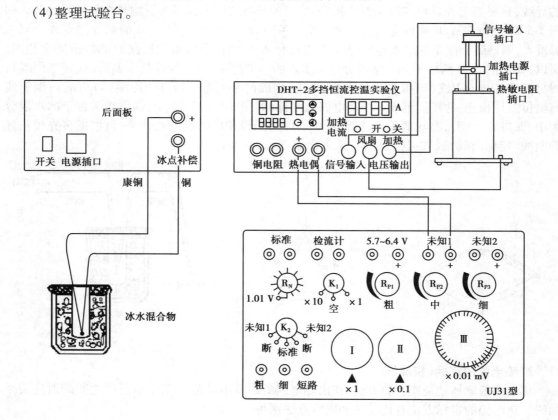

图 5-5-4　实验线路图

5.5.5　实验数据及处理

1）热电偶定标数据记录

室温 $t =$ _____ ℃ 　　　　　　　 $E_x(t) =$ _____ V 　　　　　　　 $t_0 = 0$ ℃

序　　号	1	2	3	4	5	6	7	8	9	10
温度 t（℃）										
电动势 E_x（mV）										
序　　号	11	12	13	14	15	16	17	18	19	20
温度 t（℃）										
电动势 E_x（mV）										

2）作出热电偶定标曲线

在直角坐标纸上以温度 t 为横坐标、温差电动势 E_x 为纵坐标作出 $E_x \sim t$ 定标曲线。作出了定标曲线，热电偶便可以作为温度计使用了。

3）用作图法求铜-康铜热电偶的温差电系数 α 和冷端温度 t_0

在本实验温度范围内，$E_x \sim t$ 函数关系近似为线性，即 $E_x \approx \alpha(t - t_0)$。所以，在定标曲线上可绘出线性化后的平均直线，从而求得 α 和 t_0。

（1）在直线上取点

中值点：$P(E_p, t_p)$

选取点：$A(E_a, t_a)$、$B(E_b, t_b)$（不要取原来测量的数据点，并且两点间尽可能相距远一些）

（2）计算

$$\alpha = \frac{E_b - E_a}{t_b - t_a} = \cdots (\text{mV/℃})$$

$$t_0 = t_p - \frac{E_p}{\alpha} = \cdots ℃$$

（3）结果表达：$E_x = \alpha(t - t_0) = \cdots \times (t - \cdots)(\text{V})$

4）估计室温值

利用制成的简单热电偶"温度计"所测量的室温下的温差电动势，根据定标曲线求出室温。比较当天天气预报。

5.5.6　注意事项

1.由于整个测量过程时间较长，电位差计校准后仍会发生漂移，所以在每次测量前都应重新校准。

2.在升温过程中，应尽可能慢些，以保证温度计与温差电偶所测的温度是相同的。若用电位差计测热电动势，电位差计应跟踪电动势变化，始终使检流计指针在平衡点附近，以求电动势读数尽可能与温度计读数处于相同时刻。

3.在使用铜-康铜热电偶时，为了保证测温的准确度，要注意冷端温度、动态误差、测量端的绝缘性能等几个方面的问题。

【思考题】

1.若组成热电偶回路的两种导体相同,在两接点温度不同时会产生温差电动势吗?

2.若组成热电偶的材料化学成分和物理状态不均匀,会使测量结果产生误差吗?

3.如果在实验过程中热电偶的"冷端"不放在冰水混合物中,而直接处于室温中,对实验结果会有些什么影响?

4.若以一内阻及电流灵敏度均已知的灵敏电流计代替电位差计,能否测定热电偶的电动势?为什么?

实验 6 电表的改装和校准

在直流电路的测量中,通常使用磁电式仪表。它既可测直流电流又可测直流电压和电阻,若附加上整流元件还可测交流电,但由于磁电式仪表测量机构所允许通过的电流往往很小,一般都在几十微安到几毫安之间,若把它直接用作电压表、电流表,只能测量很小的电流和电压。如果要用它来测量较大的电流或电压,就必须对原表头进行改装。在生产和实验中,常常选用量程比较小的电表,并联一个电阻扩程为较大量程的电流表,或串联一个电阻改装成为较大量程的电压表。

5.6.1　实验目的

1.学会测量微安表头的满偏电流和内阻;

2.掌握电表扩大量程的原理和方法;

3.学会对电表进行改装与校准。

5.6.2　实验仪器

微安表头,标准电压表,标准电流表,滑线变阻器,旋转式标准电阻箱,开关,直流电源(干电池)等。

5.6.3　实验原理

1) 扩大微安表的量程

用于改装的微安表习惯上称为表头,使表针偏转到满刻度所需要的电流 I_g 称为表头的量程(或称量限)。电流值 I_g 越小,电表的灵敏度越高。表头内线圈的电阻 R_g 称为表头的内阻。根据并联电阻的分流原理,在表头两端并联一个阻值较小的分流电阻 R_P,使流过表头的电流只是总电流的一部分,并将其表盘上重新刻上相应的电流值,表头 G 和 R_P 组成的整体就是电流表。选用不同的阻值能得到不同量程的电流表。

如图 5-6-1 所示,当表头满偏时,通过电流表的总量程为 I,通过表头的电流为 I_g,表头的内阻为 R_g,由欧姆定律有

$$I_g R_g = (I - I_g) R_P \tag{5-6-1}$$

故得

$$R_{\mathrm{P}} = \frac{I_{\mathrm{g}} R_{\mathrm{g}}}{I - I_{\mathrm{g}}} \qquad (5\text{-}6\text{-}2)$$

若表头的量程扩大倍数为 $n = \dfrac{I}{I_{\mathrm{g}}}$，则

$$R_{\mathrm{P}} = \frac{R_{\mathrm{g}}}{n - 1} \qquad (5\text{-}6\text{-}3)$$

2) 微安表改装成电压表

如果使用表头做电压表测量电压，由于 I_{g} 很小，R_{g} 又很有限，其最大量程只能有 $U_{\mathrm{g}} = I_{\mathrm{g}} R_{\mathrm{g}}$。根据串联电阻的分压原理，给表头串联一个阻值较大的分压电阻 R_{S}，并将其表盘上重新刻上相应的电压值，表头 G 和分压电阻 R_{S} 组成的整体就是电压表。

如图 5-6-2 所示，当表头满偏时，电压表的总量程为 U，通过表头的电流为 I_{g}，表头的内阻为 R_{g}，由欧姆定律有

$$U = U_{\mathrm{g}} + U_{\mathrm{S}} = I_{\mathrm{g}}(R_{\mathrm{g}} + R_{\mathrm{S}}) \qquad (5\text{-}6\text{-}4)$$

故得

$$R_{\mathrm{S}} = \frac{U}{I_{\mathrm{g}}} - R_{\mathrm{g}} \qquad (5\text{-}6\text{-}5)$$

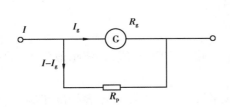

图 5-6-1　改装电流表

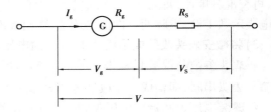

图 5-6-2　改装电压表

一个表头可改装成多个量程的电流表或电压表，只需多装几个接头，在每个接头处分别并联或串联适当的电阻就行了。使用多量程电表时，应注意每个接头处所标量程的数值，如果超过量程，就可能烧坏电表。

3) 电表的基本误差和校准

电表校准就是将被校准的电流表与标准电流表串联（或将被校准的电压表与标准电压表并联），进行比较的过程。校准顺序是先校零点，保证没有零点误差；再校量程，保证量程符合改装的要求；最后校其他主要刻度，找出各主要刻度处与标准表的误差，并作出校准曲线。

校准曲线是以改装表读数为横坐标、标准表与改装表的读数之差为纵坐标而画出的曲线，两个校准点之间用直线连接，整个图形是折线状。以后使用该改装表时，可利用该表的校准曲线对测量结果进行修正，得到较准确的结果。由校准曲线找出最大误差，由此可知

$$\text{最大相对误差} = (\text{最大绝对误差} / \text{量程}) \times 100\%$$

由此式可计算出待校准电表的准确度等级 K。

$$K = \frac{\Delta_m}{A_m} \times 100 \qquad (5\text{-}6\text{-}6)$$

式中:A_m 为电表的量程,Δ_m 为最大绝对误差。

电表的准确度等级一般为 0.1、0.2、0.5、1.0、1.5、2.5、5.0 七级。

5.6.4 实验内容与步骤

1)微安表头的主要参数(满偏电流 I_g 和内阻 R_g)测定

表头内阻采用替代法测量。连接如图 5-6-3 所示的电路,先将标准表与表头串联,调节 R_W 或电源电压(不能超过表头量程),记下标准表读数。再将标准表与电阻箱 R 串联,并保持 R_W 与电源电压不变,调节电阻箱,使标准表读数与之前的读数相同,则表头的电阻 R_g 与电阻箱 R 的阻值相等。

测量满偏电流 I_g 时,将标准表与表头串联,调节 R_W 或电源电压(不能超过表头量程),当表头指针恰好满偏时,记录标准表示数即为满偏电流 I_g。以上实验重复 3 次。

2)将微安表头扩为量程为 10.0 mA 的电流表

将表头内阻 R_g 和扩程倍数带入式(5-6-3),计算分流电阻 R_P 的理论值,并将示值为 R_P 的电阻箱与表头并联,即构成一个新的改装电流表。

将改装的电流表和标准电流表同时串联在电路中(如图 5-6-4 所示),然后按顺序进行校准。先校准机械零点,保证没有零点误差;接着校准改装表的量程,即调节滑动变阻器 R_W,当标准表指示在 10.0 mA 时,调节 R_P 的值,使改装表达到满偏,记录此时分流电阻为 R'_p;固定 R'_p 后,再校准分度值,每隔 2.0 mA,记录一次标准表与改装表对应的读数,测出若干组对应值,求取电表示数上升、下降两方向的平均值,作出校准曲线。

3)将微安表头改装成量程为 1.00 V 的电压表

将表头参数与改装量程带入式(5-6-5),计算分压电阻 R_S 的理论值,并将示值为 R_S 的电阻箱与表头串联,即构成一个改装电压表。

将改装电压表和标准电压表同时并联在电路中(如图 5-6-5),参照电流表校准步骤,进行电压表校准,并作出校准曲线。

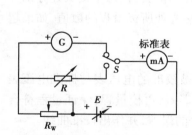

图 5-6-3 表头主要参数测定

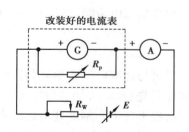

图 5-6-4 改装电流表校准

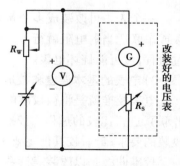

图 5-6-5 改装电压表校准

5.6.5 实验数据及处理

(1)记录实验测得表头的满偏电流 I_g 和内阻 R_g。

(2)电流表改装实验中,记录分流电阻的理论值 R_P 与实验值 R'_p;填写表格并画出校准曲线(表 5-6-1)。

表 5-6-1　校准改装的电流表

标准表读数 $I_标$/mA	0	2.0	4.0	6.0	8.0	10.0
改装表读数 $I_改$/mA						
修正值 $\Delta I=I_标-I_改$						
准确度等级 K						

（3）电压表改装实验中,记录分压电阻的理论值 R_S 与实验值 R'_S;填写表格并画出校准曲线（表 5-6-2）。

表 5-6-2　校准改装的电压表

标准表读数 $U_标$/V	0	0.20	0.40	0.60	0.80	1.00
改装表读数 $U_改$/V						
修正值 $\Delta U=U_标-U_改$						
准确度等级 K						

5.6.6　注意事项

1.避免损坏表头。实验时应在接好电路并检查后再打开稳压稳流电源开关;打开电源开关前,稳压稳流电源电压应为零。

2.电流表改装中滑动变阻器一开始应放在电阻最大处,使电路中电流最小,而电压表改装中滑动变阻器作分压调节,一开始应放在电阻最小处,使分压最小。

【思考题】

1.为什么不用欧姆定律来测表头内阻?

2.在校准电流表或电压表时,如果发现改装表与标准表读数相比偏高,应如何调节分流电阻或分压电阻?

3.电流表中串联适当的电阻即可用作电压表,试说明其理由。

4.为什么校准电表时需要把电流（或电压）从小到大测一遍,又从大到小测一遍?如果两遍读数完全一致说明什么?两者不一致又说明什么?

实验 7　伏安法测晶体管的伏安特性

电路中有各种电学元件,如碳膜电阻、线绕电阻、晶体二极管和三极管、光敏和热敏元件等。人们常需要了解它们的伏安特性,以便正确地选用它们。通常以电压为横坐标,电流为纵坐标作出元件的电流随外加电压的变化关系曲线,叫作该元件的伏安特性曲线。如果元件的伏安特性曲线是一条直线,说明通过元件的电流与元件两端的电压成正比,则称该元件为线性元件(例如碳膜电阻);如果元件的伏安特性曲线不是直线,则称其为非线性元件(例如晶体二极管、三极管)。本实验通过测量二极管的伏安特性曲线,了解二极管的单向导电性的实质。

5.7.1　实验目的

1.掌握伏安法测量电阻的原理和内接法、外接法的适用条件。
2.了解二极管的单向导电特性。
3.测绘非线性电阻的伏安特性曲线。

5.7.2　实验仪器

直流电压表,直流电流表,直流稳压电源,旋转式标准电阻箱,滑线变阻器,二极管,开关及导线等。

5.7.3　实验原理

1)"伏安法"测量电阻阻值

测量流过待测电阻 R_x 的电流 I 及其两端的压降 U,根据 $R_x = \dfrac{U}{I}$ 计算待测电阻值,这种方法即称"伏安法"。

用伏安法测电阻的电路接线方式有两种,即如图 5-7-1 所示的电流表内接法与图 5-7-2 所示的电流表外接法。

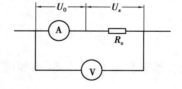

图 5-7-1　电流表内接法

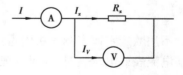

图 5-7-2　电流表外接法

由于电流表和电压表内阻的影响,两种接线方式都有系统误差。

假定电流表内阻为 R_A,电压表内阻为 R_V。

(1)电流表内接法测电阻系统误差

测量值

$$R_1 = \frac{U}{I} = R_A + R_x \tag{5-7-1}$$

误差

$$\Delta R_{x1} = R_1 - R_x = R_A \qquad (5\text{-}7\text{-}2)$$

由此可见,采用电流表内接法测得的电阻值比电阻的真值偏大。这种误差显然是测量方法造成的系统误差,由式(5-7-1)可以看出,当 $R_x \gg R_A$ 时,$R_x \approx \dfrac{U}{I}$,所以电流表内接法适合测高电阻。

（2）电流表外接法测电阻系统误差

测量值

$$R_2 = \frac{U}{I} = R_x \left(1 + \frac{R_x}{R_V} \right)^{-1} \qquad (5\text{-}7\text{-}3)$$

误差

$$\Delta R_{x2} = R_2 - R_x = -\frac{R_x^{\ 2}}{R_x + R_V} \qquad (5\text{-}7\text{-}4)$$

由此可见,采用电流表外接法测得的电阻值比电阻的真值偏小。显然,只有当 $R_V \gg R_x$ 时,才有 $R_x \approx \dfrac{U}{I}$,所以电流表外接法适合测低电阻。

由上面的讨论可知,由于电压表和电流表内阻的存在,将给电阻的测量引入系统误差。若准确地知道 R_A 和 R_V,则可根据电路的连接方式,分别由式(5-7-1)或式(5-7-3)算出 R_x,将系统误差加以修正。从修正公式可以看出,R_V 越大,R_A 越小,其内阻对测量结果的影响越小。

实验中如选用数字电压表测量电压,由于数字电压表的内阻很大,一般达 10 MΩ 以上,一般情况下选用"电流表外接法"测电阻;实验中如选用数字电流表测量电流,由于数字电流表的内阻都很小,一般可忽略,一般情况下选用"电流表内接法"测电阻。

2）二极管特性

晶体二极管是常见的非线性元件,其伏安特性曲线如图 5-7-3 所示。

二极管是单向导电的电子元件。当对晶体二极管加上正向偏置电压,则有正向电流流过二极管,且随正向偏置电压的增大而增大。开始电流随电压变化较慢,而当正向偏压增到接近二极管的导通电压(锗二极管为 0.2 V 左右,硅二极管为 0.7 V 左右)时,电流明显变化。在导通后,电压变化少许,电流就会急剧变化。当加反向偏置电压时,二极管处于截止状态,但不是完全没有电流,而是有很小的反向电流。该反向电流随反向偏置电压增加得很慢,但当反向偏置电压增至该二极管的击穿电压时,电流剧增,二极管 PN 结被反向击穿。

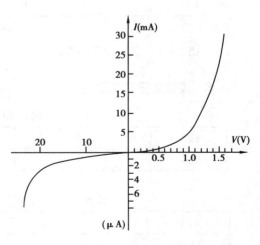

图 5-7-3　二极管伏安特性曲线

二极管一般工作在正向导通或反向截止状态。当正向导通时,注意不要超过其规定的额定电流;当反向截止时,更要注意加在该管的反向偏置电压应小于其反向击穿电压。但是,稳压二极管却利用二极管的反向击穿特性而恰恰工作于反向击穿状态。

5.7.4 实验内容与步骤

测量并描绘普通二极管和稳压二极管的伏安特性曲线。

1) 正向特性测量

在测量二极管正向伏安特性曲线时，由于二极管正向内阻相对较小，故选用电流表外接法，误差相对较小。按图 5-7-4 连接实验电路（仪器仪表预先取标定值或选择合适量程，以后可视实际情况调节）。参考表 5-7-1，调节 R，测量记录数据。

此方法作 U-I 曲线，所用电流 I 是电压表和二极管的电流之和，显然不是二极管的伏安特性曲线，所以用此方法测量存在理论误差。在测量低电压时，二极管内阻较大，误差较大；随着测量点电压升高，二极管内阻变小，误差也相对减小。

2) 反向特性测量

测量二极管的反向伏安特性曲线时，采用电流表内接法。

实验电路如图 5-7-5 所示，注意电源的挡位选择、电压表及二极管连接的正负极性。参考表 5-7-2，调节 R，测量记录数据。

此方法作 U-I 曲线，所用电压值 U 是二极管和电流表电压之和，存在理论误差，在测量过程中随着电压升高，二极管的等效内阻减小，电流表作用更大，相对误差增加；小量程电流表内阻较大，引起误差较大。但此方法在测量二极管反向伏安特性曲线时，由于二极管反向内阻特别大，故误差较小。

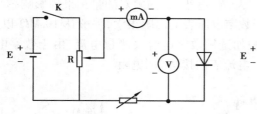 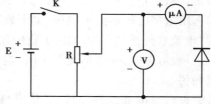

图 5-7-4　二极管正向特性测量　　　　图 5-7-5　二极管反向特性测量

5.7.5 实验数据及处理

表 5-7-1　二极管正向伏安特性曲线测量数据表

U/V	0.1	0.2	0.3	0.4	0.5	0.55	0.6	0.65	0.7
I/mA									

表 5-7-2　二极管反向伏安特性曲线测量数据表

U/V	5	10	15	20	25	30
I/mA						

1.描绘二极管的伏安特性曲线（将正反向伏安特性曲线作在一张纸上，正反向坐标可取不同单位长度）。

2.求出二极管的正向导通电压。

5.7.6　注意事项

1.测量时不得超过二极管所规定的正向最大电流和反向击穿电压。

2.连接电路时注意电表和电源的极性。

3.为保护直流稳压电源,接通或断开电源前均需先使其输出为零;对输出调节旋钮的调节必须轻而缓慢。

4.正向特性测量时,稳压电源的输出电压为 1 V;反向特性测量时,稳压电源的输出电压为 0~30 V。

【思考题】

1.伏安特性曲线的斜率的物理意义是什么?

2.用伏安法测二极管特性曲线产生的误差属什么性质的误差? 为何会产生这种误差? 能否消除或作修正? 方法如何?

3.在测定二极管反向特性时,有同学发现所加电压还不到 1 V,微安表指示已超量程。你认为原因是什么?

4.在测量二极管特性曲线时,为何电流变化较快的地方就增加测量点?

实验 8　数字示波器的使用

示波器是形象地显示信号幅度随时间变化的波形显示仪器,是一种综合的信号特性测试仪,是电子测量仪器的基本种类。凡是能转换为电压信号的电学量和非电学量都可以用示波器来观测。作为工程师的眼睛,示波器在迎接当前棘手的测量挑战中至关重要。

5.8.1　实验目的

1.了解数字示波器的结构与工作原理。

2.初步掌握数字示波器各旋钮的作用和使用方法。

3.学习数字示波器观察电信号的波形和李萨如图形,测量电压、频率、相位。

5.8.2　实验仪器

数字示波器、函数信号发生器、连接线。

5.8.3　实验原理

1.数字存储示波器的基本原理框图(图 5-8-1)

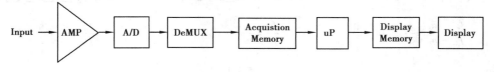

图 5-8-1　数字存储示波器的基本原理框图

数字示波器是按照采样原理,利用 A/D 变换,将连续的模拟信号转变成离散的数字序列,然后进行恢复重建波形,从而达到测量波形的目的。

输入缓冲器放大器(AMP)将输入的信号作缓冲变换,起到将被测体与示波器隔离的作用,示波器工作状态的变换不会影响输入信号,同时将信号的幅值切换至适当的电平范围(示波器可以处理的范围),也就是说不同幅值的信号在通过输入缓冲放大器后都会转变成相同电压范围内的信号。

A/D 单元的作用是将连续的模拟信号转变为离散的数字序列,然后按照数字序列的先后顺序重建波形。A/D 单元起到一个采样的作用,它在采样时钟的作用下,将采样脉冲到来时刻的信号幅值的大小转化为数字表示的数值,这个点我们称为采样点。A/D 转换器是波形采集的关键部件。

多路选通器(DEMUX)将数据按照顺序排列,即将 A/D 变换的数据按照其在模拟波形上的先后顺序存入存储器,也就是给数据安排地址,其地址的顺序就是采样点在波形上的顺序,采样点相邻数据之间的时间间隔就是采样间隔。

数据采集存储器(Acquisition Memory)是将采样点存储下来的存储单元,他将采样数据按照安排好的地址存储下来,当采集存储器内的数据足够复原波形的时候,再送入后级处理,用于复原波形并显示。

处理器(μP)及显示内存(Display Memory)。处理器用于控制和处理所有的控制信息,并把采样点复原为波形点,存入显示内存区,并用于显示。显示单元(Display)将显示内存中的波形点显示出来,显示内存中的数据与 LCD 显示面板上的点是一一对应的关系。

2.李萨如图形的基本原理

如果在示波器的 CH1 通道加上一正弦波,在示波器的 CH2 通道加上另一正弦波,则当两正弦波信号的频率比值为简单整数比时,在荧光屏上将得到李萨如图 5-8-2 所示。这些李萨如图形是两个相互垂直的简谐振动合成的结果,它们满足 $\frac{f_y}{f_x} = \frac{n_x}{n_y}$,其中,$f_x$ 代表 CH1 通道上正弦波信号的频率,f_y 代表 CH2 通道上正弦波信号的频率,n_x 代表李萨如图形与假想水平线的切点数目,n_y 代表李萨如图形与假想垂直线的切点数目。

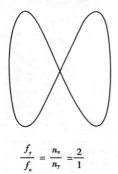

$$\frac{f_y}{f_x} = \frac{n_x}{n_y} = \frac{2}{1}$$

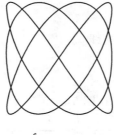

$$\frac{f_y}{f_x} = \frac{n_x}{n_y} = \frac{4}{3}$$

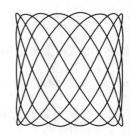

$$\frac{f_y}{f_x} = \frac{n_x}{n_y} = \frac{8}{5}$$

图 5-8-2

5.8.4 实验内容与步骤

1.认识并熟悉信号发生器(图 5-8-3)和数字示波器(图 5-8-4)面板上各旋钮和按钮的功能。

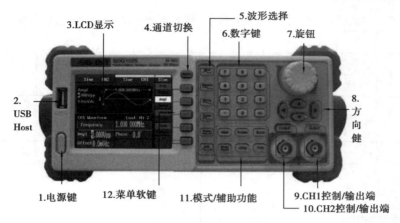

图 5-8-3 信号发生器面板

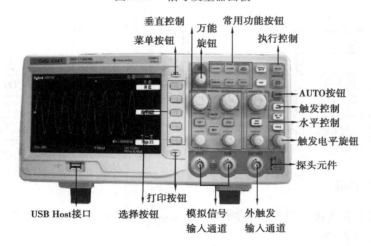

图 5-8-4 数字示波器面板

2.观察与测量

(1)调节信号发生器,分别输出三角波、正弦波、方波,于示波器中观察波形。

(2)信号发生器输出三个不同频段的正弦波形,分别利用示波器测量它们的波形电压(峰-峰值)、周期、频率。将数据填入表 5-8-1 中,并计算绝对误差。(注:标准值即信号发生器显示的值)

3.观察李萨如图形,利用李萨如图形测频率

利用信号发生器,输出两列正弦波,CH2 的频率为 300 Hz,更改 CH1 的频率,观察示波器图形,填表 5-8-2。

5.8.5 实验数据及处理

表 5-8-1 电压、频率、周期数据表

	电压(峰-峰值)(V)			频率(Hz)			周期(s)		
	测量值	标准值	绝对误差	测量值	标准值	绝对误差	测量值	标准值	绝对误差
信号1									
信号2									
信号3									

表 5-8-2 李萨如图形测量数据表

$f_y:f_x$		1:1	1:3	3:4
李萨如图形				
n_x				
n_y				
f_y(Hz)		300	300	300
f_x(Hz)	计算值			
	测量值			

5.8.6 注意事项

1.一般情况下要求被测量设备和测量设备都应可靠接地,如不能满足时应使用隔离系统做良好的隔离后才能测量。

2.一般数字示波器配合探头使用时,只能测量信号端输出幅度小于 300 V CAT II 信号的波形。绝对不能测量市电 AC220 V 或与市电 AC220 V 不能隔离的电子设备的浮地信号。

3.通用示波器的外壳,信号输入端 BNC 插座金属外圈,探头接地线,AC220 V 电源插座接地线端都是相通的。如仪器使用时不接大地线,直接用探头对浮地信号测量,则仪器相对大地会产生电位差;电压值等于探头接地线接触被测设备点与大地之间的电位差。这将对仪器和电子设备带来严重安全危险。

4.用户如要对与市电 AC220 V 不能隔离的电子设备进行浮地信号测试时,必使用高压隔离差分探头或示波器使用电池供电。

【思考题】

1.改变正弦波的相位、幅度,观察李萨如图形的变化。

2.为了使李萨如图形稳定下来,能否使用示波器上的同步按钮? 为什么?

3.如何改变示波器屏幕上显示波形的位置、幅度?

实验 9　霍尔效应实验

霍尔效应是导电材料中的电流与外磁场相互作用而在垂直于磁场和电流方向的两个端面之间产生电动势的效应。1879 年美国物理学家霍尔在研究金属导电现象时发现了这种电磁现象,故称霍尔效应。霍尔效应在科学实验和工程技术中有着广泛的应用,利用半导体材料制成的霍尔元件测量直观、干扰小、灵敏度高,体积小,易于在磁场中移动和定位,可用它测量某点的磁场和缝隙中的磁场,还可以利用这一效应来判断半导体材料的类型、载流子浓度及迁移率等主要参数。

5.9.1　实验目的

1.了解霍尔效应原理及霍尔元件有关参数的含义和作用。

2.测绘霍尔元件的 U_H-I_S、U_H-I_M 曲线,了解霍尔电压 U_H 与霍尔元件工作电流 I_S、励磁电流 I_M 之间的关系。

3.学习利用霍尔效应测量磁感应强度 B 及磁场分布。

4.计算霍尔元件灵敏度、载流子的浓度和迁移率,并判断其载流子的类型。

5.学习用"对称交换测量法"消除副效应产生的系统误差。

5.9.2　实验仪器

1.ZKY-HS 霍尔效应实验仪

包括 C 型电磁铁、二维移动标尺、三个换向闸刀开关、霍尔元件等。

2.ZKY-H/L 霍尔效应测试仪

5.9.3　实验原理

1) 霍尔效应及霍尔元件有关参数

霍尔效应从本质上讲是运动的带电粒子(电子或空穴)在磁场中受洛仑兹力作用而引起的偏转。在长方形薄片材料中通以电流,沿与电流垂直的方向施加磁场,就会在垂直于电流和磁场方向上的不同侧产生正负电荷的聚积,从而形成附加的横向电场,这种现象称为霍尔效应。如图 5-9-1 所示,沿 z 轴的正向加以磁场 B,与 z 轴垂直的半导体薄片上沿 x 正向通以电流 I_S(称为工作电流或控制电流),假设载流子为电子(如 N 型半导体材料,图 5-9-1a),它沿着与电流 I_S 相反的 x 负向运动。由于洛仑兹力 F_m 的作用,电子即向图中的 D 侧偏转,并使 D 侧形成电子积累,而相对的 C 侧形成正电荷积累。与此同时,运动的电子还受到由于两侧积累的异种电荷形成的反向电场力 F_e 的作用。随着电荷的积累,F_e 逐渐增大,当两力大小相等,方向相反时,电子积累便达到动态平衡。这时在 C、D 两端面之间建立的电场称为霍尔电场 E_H,相应的电势差称为霍尔电压 U_H。

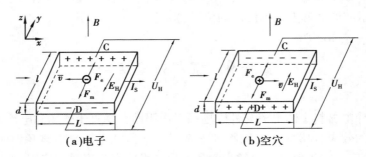

图 5-9-1　霍尔元件中载流子在外磁场下的运动情况

设电子按相同平均漂移速率 $\bar{v}$ 向图 5-9-1 中的 x 轴负方向运动,在磁场 B 作用下,所受洛仑兹力为

$$F_{\mathrm{m}} = e\bar{v} \times B \tag{5-9-1}$$

式中:e 为电子电量 1.6×10^{-19} C,$\bar{v}$ 为电子漂移平均速度,B 为磁感应强度。

同时,电场作用于电子的力为

$$F_e = eE_{\mathrm{H}} = e\frac{U_{\mathrm{H}}}{l} \tag{5-9-2}$$

式中:E_{H} 为霍尔电场强度,U_{H} 为霍尔电压,l 为霍尔元件宽度。

当达到动态平衡时,$F_{\mathrm{m}} = F_e$,从而得到

$$\bar{v}B = \frac{U_{\mathrm{H}}}{l} \tag{5-9-3}$$

霍尔元件宽度为 l,厚度为 d,载流子浓度为 n,则霍尔元件的工作电流为

$$I_{\mathrm{S}} = ne\bar{v}ld \tag{5-9-4}$$

由式(5-9-3)、式(5-9-4)可得

$$U_{\mathrm{H}} = \frac{1}{ne}\frac{I_s B}{d} = R_{\mathrm{H}}\frac{I_s B}{d} = K_{\mathrm{H}}I_s B \tag{5-9-5}$$

即霍尔电压 U_{H} 与 I_{S}、B 成正比,与霍尔元件的厚度 d 成反比。其中:比例系数 $R_{\mathrm{H}} = \dfrac{1}{ne}$ 称为霍尔系数,它是反映材料霍尔效应强弱的重要参数;比例系数 $K_{\mathrm{H}} = \dfrac{1}{ned}$ 称为霍尔元件的灵敏度,它表示霍尔元件在单位磁感应强度和单位工作电流下的霍尔电压大小,其单位是 mV/(mA·T),一般要求 K_{H} 越大越好。由于金属的电子浓度 n 很高,所以它的 R_{H} 或 K_{H} 都不大,因此不适宜作霍尔元件。此外元件厚度 d 越薄,K_{H} 越高,所以制作时,往往采用减少 d 的办法来增加灵敏度,但不能认为 d 越薄越好,因为此时元件的输入和输出电阻将会增加,这对锗元件是不希望的。

由图 5-9-1 及 R_{H} 的定义式分析可知,当载流子带正电时,霍尔电压 U_{H} 及系数 R_{H} 为正值;若载流子带负电,则霍尔电压 U_{H} 及系数 R_{H} 为负值。因此,可从霍尔电压的正负判断霍尔元件的类型:霍尔电压为正时,霍尔元件为 P 型半导体;霍尔电压为负时,霍尔元件为 N 型半导体。

当霍尔元件的材料和厚度确定时,根据霍尔系数或灵敏度可以得到载流子的浓度 n

$$n = \frac{1}{eR_H} = \frac{1}{edK_H} \tag{5-9-6}$$

霍尔元件中载流子迁移率 μ

$$\mu = \frac{\bar{\nu}}{E_S} = \frac{\bar{\nu}L}{U_S} \tag{5-9-7}$$

式中:L 为霍尔元件的长度,U_S 为沿着 I_S 方向的霍尔元件两侧面之间的电压,E_S 为由 U_S 产生的电场强度。载流子的迁移率 μ 为单位电场强度下载流子获得的平均漂移速度。根据材料的电导率 $\sigma = ne\mu$ 的关系,还可以得到 $R_H = \dfrac{\mu}{\sigma} = \mu\rho$,$\rho$ 为材料的电阻率。一般电子迁移率大于空穴迁移率,因此制作霍尔元件时大多采用 N 型半导体材料。

将式(5-9-4)、式(5-9-5)、式(5-9-7)联立求得

$$\mu = K_H \cdot \frac{L}{l} \cdot \frac{I_S}{U_S} \tag{5-9-8}$$

2) 霍尔电压及磁场测量

测量霍尔电压的基本电路如图 5-9-2 所示,将霍尔元件置于待测磁场的相应位置,并使元件平面与磁感应强度 B 垂直,在其控制端输入恒定的工作电流 I_S,霍尔元件的霍尔电压 U_H 输出端接毫伏表,测量霍尔电压的值。

由式(5-9-5)可知,如果已知霍尔元件的灵敏度 K_H,用仪器测出 U_H 与 I_S,就可以算出磁感应强度 B。当工作电流 I_S 或磁感应强度 B,两者之一改变方向时,霍尔电压 U_H 的方向随之改变;若两者方向同时改变,则霍尔电压 U_H 极性不变。

由于霍尔效应建立时间很短($10^{-14} \sim 10^{-12}$ s),因此,使用霍尔元件时既可用直流电,也可用交流电。但使用交流电时,霍尔电压是交变的,I_S 和 U_H 应取有效值。

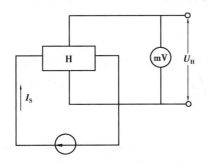

图 5-9-2　霍尔电压的测量电路

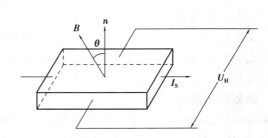

图 5-9-3

应当注意,当磁感应强度 B 和元件平面法线成一角度时(如图 5-9-3),作用在元件上的有效磁场是其法线方向上的分量 $B\cos\theta$,此时

$$U_H = K_H I_S B \cos\theta \tag{5-9-9}$$

所以,一般在使用时应调整元件平面朝向,使 U_H 达到最大,即 $\theta = 0$,$U_H = K_H I_S B$。

3）霍尔效应的副效应

（1）不等位效应

由于霍尔元件材料本身的不均匀，霍尔电极位置的不对称，图 5-9-1 中 C、D 两个端面的霍尔电极不可能恰好接在同一等位面上。当电流 I_S 流过霍尔元件时，即使未加磁场，两电极间也会产生一电位差 U_0，称不等位电位差。U_0 的正负只与 I_S 的方向有关，而与磁场无关。

（2）埃廷豪森（Eting Hausen）效应

如图 5-9-4 所示，当霍尔元件的 x 方向通以工作电流 I_S，z 方向加磁场 B 时，由于霍尔元件内的载流子速度服从统计分布，有快有慢，在达到动态平衡时，若速度为 v 的载流子所受的洛仑兹力与霍尔电场的作用力刚好抵消，则速度大于或小于 v 的载流子在电场和磁场作用下，将各自朝对立面偏转，这些载流子的动能将转化为热能，使两侧的温升不同，形成一个横向温度梯度，引起温差电压 U_E，且 $U_E \propto I_S B$，U_E 的大小及正负符号与 I_S、B 的大小和方向有关。

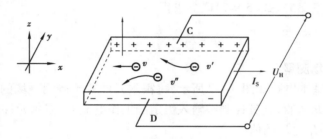

图 5-9-4　霍尔元件中电子实际运动情况（图中 $v' < v, v'' > v$）

（3）能斯特（Nernst）效应

由于工作电流的两个电极与霍尔元件的接触电阻不同，当有电流通过霍尔元件时，工作电流在两电极处将产生不同的焦耳热，使得工作电流两极的温度不同，从而引起载流子在 x 方向的运动产生热电流 I_Q，热电流在磁场作用下将发生偏转，结果在 y 方向上产生电位差 U_N，且 $U_N \propto I_Q B$，U_N 的正负符号只与 B 的方向有关。

（4）里吉-勒迪克（Righi-Leduc）效应

由于上述热电流 I_Q 的载流子的速度不同，类似于埃廷豪森效应中载流子速度不同一样，也将形成一个横向的温度梯度而产生相应的温差电压 U_R，U_R 的符号与 B 的方向有关，与 I_S 的方向无关。

4）副效应的消除方法

实际测量霍尔电压时，上述副效应引起的附加电压 U_0、U_E、U_N、U_R 会叠加在霍尔电压 U_H 上（即实际测出的电压是这五种电压的代数和），给测量带来了系统误差。但利用这些附加电压的正负与霍尔元件的工作电流 I_S 和磁感应强度 B 的方向有关，可以采用对称（交换）测量法进行消除。测量时，改变 I_S 和 B 的方向时各附加电压的正负如下

当（$+I_M$，$+I_S$）时 ，测得电压 $U_1 = +U_H + U_0 + U_E + U_N + U_R$

当（$+I_M$，$-I_S$）时，测得电压 $U_2 = -U_H - U_0 - U_E + U_N + U_R$

当（$-I_M$，$-I_S$）时，测得电压 $U_3 = +U_H - U_0 + U_E - U_N - U_R$

当（$-I_M$，$+I_S$）时，测得电压 $U_4 = -U_H + U_0 - U_E - U_N - U_R$

对以上四式作如下运算

$$\frac{1}{4}(U_1 - U_2 + U_3 - U_4) = U_H + U_E \tag{5-9-10}$$

可见,上述四种副效应中除了埃廷豪森效应引起的附加电压 U_E 外,其他几个主要的附加电压全部消除了,这是因埃廷豪森效应所产生的附加电压 U_E 的符号与 I_S、B 的方向的关系,跟 U_H 与 I_S、B 的方向关系相同,所以不能在测量中消除。但在非大电流、非强磁场下,$U_H \gg U_E$(仅占前者的 5%),因而 U_E 可以忽略不计,故可将上式写为

$$U_H = \frac{1}{4}(U_1 - U_2 + U_3 - U_4) \tag{5-9-11}$$

一般情况下当 U_H 较大时,U_1 与 U_3 同号,U_2 与 U_4 同号,而两组数据反号,故

$$U_H = \frac{1}{4}(U_1 - U_2 + U_3 - U_4) = \frac{1}{4}(\,|U_1| + |U_2| + |U_3| + |U_4|\,) \tag{5-9-12}$$

即用四次测量值的绝对值的平均值即可。

5.9.4　实验内容与步骤

1)熟悉仪器性能,连接测试仪与实验仪之间的各组连线

按仪器面板上的文字和符号提示将 ZKY-HS 霍尔效应实验仪(以下简称"实验仪")与 ZKY-H/L 霍尔效应测试仪(以下简称"测试仪")正确连接。

(1)为准确测量,开关机前,先将测试仪的工作电流 I_S、励磁电流 I_M 调节旋钮均置零位(即逆时针旋转到底)。

(2)将测试仪的电压量程调至高量程。

(3)测试仪面板右下方为提供励磁电流 I_M 的恒流源"输出端",接实验仪上励磁电流的"输入端"。

(4)测试仪左下方为提供霍尔元件工作电流 I_S 的恒流源"输出端",接实验仪工作电流"输入端"。

(5)实验仪上的霍尔电压 U_H"输出端",接测试仪中部下方的霍尔电压"输入端"。

(6)将测试仪与 220 V 交流电源相连,按下开机键。

注:为了提高霍尔元件测量的准确性,实验前,霍尔元件应至少预热 5 min。具体操作如下:断开励磁电流开关,闭合工作电流开关,通入工作电流 5 mA,等待至少 5 min 后,可以开始实验。

2)测绘 U_H-I_S 曲线,计算霍尔元件的灵敏度和载流子浓度

(1)移动二维移动尺,使霍尔元件处于电磁铁气隙中心位置(其法线方向已调至平行于磁场方向),闭合励磁电流开关,调节励磁电流 $I_M = 300$ mA,并在测量过程中保持不变。通过公式:$B = CI_M$ 求得并记录此时电磁铁气隙中的磁感应强度 B。(C 为电磁铁的线圈常数,C 的值见面板标示牌)。

(2)依次按表 5-9-1 所列数据调节 I_S,通过变换实验仪各换向开关,在 $(+I_M, +I_S)$、$(+I_M, -I_S)$、$(-I_M, -I_S)$、$(-I_M, +I_S)$ 四种测量条件下,分别测出对应的 $U_i(i = 1,2,3,4)$,填入表 5-9-1 中。根据式(5-9-12)计算霍尔电压 U_H,并绘制 U_H-I_S 关系曲线,求得斜率 $K_1\left(K_1 = \dfrac{U_H}{I_S}\right)$。

(3)根据式(5-9-5)可知 $K_H = \dfrac{K_1}{B}$;根据式(5-9-6)可计算载流子浓度 n(霍尔元件厚度 d 已

知,见面板标示牌)。

3)测量霍尔元件的载流子迁移率

(1)自备一只电压表,用于测量工作电压 U_S,电压表档位选为"直流 20 V 档"。电压表的正负极分别接测试仪上工作电流"输出端"的红、黑插孔。

(2)断开励磁电流开关,使 $I_M = 0$(电磁铁剩磁很小,约零点几毫特,可忽略不计)。调节 $I_S = 0.50$、1.00、$\cdots$、5.00 mA(间隔 0.50 mA),记录对应的工作电压 U_S,填入表 5-9-2,绘制 I_S-U_S 关系曲线,求得斜率 $K_2\left(K_2 = \dfrac{I_S}{U_S}\right)$。

(3)根据上面求得的 K_H,结合式(5-9-8)可以求得载流子迁移率 μ(霍尔元件长度 L、宽度 l 已知,见面板标示牌)。

4)判定霍尔元件导电类型(P 型或 N 型)

(1)将霍尔实验仪 3 组双刀开关均掷向二维移动尺和电磁铁一侧。

(2)根据电磁铁导线绕向及励磁电流 I_M 的流向,判定气隙中磁感应强度 B 的方向。

(3)根据闸刀开关接线以及霍尔测试仪 I_S 输出端引线,判定 I_S 在霍尔元件中的流向。

(4)根据换向闸刀开关接线以及霍尔测试仪 U_H 输入端引线,可以得出 U_H 的正负与霍尔元件上正负电荷积累的对应关系。

(5)由 B 的方向、I_S 流向以及 U_H 的正负并结合霍尔元件的引脚位置可以判定霍尔元件半导体的类型(P 型或 N 型)。

5)测绘 U_H-I_M 曲线

霍尔元件仍位于电磁铁气隙中心,调定 $I_S = 3.00$ mA,分别调节 $I_M = 100$、200、$\cdots$、$1\,000$ mA (间隔为 100 mA),分别测量对应的 U_i,填入表 5-9-3。计算霍尔电压 U_H,并绘出 U_H-I_M 曲线。

6)测量电磁铁气隙中磁感应强度 B

(1)调节 $I_M = 600$ mA,$I_S = 5.00$ mA,并在测量过程中保持不变。调节二维移动尺的垂直标尺,使霍尔元件处于电磁铁气隙垂直方向的中心位置。调节水平标尺至 0 刻度位置,测量相应的 U_i。

(2)调节水平标尺按表 5-9-4 中给出的位置测量 U_i,填入表中(若表 5-9-4 中首尾个别位置达不到,可跳过继续实验)。

(3)根据以上测得的 U_i,计算霍尔电压 U_H,根据式(5-9-5)计算出各点的磁感应强度 B,并绘出 B-X 图。

5.9.5 实验数据及处理

表 5-9-1　霍尔电压 U_H 与工作电流 I_S 的关系

$I_M = 300$ mA,$C = $_____ mT/A

I_S (mA)	U_1(mV) $+I_M$, $+I_S$	U_2(mV) $+I_M$, $-I_S$	U_3(mV) $-I_M$, $-I_S$	U_4(mV) $-I_M$, $+I_S$	$U_H = \frac{1}{4}(\,\|U_1\| + \|U_2\| + \|U_3\| + \|U_4\|\,)$ (mV)
1.00					
2.00	28.5	−28.6			

续表

I_S (mA)	U_1(mV) $+I_M,+I_S$	U_2(mV) $+I_M,-I_S$	U_3(mV) $-I_M,-I_S$	U_4(mV) $-I_M,+I_S$	$U_H=\dfrac{1}{4}(\mid U_1\mid+\mid U_2\mid+\mid U_3\mid+\mid U_4\mid)$ (mV)
3.00	42.7	−42.8	42.2	−42.3	
4.00	56.9	−56.9	56.2	−56.3	
5.00	71.2	−71.2	70.0	−70.4	
6.00					
7.00					
8.00					
9.00					
10.00					

表 5-9-2　工作电流 I_S 与工作电压 U_S 的关系

$I_M=0$ mA

I_S(mA)	0.50	1.00	1.50	2.00	2.50	3.00	3.50	4.00	4.50	5.00
U_S(mV)	0.50	0.75	1.13	1.51	1.89	2.28	2.67	3.06	3.45	3.86

表 5-9-3　霍尔电压 U_H 与励磁电流 I_M 之间的关系

$I_S=3.00$ mA

I_M (mA)	U_1(mV) $+I_M,+I_S$	U_2(mV) $+I_M,-I_S$	U_3(mV) $-I_M,-I_S$	U_4(mV) $-I_M,+I_S$	$U_H=\dfrac{1}{4}(\mid U_1\mid+\mid U_2\mid+\mid U_3\mid+\mid U_4\mid)$ (mV)
100	14.8	−14.8	14.0	−14.0	
200	28.5	−28.5	28.0	−28.1	
300	42.6	−42.7	42.0	−42.1	
400					
500					
600					
700					
800					
900					
1 000					

表 5-9-4　电磁铁气隙中磁感应强度 B 的分布

$I_M = 600 \text{ mA}, I_S = 5.00 \text{ mA}$

X (mm)	U_1(mV) $+I_M, +I_S$	U_2(mV) $+I_M, -I_S$	U_3(mV) $-I_M, -I_S$	U_4(mV) $-I_M, +I_S$	$U_H = \frac{1}{4}(\,\lvert U_1 \rvert + \lvert U_2 \rvert + \lvert U_3 \rvert + \lvert U_4 \rvert\,)$ (mV)	B (mT)
0						
2						
4						
6						
8						
10						
12						
15						
20						
25						
30						
35						
40						
45						
48						
50						

1.绘制 U_H-I_S 关系曲线,计算灵敏度 K_H 和载流子浓度 n;

2.绘制 I_S-U_S 关系曲线,计算载流子迁移率 μ;

3.判定霍尔元件半导体的类型;

4.绘制 U_H-I_M 曲线,分析磁感应强度 B 与励磁电流 I_M 之间的关系;

5.绘制 B-X 图,描述电磁铁气隙内 X 方向上 B 的分布状态。

5.9.6　注意事项

1.绝不允许将"I_M 输出"接到"I_S 输入"或"U_H 输出"处,否则,一旦通电,励磁电流将烧坏霍尔元件。

2.霍尔元件及二维移动尺容易折断、变形,应注意避免受挤、压、碰撞等。实验前应检查两者及电磁铁是否松动、移位,并加以调整。

3.为了不使电磁铁因过热而受到损害,或影响测量精度,除在短时间内读取有关数据,通以励磁电流 I_M 外,其余时间最好断开励磁电流开关。

4.工作电流不要超过 10 mA,否则会因过热损坏元件。

【思考题】

1.霍尔元件为什么要用半导体材料,而且要求做得很薄?

2.从霍尔系数的测量中可以求出半导体材料的哪些重要参数?

3.霍尔效应实验中有哪些副效应?通过什么方法消除它们?

4.磁场不恰好与霍尔元件的法线一致,对测量结果有何影响?

第 **6** 章

光学实验

实验 1　测定薄透镜焦距

透镜是光学仪器的基本元件之一,透镜成像规律是几何光学的重要内容,而焦距是透镜的主要参数,本实验用多种方法测薄透镜焦距,可加深对几何光学中透镜成像规律的理解,比较各种方法的优缺点,学会分析和减少误差的一些方法。

6.1.1　实验目的

1.初步掌握简单光路的调整技术。
2.掌握测量薄镜焦距的几种基本方法。

6.1.2　实验仪器

光具座、光源、物屏(带有箭形孔),像屏(白屏)、平面镜、凸透镜、凹透镜、光具夹等。

6.1.3　实验原理

1)薄透镜成像公式

透镜的焦距 f 是焦点到光心的距离,它是反映透镜光学特性的一个重要参数。透镜两个球面的球心的连线称为透镜的主光轴。薄透镜是指透镜中心厚度 d 比透镜焦距 f 小很多的透镜,对于通过薄透镜的近光轴光线(指通过透镜中心并与主光轴成很小夹角的光束),成像的规律为

$$\frac{1}{f} = \frac{1}{u} + \frac{1}{v} \tag{6-1-1}$$

式中:u 为物距,v 为像距(实像为正,虚像为负),f 为焦距(凸透镜为正,凹透镜为负)。

2)薄透镜焦距的测量原理

(1)凸透镜的焦距测量

凸透镜成像的几种主要情况,如图 6-1-1 所示。物在 1、3、4、5 等处时,对应的像的位置分

别在 1′、3′、4′、5′等处(2′在无穷远处)。

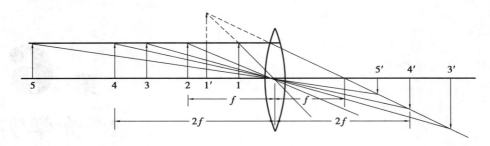

图 6-1-1　凸透镜成像光路图

①粗测法

当物距 u 趋向无穷大时,由式(6-1-1)可得:$v=f$,即无穷远处的物体成像在透镜的焦平面上。用这种方法测得的结果一般只有 1~2 位有效数字。由于这种方法误差较大,大都用在实验前作粗略估计。

②公式法

根据式(6-1-1),若在实验中分别测出物距 u 和像距 v 即可求出该透镜的焦距 f。

③自准法(平面镜法)

如图 6-1-2 所示,当 $u=f$,物屏位于透镜焦平面时,每一个物点所发出的光透过凸透镜后,将成为一束平行光,用一与光轴垂直的平面镜将这束平行光反射回去,经凸透镜后它将会聚于焦平面上,因此在物屏上看到与物体同样大小的清晰的倒立像。据此,可确定凸透镜焦距(透镜和平面镜距离不宜太大)。

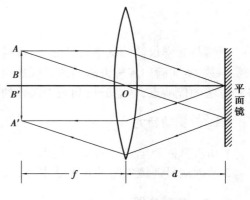

图 6-1-2　自准法原理图

④共轭法(二次成像法)

如图 6-1-3 所示,当物屏和像屏间的距离 L 略大于 $4f$ 时,保持 L 不变,沿光轴移动透镜,在像屏上可两次得到清晰的像。当透镜位于 O_1 处(此时 $f<u_1<2f$ 时),像是放大的;当透镜位于 O_2 处(此时 $u_2=u_1+e>2f$ 时),像是缩小的。可以证明下式成立:

$$f = \frac{L^2 - e^2}{4L} \qquad (6\text{-}1\text{-}2)$$

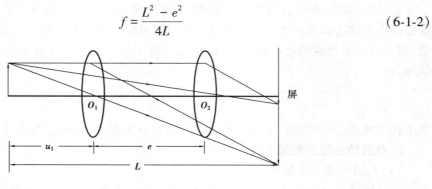

图 6-1-3　共轭法原理图

　　这种方法虽需两次成像而显得复杂些,但测定透镜移动距离 e 时,不必估计透镜中心的位置,从而避免了测量 u、v 时由于估计透镜中心位置的不准确而带来的误差。

　　(2)凹透镜焦距的测量

　　凹透镜是发散透镜,不能直接成实像。所以要测量凹透镜的焦距,必须借助于一凸透镜。常用的方法有以下两种:

　　①自准法。如图 6-1-4 所示,先由凸透镜 L_1 将置于 B 点的物 AB 成像 $A'B'$,然后将待测凹透镜 L_2 和平面镜 M 置于凸透镜 L_1 和 B' 点之间。如果 L_1 的光心 O 到 B' 之间距离 $OB' > |f_凹|$,则当移动 L_2 的光心 O' 到 B' 间距为 $O'B' = |f_凹|$ 时,由 AB 发出的光线经过 L_1、L_2 后变成平行光,通过平面镜 M 的反射,又在 B 处成一清晰的实像 $A''B''$。确定了像点 B' 和凹透镜光心 O' 的位置就能测出 $f_凹$。

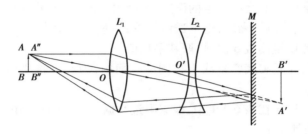

图 6-1-4　自准法原理图

　　②物距—像距法。如图 6-1-5 所示,先用凸透镜 L_1 使物 AB 成缩小倒立的实像 $A'B'$,然后将待测凹透镜 L_2 置于凸透镜 L_1 与像 $A'B'$ 之间,如果 $O'B' < |f_凹|$,则通过 L_1 的光束经过 L_2 折射后,仍能成一实像 $A''B''$。但应注意,对凹透镜 L_2 来讲,$A'B'$ 为虚物,物距 $u_2 = -O'B'$,像距 $v_2 = O'B''$ 代入成像公式(对凹透镜仍适用)即能计算出凹透镜焦距 $f_凹$。

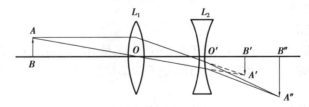

图 6-1-5　物距—像距法原理图

6.1.4　实验内容和步骤

1)凸透镜的焦距测量

(1)光路的等高共轴调整

　　在上面的叙述中,u、v、e、L 等都是沿着透镜光轴计算的。为了测量准确,光轴应与光具座的刻度尺平行。用两个或多个透镜做实验时,还应使各透镜光轴重合,习惯上称为共轴调节。这是光学实验中必不可少的一个步骤。调整时,一般分为两步:

　　①粗调。将光具座上各光学元件用夹具夹好后,移在一起,用眼睛观察判断,使各元件的中心轴大致在一条和光具座导轨平行的直线上,并使屏、透镜的平面互相平行,且垂直于导轨。

②细调。靠其他仪器或靠成像规律来判断。如在图 6-1-3 所示的实验中,光路等高共轴时,放大像与缩小像的中心应重合。否则可按照使放大像的中心向缩小像的中心靠拢的原则来调试,反复调整透镜或物屏的高度与前后位置,直至放大像中心与缩小像中心重合(这种调节技巧,被称为"大像追小像")。此后,各光学元件除了沿光具座导轨轻轻地左右移动外,不得再上下、前后移动。

(2)用自准法测焦距

①在精确测量前,先粗略确定透镜焦距。方法是在光具座上,取物距 $u > 0.8$ m,移动像屏,直至屏上出现光源灯丝清晰的极小像,此时 $v \approx f$。

②按图 6-1-2 所示光路,参照估测的 f 值,改变透镜至物屏的距离,直至在物屏箭形孔旁出现清晰且与原孔大小相等的倒立像为止,测出 f 值。

由于成像清晰程度的判断会有一定的误差,为减少此误差,可采用左右逼近法读数。即先使透镜由左向右移动,当像刚清晰时,记下透镜位置;再使透镜由右向左移动,当像刚清晰时,又可读得一数据。如此反复读数 6 次,再取其平均值。

③由于透镜中心与光具夹底座刻线不在同一平面内,为此可将透镜反转 180°,再重复②的步骤。

④将上述测量数据记录在表 6-1-1 中,根据测量数据计算透镜焦距的平均值。

(3)用二次成像法测焦距

按图 6-1-3 所示光路布置光学元件。固定物屏和像屏间的距离,记录两屏位置 L(使 $L > 4f$)。利用左右逼近读数法记录 O_1 和 O_2 的位置,将测量数据记录在表 6-1-2 中。求出平均值 e,用式(6-1-2)计算焦距 f。

(4)观察凸透镜成像规律

按图 6-1-1 光路,改变物距 u,观察成像情况。将测量结果记录在表 6-1-3 中。

2)凹透镜的焦距测量

(1)用自准法测量凹透镜焦距

①固定物屏于 B 位置,凸透镜 L_1 置于某一位置 O,使 $|OB| < 2f_凸$,粗调成等高共轴后,放上像屏,移动像屏得一清晰的放大的实像 $A'B'$,记下像屏位置,采用左右逼近法反复读数共 6 次,求出 $\bar{B}'$。

②在凸透镜 L_1 和像屏之间按图 6-1-4 加入凹透镜 L_2 和平面镜 M,并使它们一起在导轨上移动,直至在物屏上出现清晰的正立的等大实像(注意:像较暗)为止。调整凹透镜上下、左右位置,(或调整物屏左右位置),使物、像处于同一位置。读出凹透镜在光具座上位置读数 O'。采用左右逼近法反复读数共 6 次。

③保持物屏、凸透镜位置不变,将凹透镜 L_2,连同光具夹旋转 180°后,再重复步骤②的测量。

(2)用物距—像距法测量凹透镜焦距

①将物屏置于某 B 位置,凸透镜 L_1 置于某一位置 O,使 $|OB| > 2f_凸$,粗调等高共轴后,放上像屏,移动像屏得一清晰的缩小的实像 $A'B'$,记下像屏位置 B'。重复上述步骤,利用左右逼近法读数六次,可求出像屏的平均位置 $\bar{B}'$。

②在凸透镜与像屏之间按图 6-1-5 加入待测凹透镜 L_2,移动像屏至屏上出现较清晰的像 $A'B''$,记下像屏位置 B''。

③调整 L_2 的上下、左右位置使像 B'' 在像屏上的位置与第一次原凸透镜所成的像 B' 在屏上位置相同,然后仔细慢慢地移动凹透镜 L_2 直至像 $A''B''$ 最清晰,记下此时凹透镜位置 O'。利用左右逼近法反复读数共 6 次。

④保持物屏、凸透镜 L_1、像屏位置不变,将凹透镜 L_2 连同光具夹旋转 180°,再重复步骤③的测量。

6.1.5　实验数据及处理

1)自准法测凸透镜焦距

表 6-1-1　自准法测焦距数据表

估计值 $f=$ 　　　 mm,物屏位置:　　　 mm

	1		2		3		平均位置
	左	右	左	右	左	右	
透镜 O 位置/mm							
反转后 O 位置/mm							

凸透镜焦距: $f = |OB| =$ 　　　 mm

2)二次成像法测凸透镜焦距

表 6-1-2　二次成像法测焦距数据表

物屏位置:　　　 mm,　成像位置:　　　 mm,　L:　　　 mm

	1		2		3		平均值
	左	右	左	右	左	右	
O_1 位置/mm							
O_2 位置/mm							

凸透镜焦距: $f = \dfrac{L^2 - e^2}{4L} =$ 　　　 mm

3)观察凸透镜成像规律

表 6-1-3　凸透镜成像规律

物　距	成像情况(正倒、大小、虚实)
$u > 2f$	
$u = 2f$	
$f < u < 2f$	
$u = f$	
$f < u$	

4）自准法测凹透镜焦距

表 6-1-4　自准法测凹透镜焦距记录表

物屏位置：　　　　　cm　凸透镜位置：　　　　　cm

	1		2		3		平均值
	左	右	左	右	左	右	
像屏位置 B'/cm							
L_2 位置 O'/cm							
反转 L_2 后位置/cm							

凹透镜焦距：$f = -|\overline{O}' - \overline{B}'| =$

5）物距—像距法测凹透镜焦距

表 6-1-5　物距—像距法测凹透镜焦距记录表

物屏位置：　　　　　cm　凸透镜位置：　　　　　cm

	1		2		3		平均值
	左	右	左	右	左	右	
像屏位置 B'/cm							
L_2 位置 O'/cm							
反转 L_2 后位置/cm							

加上凹透镜后像屏位置 B''：

$$u_2 = -|\overline{B}' - \overline{O}'| = \qquad v_2 = |\overline{B}'' - \overline{O}'| =$$

$$f = \frac{u_2 v_2}{u_2 + v_2} =$$

【思考题】

1.用自准法测凸透镜和凹透镜的焦距时运用了它们怎样的光学特性？

2.在用物距—像距法测量透镜焦距实验中，若要根据实验数据用图解法测出焦距 f，该如何进行？

3.根据由物求像位置的三条特殊光线，画出自准法测凸透镜焦距实验中，$d < f$ 和 $d > f$ 时的成像光路图，从而理解此实验中，d 的大小对成像无影响。

实验 2　分光计的调整和棱镜玻璃折射率的测定

光线在传播过程中，遇到不同介质的分界面时，会发生反射和折射，光线将改变传播的方向，使得在入射光与反射光或折射光之间存在一定的夹角。通过对某些角度的测量，可以测定折射率、光栅常数、光波波长、色散率等许多物理量。因而精确测量这些角度，在光学实验中显得十分重要。

　　分光计是一种能精确测量上述要求角度的典型光学仪器,经常用来测量材料的折射率、色散率、光波波长和进行光谱观测等。由于该装置比较精密,控制部件较多而且操作复杂,所以使用时必须严格按照一定的规则和程序进行调整,方能获得较高精度的测量结果。分光计的调整思想、方法与技巧,在光学仪器中有一定的代表性,学会对它的调节和使用方法,有助于掌握操作更为复杂的光学仪器。对于初次使用者来说,往往会遇到一些困难,但只要在实验调整观察中,弄清调整要求,注意观察出现的现象,并努力运用已有的理论知识去分析、指导操作,在反复练习之后开始正式实验,一般也能掌握分光计的使用方法,并顺利地完成实验任务。

6.2.1　实验目的

1.了解分光计的结构,掌握调节和使用分光计的方法。
2.掌握测定棱镜角的方法。
3.用最小偏向角法测定棱镜玻璃的折射率。

6.2.2　实验原理

　　三棱镜如图 6-2-1 所示,AB 和 AC 是透光的光学表面,又称折射面,其夹角 α 称为三棱镜的顶角;BC 为毛玻璃面,称为三棱镜的底面。

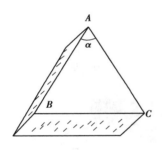

图 6-2-1

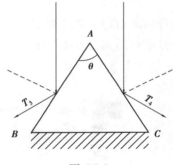

图 6-2-2

1.反射法测三棱镜顶角 α

　　如图 6-2-2 所示,一束平行光入射于三棱镜,经过 AB 面和 AC 面反射的光线分别沿 T_3 和 T_4 方位射出,T_3 和 T_4 方向的夹角记为 θ,由几何学关系可知:

$$\alpha = \frac{\theta}{2} = \frac{1}{2} \mid T_4 - T_3 \mid \tag{6-2-1}$$

2.最小偏向角法测三棱镜玻璃的折射率

　　ABC 表示一块三棱镜,AB 和 AC 面经过仔细抛光,光线沿 P 在 AB 面上入射,经过棱镜在 AC 面上沿 P' 方向出射,P 和 P' 之间的夹角 δ 称为偏向角。当 α 一定时,偏向角 δ 的大小是随 i_1 角的变化而变化的。而当 $i_1 = i_2'$ 时,δ 为最小(证明略),这个时候的偏向角自称为最小偏向角,记作 $\delta_{\min}$,如图 6-2-3。

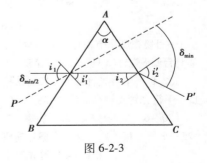

图 6-2-3

由图中可以看出,这时 $i_1' = \dfrac{\alpha}{2}$

$$\delta_{\min}/2 = i_1 - i_1' = i_1 - \frac{\alpha}{2}$$

$$i_1 = \frac{1}{2}(\delta_{\min} + \alpha) \tag{6-2-2}$$

设棱镜材料折射率为 n

则 $\sin i_1 = n \sin i_1' = n \sin \dfrac{\alpha}{2}$

$$n = \frac{\sin i_1}{\sin \dfrac{\alpha}{2}} = \frac{\sin \dfrac{\alpha + \delta_{\min}}{2}}{\sin \dfrac{\alpha}{2}} \tag{6-2-3}$$

由此可知,要求得材料的折射率 n,必须

①测出顶角 α。

②测出最小偏向角 $\delta_{\min}$。

6.2.3　实验仪器

分光计(KF-JJY1),双面镜,钠灯,三棱镜。

分光计的构造如图 6-2-4 所示。

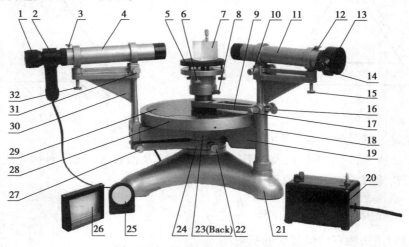

图 6-2-4　KF-JJY1'分光计示意图

1—目镜视度调节手轮　2—阿贝式自准直目镜　3—目镜锁紧螺钉　4—望远镜部件　5—载物台
6—载物台调平螺钉(3只)　7—三棱镜　8—载物台锁紧螺钉　9—制动架(二)　10—平行光管光轴水平调节螺钉
11—平行光管部件　12—狭缝装置锁紧螺钉　13—狭缝装置　14—狭缝宽度调节手轮
15—平行光管光轴高低调节螺钉　16—游标盘止动螺钉　17—游标盘微调螺钉　18—立柱　19—转座
20—6.3 V 变压器　21—底座　22—望远镜止动螺钉　23—转座止动螺钉　24—制动架(一)
25—平行平板连座　26—光栅片连座　27—望远镜微调螺钉　28—度盘　29—游标盘　30—支臂
31—望远镜光轴水平调节螺钉　32—望远镜光轴高低调节螺钉

在底座(21)的中央固定一中心轴,度盘(28)和游标盘(29)套在中心轴上,可以绕中心轴旋转,度盘下端有一推力轴承支撑,使旋转轻便灵活。度盘上刻有 720 等分的刻线,每一格的格值为 30 分,对径方向设有两个游标读数装置,测量时,读出两个读数值,然后取平均值,这样可以消除偏心引起的误差。

立柱(18)固定在底座上,平行光管(11)安装在立杆上,平行光管的光轴位置可以通过立柱上的调节螺钉(10、15)来进行微调,平行光管带有一个狭缝装置(13),可沿光轴移动和转动,狭缝的宽度在 0.02~2 mm 内可以调节。

阿贝式自准直望远镜(2)安装在支臂(30)上,支臂与转座(19)固定在一起,并套在度盘上,当松开止动螺钉(22)时,转座与度盘一起旋转,当旋紧止动螺钉时,转座与度盘可以相对转动。旋紧制动架(一)(24)与底座上的止动螺钉(23)时,借助制动架(一)末端上的调节螺钉(27)可以对望远镜进行微调(旋转),同平行光管一样,望远镜系统的光轴位置,也可以通过调节螺钉(31)(32)进行微调。望远镜系统的目镜(2)可以沿光轴移动和转动,目镜的视度可以调节。

分划板视场的参数如图 6-2-5 所示:

载物台(5)套在游标盘上,可以绕中心轴旋转,旋紧载物台锁紧螺钉(8)和制动架(二)与游标盘的止动螺钉(16)时,借助立柱上的调节螺钉(17)可以对载物台进行微调(旋转)。放松载物台锁紧螺钉时,载物台可根据需要升高或降低。调到所需位置后,再把锁紧螺钉旋紧,载物台有三个调平螺钉(6)用来调节使载物台面与旋转中心线垂直。

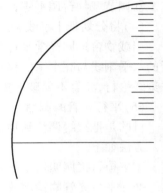

图 6-2-5

望远镜系统的照明器外接 3 V 电源插头,在断电情况下可用自备 3 V 电池电源。使用灵活方便。

6.2.4　实验步骤与内容

1.分光计的调整

(1)目镜的调焦

调节目镜视度调节手轮,一边从目镜中观察,直到分划板刻线成像清晰。

(2)望远镜的调焦

望远镜调焦的目的是将目镜分划板上的十字线调整到物镜的焦平面上,也就是望远镜对无穷远调焦。其方法如下:

①接上灯源。

②把望远镜光轴位置的调节螺钉(31、32)调到适中的位置。

③在载物台的中央放上附件光学平行平板,位于载物台调平螺钉 ab 的中垂线上,其反射面对着望远镜物镜,且与望远镜光轴大致垂直。

④通过调节载物台的调平螺钉(6)和转动载物台,使望远镜的反射像和望远镜在一直线上。

⑤从目镜中观察,此时可以看到一亮十字线,先把目镜锁紧螺钉(3)松开,然后把目镜一边拔出,一边从目镜中观察,直到亮十字线成像清晰,目镜中的像的清晰度将被破坏而未破坏

时为止,再锁紧目镜固定螺丝。

（3）调整望远镜的光轴垂直旋转主轴

①调节载物台调平螺钉 ab 中靠近自己的一个,使亮十字与分划板上十字丝的垂直位移减小一半。

②调整望远镜光轴上下位置调节螺钉(32),使亮十字与分划板上十字丝重合。

③把游标盘连同载物台平行平板旋转 180°时观察到亮十字可能与十字丝有一个垂直方向的位移,就是说,亮十字可能偏高或偏低。

④重复上述步骤,使垂直方向的位移完全消除。

⑤把光学平行平板旋转 90°位于载物台的调平螺钉 ab 方向,其反射面对着望远镜物镜,且与望远镜光轴大致垂直。

⑥调节载物台调平螺钉 c(6),载物台调平螺钉。

（4）将分划板十字线调成水平和垂直

当载物台连同光学平行平板相对于望远镜旋转时,观察亮十字是否水平地移动,如果分划板的水平刻线与亮十字的移动方向不平行,就要转动目镜,使亮十字的移动方向与分划板的水平刻线平行,注意不要破坏望远镜的调焦,然后将目镜锁紧螺钉旋紧。

（5）平行光管的调焦

目的是把狭缝调整到物镜的焦平面上,也就是平行光管对无穷远调焦。

方法如下:

①去掉目镜照明器上的光源,打开狭缝,用漫射光照明狭缝。

②在平行光管物镜前放一张白纸,检查在纸上形成的光斑,调节光源的位置,使得在整个物镜孔径上照明均匀。

③除去白纸,把平行光管光轴左右位置调节螺钉(17)调到适中的位置,将望远镜管正对平行光管,从望远镜目镜中观察,调节望远镜微调机构和平行光管上下位置调节螺钉(15),使狭缝位于视场中心。

④通过前后移动狭缝机构,使狭缝清晰地成像在望远镜分划板平面上。

（6）调整平行光管的光轴垂直于旋转主轴

调整平行光管光轴上下位置调节螺钉(15),升高或降低狭缝像的位置,使得狭缝与目镜视场的中心对称。

（7）将平行狭缝调成垂直

旋转狭缝机构,使狭缝与目镜分划板的垂直刻线平行,注意不要破坏平行光管的调焦,然后将狭缝装置锁紧螺钉旋紧。

2.测量

在正式测量之前,请先弄清你所使用的分光计中下列各螺丝的位置:

①控制望远镜(连同刻度盘)转动的制动螺丝;

②控制望远镜微动的螺丝。

（1）用反射法测三棱镜的顶角 α

如图 6-2-2 所示,使三棱镜的顶角对准平行光管,开启钠光灯,使平行光照射在三棱镜的 AC、AB 面上,旋紧游标盘制动螺丝,固定游标盘位置,放松望远镜制动螺丝,转动望远镜(连同刻度盘)寻找 AB 面反射的狭缝像,使分划板上竖直线与狭缝像基本对准后,旋紧望远镜螺丝,用望远镜微调螺丝使竖直线与狭缝完全重合,记下此时两对称游标上指示的读数 T_3,T'_3。转动望远镜至 AC 面进行同样的测量得 T_4,T'_4。可得

$$\theta_1 = |\ T_4 - T_3\ |$$
$$\theta'_1 = |\ T'_4 - T'_3\ |$$

三棱镜的顶角 α 为

$$\alpha = \frac{1}{2}\left[\frac{1}{2}(\theta_1 + \theta'_1)\right] \tag{6-2-4}$$

重复测量三次,将数据记录在表 6-2-1 中,计算顶角 α,取平均值。

(2)棱镜玻璃折射率的测定

用所要求谱线的单色光(如钠灯)照明平行光管的狭缝,从平行光管发出的平行光束经过棱镜的折射而偏折一个角度。

①放松制动架(一)和底座的止动螺钉,转动望远镜,找到平行光管的狭缝像,放松制动架(二)和游标盘的止动螺钉,慢慢转动载物台,开头从望远镜看到的狭缝像沿某一方向移动,当转到这样一个位置,即看到的狭缝像,刚刚开始要反身移动,此时的棱镜位置,就是平行光束以最小偏向角射出的位置。

②锁紧制动架(二)与游标盘的止动螺钉。

③利用微调机构,精确调整,使分划板的十字线精确地对准狭缝(在狭缝中央)。

④记下对径方向上游标所指示的度盘的读数,取其平均值 C_m,将数据记录在表 6-2-2 中。

⑤取下棱镜,放松制动架(一)与底座的止动螺钉。转动望远镜,使望远镜直接对准平行光管,然后旋紧制动架(一)与底座上的止动螺钉,对望远镜进行微调,使分划板十字线精确地对准狭缝。

⑥记下对径方向上游标所指示的度盘的两个读数,取平均值 D_m,将数据记录在表 6-2-2 中。

⑦计算最小偏向角 $\delta_{min} = D_m - C_m$。重复测量三次,求得平均值。

利用公式

$$n = \frac{\sin\dfrac{\alpha + \delta_{min}}{2}}{\sin\dfrac{\alpha}{2}}$$

求出折射率。

6.2.5　数据记录与处理

表 6-2-1　三棱镜顶角 α 的测量

实验次数	T_3	T'_3	T_4	T'_4	θ_1	θ'_1	α
1							
2							
3							

$\alpha = \dfrac{1}{2}\left[\dfrac{1}{2}(\theta_1 + \theta'_1)\right]$ 　　　　　　　　　$\overline{\alpha} = $ _____

表 6-2-2   最小偏向角的测量

实验次数	D_m	C_m	$\delta_{\min}$
1			
2			
3			

$$\delta_{\min}=D_m-C_m \qquad \overline{\delta_{\min}}=\underline{\qquad\qquad\qquad}$$

$$n=\frac{\sin\dfrac{\overline{\alpha}+\overline{\delta_{\min}}}{2}}{\sin\dfrac{\overline{\alpha}}{2}}=\underline{\qquad\qquad\qquad}$$

6.2.6   注意事项

1.望远镜、平行光管上的镜头,三棱镜、平面镜的镜面不能用手摸、揩。如发现有尘埃时,应该用镜头纸轻轻揩擦。三棱镜、平面镜不准磕碰或跌落,以免损坏。

2.分光计是较精密的光学仪器,要加倍爱护,不应在制动螺丝锁紧时强行转动望远镜,也不要随意拧动狭缝。

3.在测量数据前务必检查分光计的几个制动螺丝是否锁紧,若未锁紧,取得的数据会不可靠。

4.测量中应正确使用望远镜转动的微调螺丝,以便提高工作效率和测量准确度。

5.在游标读数过程中,由于望远镜可能位于任何方位,故应注意望远镜转动过程中是否过了刻度的零点。

6.调整时应调整好一个方向,这时已调好部分的螺丝不能再随便拧动,否则会前功尽弃。

7.望远镜的调整是一个重点。首先转动目镜手轮看清分划板上的十字线,而后伸缩目镜筒看清亮十字。

【思考题】

1.设计一种不测量最小偏向角而能测棱镜玻璃折射率的方案(使用分光计法测)。

实验 3   牛顿环与劈尖的干涉

6.3.1   实验目的

1.通过对等厚干涉图像的观察和测量,加深对光的波动性的认识。

2.用牛顿环法测定平凸透镜的曲率半径。

3.用劈尖干涉法测定细丝微小直径或微小薄片厚度。

6.3.2　实验仪器

牛顿环、读数显微镜、钠光灯、劈尖、细金属丝

6.3.3　实验原理

1) 用牛顿环法测定透镜球面的曲率半径

牛顿环装置是由一块曲率半径较大的平凸玻璃透镜和一块光学平玻璃片（又称"平晶"）相接触而组成的。相互接触的透镜凸面与平玻璃片平面之间的空气间隙，构成一个空气薄膜间隙，空气膜的厚度从中心接触点到边缘逐渐增加。如图 6-3-1(a)所示。

当单色光垂直地照射于牛顿环装置时（如图 6-3-1(a)所示），如果从反射光的方向观察，就可以看到透镜与平板玻璃接触处有一个暗点，周围环绕着一簇同心的明暗相间的内疏外密圆环，这些圆环就叫作牛顿环，如图 6-3-1(b)所示。

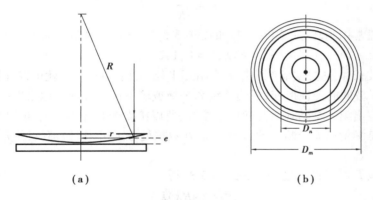

（a）　　　　　　　　　　　　　　　（b）

图 6-3-1　牛顿环装置和干涉图样

在平凸透镜和平板玻璃之间有一层很薄的空气层，通过透镜的单色光一部分在透镜和空气层的交界面上反射，一部分通过空气层在平板玻璃上表面上反射，这两部分反射光符合相干条件，它们在平面透镜的凸面上相遇时就会产生干涉现象。当透镜凸面的曲率半径很大时，在相遇时的两反射光的几何路程差为该处空气间隙厚度 e 的两倍，即 $2e$；又因为这两条相干光线中一条光线通过空气层在平板玻璃上表面上反射，在光密介质面上的反射，存在半波损失，而另一条光线来自光疏介质面上的反射，不存在半波损失。所以，在两相干光相遇时的总光程差为：

$$\Delta = 2e + \frac{\lambda}{2} \tag{6-3-1}$$

当光程差满足

$$\Delta = 2e + \frac{\lambda}{2} = (2k + 1)\frac{\lambda}{2}, k = 0,1,2,3,\cdots \tag{6-3-2}$$

即

$$2e = k\lambda \tag{6-3-3}$$

时，为暗条纹。

$$\Delta = 2e + \frac{\lambda}{2} = 2k\frac{\lambda}{2}, k = 0,1,2,3,\cdots \tag{6-3-4}$$

即

$$2e = k\lambda - \frac{\lambda}{2} \tag{6-3-5}$$

时,为明条纹。

由式(6-3-3),可见透镜与平板玻璃接触处 $e=0$,故为一个暗点,由于空气膜的厚度从中心接触点到边缘逐渐增加,这样交替地满足明纹和暗纹条件,所有厚度相同的各点,处在同一同心圆环上,所以我们可以看到一簇明暗相间的圆环。

如图6-3-1(a)所示,由几何关系,可得第 k 个圆环处空气层的厚度 e_k 和圆环的半径 r_k 的关系,即

$$r_k^2 = R^2 - (R - e_k)^2 = 2Re_k - e_k^2 \tag{6-3-6}$$

因为 $R \gg e_k$,所以可略去 e_k^2,即

$$e_k = \frac{r_k^2}{2R} \tag{6-3-7}$$

实验中测量通常用暗环,从式(6-3-7)和式(6-3-3)得到第 K 级暗环的半径为

$$r_k^2 = kR\lambda, \quad k = 0,1,2,3,\cdots \tag{6-3-8}$$

若已知单色光的波长 λ,通过实验测出第 k 个暗环半径 r_k,由式(6-3-8)就可以计算出透镜的曲率半径 R。但由于玻璃的弹性形变,平凸透镜和平板玻璃不可能很理想地只以一点接触,这样就无法准确地确定出第 k 个暗环的几何中心位置,所以第 k 个暗环半径 r_K 难以准确测得。故比较准确的方法是测量第 k 个暗环的直径 D_k。在数据处理上可采取如下两种方法:

(1)图解法

测量出各对应 K 暗环的直径 D_k,由式(6-3-8)得

$$D_k^2 = (4R\lambda)k \tag{6-3-9}$$

作 $D_K^2 \sim K$ 图线,为一直线,由图求出直线的斜率,已知入射光波长 λ,可算出 R。

(2)逐差法

设第 m 条暗环和第 n 条暗环的直径各为 D_m 及 D_n,则由式(6-3-9)可得

$$R = \frac{D_m^2 - D_n^2}{4(m-n)\lambda} \tag{6-3-10}$$

可见只求出 $D_m^2 - D_n^2$ 及环数差 $m-n$ 即可算出 R,不必确定环的级数及中心。

2)用劈尖干涉法测量金属丝的微小直径 d

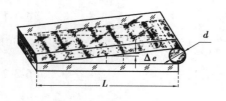

图6-3-2　劈尖形空气薄膜

将待测的金属丝放在两块平板玻璃之间的一端,则形成劈尖形空气薄膜,如图6-3-2所示。今以单色光垂直照射在玻璃板上,则在空气劈尖的上表面形成干涉条纹,条纹是平行于棱的一组等距离直线,且相邻两条纹所对应的空气膜厚度之差为半个波长,若距棱 L 处劈尖的厚度为 d(即金属丝的直径),单位长度中所含的条纹数为 n,则

$$d = nL\frac{\lambda}{2} \tag{6-3-11}$$

如果已知 λ，并测出 n、L 等量后;则金属丝的直径 d 即可求得。

6.3.4　实验内容与步骤

1) 实验装置的调整

（1）先用眼睛粗调

将牛顿环装置放在读数显微镜的工作台上,先不从显微镜里观察而用眼睛沿镜筒方向观察牛顿环装置,移动牛顿环装置,使牛顿环在显微镜筒的正下方。

（2）再用显微镜观察

①调节目镜,使看到的分划板上十字叉丝清晰。

②转动套在物镜头上的45°透光反射镜,使透光反射镜正对光源,显微镜视场达到最亮。

③旋转物镜调节手轮,使镜筒由最低位置（注意不要碰到牛顿环装置）缓缓上升,边升边观察,直至目镜中看到聚焦清晰的牛顿环。并适当移动牛顿环装置,使牛顿环圆心处在视场正中央。

注意:读数显微镜在调节中应使镜筒由最低位置缓慢上升,以避免45°透光反射镜与牛顿环相碰。

2) 牛顿环直径的测量

转动读数显微镜读数鼓轮,使显微镜自环心向左移动,为了避免螺丝空转引起的误差,应使镜中叉丝先超过第 24 个暗环（中央暗环不算）即从牛顿环第一条暗环开始数到 26 个暗环,然后再缓缓退回到第 24 个暗环中央（因环纹有一定宽度）,记下显微镜读数即该暗环标度 X_{24},再缓慢转动读数显微镜读数鼓轮,使叉丝交点依次与第 23,22,21,20 和第 14,13,12,11,10 个暗环的外缘相切,记下每次计数 X_{24},X_{23},X_{22},X_{21},X_{20},及 X_{14},X_{13},X_{12},X_{11},X_{10}。并继续缓慢转动读数鼓轮,使目镜镜筒叉丝的交点经过牛顿环中心继续向右记下第 10,11,12,13,14 及第 20,21,22,23,24 暗环的读数 X_{10},X_{11},X_{12},X_{13},X_{14} 和 $X_{20}X_{21}$,X_{22},X_{23},X_{24}。

注意:为了避免测微鼓轮"空转"而引起的测量误差,在每次测量中,测微鼓轮只能向一个方向转动,中途不可倒转。

3) 用逐差法处理数据,计算出透镜的曲率半径 R 及 R 的不确定度

根据逐差法处理数据的方法,把 6 个暗环直径数据分成两大组,把第 30 条和第 15 条相组合,第 25 条和第 10 条相组合,第 20 条和第 5 条相组合,求出三组（$D_m^2 - D_n^2$）的平均值,根据式(6-3-10),计算出透镜的曲率半径 R。

推导 R 的不确定度计算公式,计算出 R 的不确定度,写出结果表达式。

4) 用图解法求出透镜的曲率半径 R

由实验数据,作出 $D_k^2 \sim K$ 图线,由图求出直线的斜率,再进一步求出透镜的曲率半径 R。

5) 用劈尖干涉法测量金属丝的微小直径 d

将牛顿环装置换成劈尖装置,为了测定条纹的垂直距离,应使条纹与镜筒的移动方向相垂直。为了避免螺旋空转引起测量误差,应先转动读数显微镜的测微鼓轮,使镜筒仅向一个方向移动,当条纹移过了六七条后,使十字叉丝和某条纹中心相重合,记下初读数,再依次使十字叉丝和下一个条纹中心相重合,记下读数,共测 12 条。同样用逐差法处理数据。当测出金属丝距棱的距离 L 和单位长度的条纹数 n 后,根据式(6-3-11),即可求出金属丝的直径 d,并计算 d 的不确定度。写出结果表达式。

注意:拿取牛顿环、劈尖装置时,不要触摸光学面。如有尘埃时,应用专用揩镜纸轻轻揩擦。实验中要小心以免摔坏。

6.3.5 实验数据记录及处理

1)用牛顿环法测定透镜的曲率半径 R

(1)数据表格

表 6-3-1 用牛顿环法测定透镜的曲率半径 R 数据表格

环 数			D_m/mm	环 数			D_n /mm	$D_m^2 - D_n^2$ /mm^2	R_i /mm
m	左	右		m	左	右			
24				24					
23				23					
22				22					
21				21					
20				20					

表 6-3-2 用劈尖干涉法测定金属丝的微小直径数据表格

次 数	X_1	X_2	$l_i = \mid X_2 - X_1 \mid$ /mm
1			
2			
3			
4			

(2)逐差法处理数据

由式(6-3-10)计算出透镜的曲率半径 R。

R 的不确定度:

$$u_{cR} = \overline{R} \sqrt{\left(\frac{u_{c\lambda}}{\lambda}\right)^2 + \left(\frac{u_{cmn}}{m-n}\right)^2 + \left(\frac{S_{\overline{D_m^2 - D_n^2}}}{D_m^2 - D_n^2}\right)^2}$$

$\lambda = 589.3$ nm,$u_{c\lambda} = 0.3$ nm,$u_{cmn} = 0.1$,$D_m^2 - D_n^2$ 只计算 A 类不确定度。

$$R = \overline{R} \pm u_{cR} = 88.4 \pm 0.6 \text{ cm}$$

(3)用图解法求出透镜的曲率半径 R

根据实验数据,以 K 为横坐标,D_K^2 为纵坐标,作出 $D_k^2 \sim K$ 图线,由图求出直线的斜率,根据式(6-3-9)再进一步求出透镜的曲率半径 R。

2)用劈尖干涉法测量金属丝的微小直径 d

用逐差法处理数据,数据表格自拟。计算出金属丝的微小直径 d。

【思考题】

1.实验中使用的是单色光,如果用白光源会是什么结果?

2.如果牛顿环中心不是一个暗斑,而是一个亮斑,这是什么原因引起的? 对测量有无影响?

3.牛顿环实验中,如果平板玻璃上有微小的凸起,将导致牛顿环条纹发生畸变。试问该处的牛顿环将局部内凹还是局部外凸?

实验4　迈克尔逊干涉仪的调整和使用

迈克尔逊干涉仪,是1883年美国物理学家迈克尔逊和莫雷合作,为研究"以太"漂移而设计制造出来的精密光学仪器,它利用分振幅法产生双光束以实现干涉。通过调整该干涉仪,可以产生等厚干涉条纹,也可以产生等倾干涉条纹,主要用于长度和折射率的测量。在近代物理和近代计量技术中,如在光谱线精细结构的研究和用光波标定标准米尺等实验中都有着重要的应用。利用该仪器的原理,现已研制出多种专用干涉仪。

6.4.1　实验目的

1.了解迈克尔逊干涉仪的原理并掌握其调节方法。

2.观察等倾干涉条纹的特点。

3.测定 He-Ne 激光的波长。

6.4.2　实验仪器

迈克尔逊干涉仪,氦氖激光器、毛玻璃屏。

迈克尔逊干涉仪的构造:

迈克尔逊干涉仪的构造如图6-4-1所示。其主要由精密的机械传动系统和四片精细磨制的

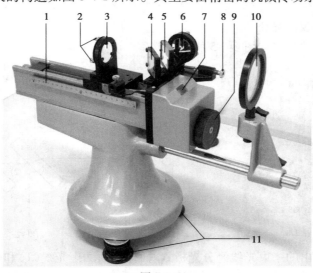

图 6-4-1

1—主尺　2—反射镜调节螺丝　3—移动反射镜 M_1　4—分光板 G_1

5—补偿板 G_2　6—固定反射镜 M_2　7—读数窗　8—水平拉簧螺钉

9—粗调手轮　10—屏　11—底座水平调节螺丝

光学镜片组成。G_1 和 G_2 是两块几何形状、物理性能相同的平行平面玻璃。其中 G_1 的第二面镀有半透明铬膜，称其为分光板，它可使入射光分成振幅（即光强）近似相等的一束透射光和一束反射光。G_2 起补偿光程作用，称其为补偿板。M_1 和 M_2 是两块表面镀铬加氧化硅保护膜的反射镜。M_2 是固定在仪器上的，称其为固定反射镜，M_1 装在可由导轨前后移动的拖板上，称其为移动反射镜。迈克尔逊干涉仪装置的特点是光源、反射镜、接收器（观察者）各处一方，分得很开，可以根据需要在光路中很方便地插入其他器件。

M_1 和 M_2 镜架背后各有两（三）个调节螺丝，可用来调节 M_1 和 M_2 的倾斜方位。这两（三）个调节螺丝在调整干涉仪前均应先均匀地拧几圈（因每次实验后为保证其不受应力影响而损坏反射镜都将调节螺丝拧松了），但不能过紧，以免减小调整范围。同时也可通过调节水平拉簧螺丝与垂直拉簧螺丝使干涉图像作上下和左右移动。而仪器水平还可通过调整底座上三个水平调节螺丝来达到。

确定移动反射镜 M_1 的位置有三个读数装置：

①主尺——在导轨的侧面，最小刻度为 mm，如图 6-4-2 所示；

②读数窗——可读到 0.01 mm，如图 6-4-3 所示；

③带刻度盘的微调手轮，可读到 0.000 1 mm，估读到 10^{-5} mm，如图 6-4-4 所示；

图 6-4-2   图 6-4-3

6.4.3　实验原理

1）迈克尔逊干涉仪的光路

迈克尔逊干涉仪的光路如图 6-4-5 所示。

图 6-4-4

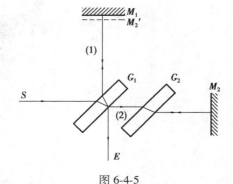

图 6-4-5

光源上一点 S 发出的一束光线经分光板 G_1 而被分为两束光线（1）和（2）。这两束光线分别射向互相垂直的全反射镜 M_1 和 M_2，经 M_1 和 M_2 反射后又汇于分光板 G_1，这两束光再次被 G_1 分束，它们各有一束按原路返回光源（设两光束分别垂直于 M_1、M_2），同时各有一束光线朝 E 方向射出。由于光线（1）和（2）为两相干光束，因此我们可在 E 的方向观察到干涉条纹。

G_2 为补偿板，它的引进使两束相干光的光程差完全与波长无关（由于分光板 G_1 的色散作用,光程是 λ 的函数,因此作定量的检测时,没有补偿板的干涉仪只能用准单色光源,有了补偿板就可消除色散的影响。即使是带宽很宽的光源也会产生可分辨的条纹),且保证了光束(1)和(2)在玻璃中的光程完全相同,因而对不同的色光都完全可将 M_2 等效为 M'_2。

在图 6-4-5 中,M'_2 是反射镜 M_2 被 G_1 反射所成的虚像。从 E 处看两相干光是从 M_1 和 M'_2 反射而来。因此在迈克尔逊干涉仪中产生的干涉与 $M_1M'_2$ 间空气膜所产生的干涉是一样的。

2)干涉原理

(1)点光源产生的非定域干涉

用凸透镜会聚的激光束是一个很好的点光源,它向空间发射球面波,从 M_1 和 M_2 反射后可看成由两个光源 S_1 和 S_2 发出的光(如图 6-4-6),S_1(或 S_2)至屏的距离分别为点光源 S 从 G_1 和 M_1(或 M_2 和 G_1)反射在光屏的光程,S_1 和 S_2 的距离为 M_1 和 M'_2 之间距离 d 的二倍,即 $2d$。虚光源 S_1 和 S_2 发出的球面波在它们相遇的空间处处相干,这种干涉是非定域干涉。如果把屏垂直于 S_1 和 S_2 的连线放置,则我们可以看到一组组同心圆,圆心就是 S_1 和 S_2 连线与屏的交点。

如图 6-4-6 所示,由 S_1、S_2 到屏上的任一点 A,两光线的光程差 L 可得:

$$L = 2d\cos\delta \tag{6-4-1}$$

当 $2d\cos\delta = n\lambda$ 时,为亮条纹。

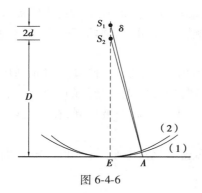

图 6-4-6

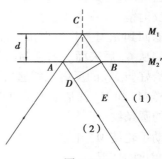

图 6-4-7

①当 $\delta = 0$ 时光程差最大,即圆心 E 点所对应的干涉级别最高。

当移动 M_1M_2 的距离 d 增大时,圆心干涉级数越来越高,我们就可以看到圆条纹一个一个从中心"冒"出来,反之当 d 减小时,圆条纹一个一个地向中心"缩"进去。每当"冒"出或"缩"进一条条纹时,d 就增加或减小 $\lambda/2$,所以测出"冒出"或"缩进"的条纹数目 ΔN,由已知波长 λ 就可求得 M_1 移动的距离,这就是利用干涉测长法;反之,若已知 M_1 移动的距离,则可求得波长,它们的关系为:

$$\Delta d = \Delta N \cdot \frac{\lambda}{2} \tag{6-4-2}$$

②d 增大时,光程差 L 每改变一个波长 λ 所需的 δ 的变化值减小,即两亮环(或两暗环)之间的间隔变小。看上去条纹变细变密。反之 d 减小,条纹变粗变稀。

$$\Delta\delta = -\frac{\lambda}{2d \cdot \sin\delta} \tag{6-4-3}$$

(2)定域等倾干涉

当 M_1 和 M'_2 互相平行时,入射角为 δ 的光线经 M_1 和 M'_2 反射成为(1)和(2)两束光(图 6-4-7),(1)和(2)互相平行,两光束的光程差为:

$$L = AC + CB - AD$$

$$= 2\frac{d}{\cos\delta - 2\,d\tan\delta \cdot \sin\delta}$$

$$= 2d\left(\frac{1}{\cos\delta} - \frac{\sin^2\delta}{\cos\delta}\right) \tag{6-4-4}$$

$$= 2d\cos\delta$$

所以,在 d 一定时,光程差只决定入射角 δ。如在 E 处放一会聚透镜,并在其焦平面上放一屏,则在屏上可看到一组同心圆。而每个圆相应于一定的倾角,其产生干涉的平面是会聚透镜的后焦面。和非定域干涉类似,干涉级别以圆心最高,当 d 增加时,圆环从中心"冒"出,当 d 减小时,圆环从中心"缩"进。

6.4.4 实验内容与步骤

1) 观察非定域干涉现象

转动粗调手轮,移动镜 M_1 的位置置于机体侧面标尺所示 45 mm 处,此位置为固定镜 M_2 与移动镜 M_1 相对于分光板大约等光程处。

接通电源,打开氦氖激光器预热几分钟后,使激光束经过分光板 G_1 中心、补偿板 G_2 中心透射到反射镜 M_2 中心上。然后调节干涉仪底座的三颗螺丝和 M_2 后面两(三)个螺丝,使光点反射像返回到光阑上并与小孔重合。

再调从 G_1 后表面反射到 M_1 的光束,调节 M_1 后面两(三)个螺丝,使其反射光到达 G_1 后表面时恰好与 M_2 的反射光相遇(两光点完全重合),同时两反射光在光阑的小孔处也完全重合。这样 M_1 和 M_2 就基本上垂直即 M_1 和 M'_2 互相平行了。竖起毛玻璃屏,在屏上就可看到非定域的圆条纹。

转动手轮使 M_1 在导轨上移动,观察条纹的形状、疏密变化及中心"吞""吐"条纹随程差的改变而变化的情况。

2) 观察定域等倾干涉

先用 He-Ne 激光器调整仪器,在激光器前放一小孔光阑,使扩束的激光束通过光阑,并经分光板 G_1 反射到移动镜 M_1 上(此时应将固定镜的反射面遮住),再反射经分光板返回至小孔光阑上,仔细调整 M_1 后的两个调节螺钉使最后的反射光点像与光栏的小孔严格重合。转动粗动手轮移动 M_1,要求反射光点像不随 M_1 的移动而产生漂移。此后的实验过程中,不可再旋动 M_1 后的两颗调节螺钉。

换上钠光灯,出光口装有毛玻璃,以使光源成为面光源,用聚焦到无穷远的眼睛代替屏,仔细调节 M_2 后的调节螺钉,可看到圆条纹,进一步调节 M_2 的调节螺钉,使眼睛上下左右移动时,各圆的大小不变,仅是圆心随眼睛移动,这时我们看到的就是严格的等倾条纹。移动 M_1,观察条纹的变化情况。

3) 测量 He-Ne 激光的波长

按实验内容 1 的方法调出干涉圆条纹,单向缓慢转动微调手轮,将干涉环中心调至最暗(或最亮),记下 M_1 的位置 l_1,继续转动微调手轮,当条纹"吞进"或"吐出"的条纹数为 $N = 100$ 时,记下 M_1 的位置 l_2,重复测量 5 次,填表,计算波长及不确定度。

4) 关闭氦氖激光器电源,整理仪器

6.4.5　实验数据及处理

迈克尔逊干涉仪波长测量数据表

$\lambda_0 = 632.8$ nm $N = 100$

测量次数	l_1(mm)	l_2(mm)	$\Delta d = |l_2 - l_1|$(mm)	$\overline{\Delta d}$
1				
2				
3				
4				
5				

$$\lambda = \frac{2\,\overline{\Delta d}}{N} = \underline{\hspace{4cm}} \text{mm}, E = \frac{|\lambda - \lambda_0|}{\lambda_0} = \underline{\hspace{4cm}}\%$$

6.4.6　注意事项

1.要在条纹有均匀的"冒"出或"缩"进现象时,记录 M_1 的初始位置 d_0;

2.不要漏读或多读"冒"出或"缩"进的条纹数。

3.迈克尔逊干涉仪的微调鼓轮只能往一个方向转动。

【思考题】

1.调节迈克尔逊干涉仪时看到的亮点为什么是两排而不是两个? 两排亮点是怎样形成的?

2.在什么条件下产生等倾干涉条纹,什么条件下产生等厚干涉条纹?

3.迈克尔逊干涉仪产生的等倾干涉条纹与牛顿环有何不同?

4.在观察激光的非定域干涉时,通常看到弧形条纹,怎样才能看到圆形条纹?

实验 5　空气折射率的测定

介质的折射率是表征介质光学特性的物理量之一,气体折射率与温度和压强有关,气体折射率对各种波长的光都非常接近于 1,然而在很多科学研究领域中,把空气折射率近似为 1 远远满足不了科研的要求,所以研究空气折射率的精确测量方法是很必要的。本实验利用迈克尔逊干涉仪两束相干光光路分离的特点来测量空气折射率,让学生进一步了解光的干涉现象及其形成条件,以及学习调节光路的方法。采用迈克尔逊干涉仪测量空气折射率,具有设备简单、操作方便等优点。

6.5.1 实验目的

1.掌握迈克尔逊干涉仪测量空气折射率的原理。
2.掌握数字空气折射率测定仪的使用方法。
3.测量空气的折射率。

6.5.2 实验仪器

数字空气折射率测定仪(图6-5-1)。

图 6-5-1

AG—橡胶球 P_1—钠钨灯电源 P_2—He-Ne 激光电源 S_2—He-Ne 激光管

AP—气压(血压)表   FG—毛玻璃 S_1—钠钨双灯   BE—扩束器   BS—分束器

A—气室 M_1—参考镜 M_2—动镜   CP—补偿板   MC—螺旋测微器

如图 6-5-1 所示,分束器 BS、补偿板 CP 和两个平面镜 M_1、M_2 及其调节架安装在平台式的基座上。利用镜架背后的螺丝可以调节镜面的倾角。M_2 是可移动镜,它的移动量由螺旋测微器 MC 读出,经过传动比为 20∶1 的机构,从读数头上读出的最小分度值相当于动镜 0.000 5 mm 的移动。在参考镜 M_1 和分束器之间有可以锁紧的插孔,以便做空气折射率实验时固定小气室 A,气压(血压)表可以挂在表架上。扩束器 BE 可作上下左右调节,不用时可以转动 90°,离开光路。毛玻璃架有两个位置,一个靠近光源(毛玻璃起扩展光源作用),另一个在观测位置,毛玻璃用于测空气折射率实验中接收激光干涉条纹。

6.5.3 实验原理

由图 6-5-2 可知,迈克尔逊干涉仪中,当光束垂直入射至 C、D 镜面时两光束的光程差 δ 可以表示成

$$\delta = 2(n_1L_1 - n_2L_2) \tag{6-5-1}$$

式中 n_1 和 n_2 分别是路程 L_1 和 L_2 上介质的折射率。

设单色光在真空中的波长为 λ_0,当

$$\delta = K\lambda_0, K = 0, 1, 2, \cdots \tag{6-5-2}$$

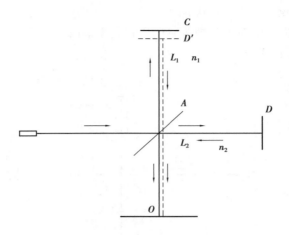

图 6-5-2

时产生相长干涉,相应地在接收屏中心总光强为极大。由式(6-5-1)可知,两束相干光的光程差不但与几何路程有关,而且与路程上介质的折射率有关。当 L_1 支路上介质折射率改变 Δn_1 时,因光程差的相应变化而引起的干涉条纹变化数为 ΔK,由式(6-5-1)和式(6-5-2)可知

$$\Delta n_1 = \frac{\Delta K \lambda_0}{2L_1} \tag{6-5-3}$$

由式(6-5-3)可知:如测出接收屏上某一处干涉条纹的变化数 ΔK,就能测出光路中折射率的微小变化。

当管内压强由大气压强 P 变到 0 时,折射率由 n 变到 1,若屏上某一点(通常观察屏的中心)条纹变化数为 m,则由式(6-5-3)可知

$$n - 1 = \frac{m\lambda_0}{2L} \tag{6-5-4}$$

通常在温度处于 15 ℃~30 ℃范围时,空气折射率可用下式求得:

$$(n - 1)_{t,p} = \frac{2.879\ 3P}{1 + 0.003\ 671t} \times 10^{-9} \tag{6-5-5}$$

式中温度 t 的单位为℃,压强 P 的单位为 Pa。因此,在一定温度下,$(n-1)_{t,p}$ 可以看成是压强 P 的线性函数。由式(6-5-4)可知,从压强 P 变为真空时的条纹变化数 m 与压强 P 的关系也是一线性函数,因而应有

$\dfrac{m}{P} = \dfrac{m_1}{P_1} = \dfrac{m_2}{P_2}$,由此得

$$m = \frac{m_2 - m_1}{P_2 - P_1}P \tag{6-5-6}$$

代入式(6-5-4)得

$$n - 1 = \frac{\lambda_0}{2L}\frac{m_2 - m_1}{P_2 - P_1}P \tag{6-5-7}$$

可见,只要测出管内压强由 P_1 变到 P_2 时的条纹变化数 m_2-m_1,即可由式(6-5-7)计算压强为 P 时的空气折射率 n,管内压强不必从 0 开始。

在迈克尔逊干涉仪的一支光路中加入一个与打气相连的密封管,其长度为 L,如图 6-5-3 所示,仪表用来测管内气压,它的读数为管内压强高于室内大气压强的差值。用毛玻璃作接收屏,在它上面可看到干涉条纹。

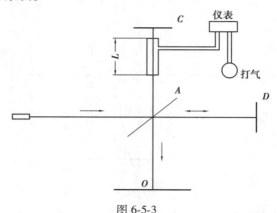

图 6-5-3

调好光路后,先将密封管充气,使管内压强与大气压的差大于 280 mmHg,读出数字仪表数值 P_1,取对应的 $m_1 = 0$。然后微调阀门慢慢放气,此时在接收屏上会看到条纹移动,当移动 20 个条纹时,记一次数字仪表数值 P_2。然后再重复前面的步骤,求出移动 20 个条纹所对应的管内压强的变化值 $P_2 - P_1$ 的绝对平均值 P_p,并求出其标准偏差 S_p,代入(6-5-7),算出空气折射率为

$$n = 1 + \frac{\lambda_0}{2L} \frac{20}{P_p} P_0 \tag{6-5-8}$$

式中 P_0 为实验时的大气压强。

6.5.4 实验步骤与内容

(1)利用调节迈克尔逊干涉仪的方法,在屏幕调出干涉图形。

将扩束器转移到光路以外,毛玻璃屏安置在观测位置处.调节 He-Ne 激光器支架,使光束平行于仪器的台面,从分束器平面的中心入射,使各光学镜面的入射和出射点至台面的距离约为 70 mm,并以此为准,调节平面镜 M_1 和 M_2 的倾斜,使毛玻璃屏中央两组光点重合。然后再将扩束器置入光路,即可在毛玻璃屏上获得干涉条纹。为防止补偿板反射光刺眼,可用针孔屏遮挡。使用钠灯做光源时,可在灯罩上置一针孔屏,并调节两个平面镜,同时直接向视场观察,直到两组光点在适当水平上重合后,移开针孔屏,在光源和分束器之间插入毛玻璃屏,即有干涉条纹出现。

(2)将气室组件放置导轨上(移动镜的前方),按迈克尔逊干涉仪的方法调节光路,在投影屏上能观察到干涉条纹即可;注意:由于气室的通光窗玻璃可能产生多次反射光点,可用调动 C、D 镜背后的三颗滚花螺钉来判断,光点发生变化的即是。

(3)将气管 1 一端与气室组件相连,另一端与仪表的出气孔相连;气管 2 与仪表的进气孔相连。

(4)关闭气球上的阀门,鼓气使气压值大于 280 mmHg,读出仪表的数值 P_2,打开阀门,慢慢放气,当移动 20 个条纹时,记下数字仪表的数值 P_1。

(5)重复前面 4 的步骤,一共取 6 组数据,求出移动 20 个条纹所对应的管内压强的变化值 $P_2 - P_1$ 的 6 次平均值 P_p,并求出其标准偏差 S_p。

6.5.5　数据记录及处理

空气折射率实验数据表

室温 $t=$ _____℃；大气压 $P_0=$ _____ Pa；$L=80$ mm；$\lambda_0=633.0$ nm；$\Delta m=20$

i	1	2	3	4	5	6
P_1/Pa						
P_2/Pa						
(P_2-P_1)/Pa						
平均值 P_p/Pa						

$S_P=$ _____ Pa　　　　$n=1+\dfrac{\lambda_0 20}{2LP_p}P_0=$ _____

6.5.6　注意事项

1.激光属强光，会灼伤眼睛，注意不要让激光直接照射眼睛。

2.鼓气阀门不要用力旋转，以免损坏。

【思考题】

1.如何根据等倾干涉条纹来判断 M_1 和 M_2 像的平行度？

2.能否利用所学方法对其他气体物质进行测量？

第 **7** 章
近代物理及综合实验

实验 1　液晶的电光效应与显示原理

液晶是介于液体与晶体之间的一种物质状态。一般的液体内部分子排列是无序的，而液晶既具有液体的流动性，其分子又按一定规律有序排列，使它呈现晶体的各向异性。当光通过液晶时，会产生偏振面旋转、双折射等效应。液晶分子是含有极性基团的极性分子，在电场作用下，偶极子会按电场方向取向，导致分子原有的排列方式发生变化，从而液晶的光学性质也随之发生改变，这种因外电场引起的液晶光学性质的改变称为液晶的电光效应。

7.1.1　实验目的

（1）在掌握液晶光开关的基本工作原理的基础上，测量液晶光开关的电光特性，由光开关特性曲线，得到液晶的阈值电压和关断电压，上升时间和下降时间。

（2）测量由液晶光开关矩阵所构成的液晶显示器的视角特性以及在不同视角下的对比度，了解液晶光开关的工作条件。

（3）了解液晶光开关构成图像矩阵的方法，学习和掌握这种矩阵所组成的液晶显示器构成文字和图形的显示模式，从而了解一般液晶显示器件的工作原理。

7.1.2　实验仪器

本实验所用仪器为液晶光开关电光特性综合实验仪，其外部结构如图 7-1-1 所示。下面简单介绍仪器各个按钮的功能。

1—静态闪烁/动态清屏切换开关。当仪器工作在静态的时候，此开关可以切换到闪烁和静止两种方式；当仪器工作在动态的时候，此开关可以清除液晶屏幕因按动开关矩阵而产生的斑点；

2—液晶供电电压显示。显示加在液晶板上的电压，范围在 0 V~6.5 V；

3—供电电压调节旋钮。改变加在液晶板上的电压，调节范围在 0 V~6.5 V；

4—调 100% 旋钮。在激光接收端处于最大接收的时候（即供电电压为 0 V 时），校准透过率的最大输出为 100；

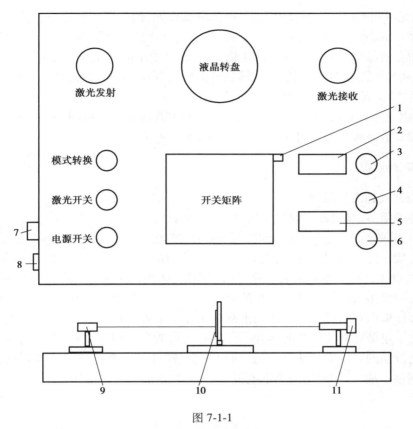

图 7-1-1

5—透过率显示。显示光透过液晶板后光强的相对值；

6—调 0% 旋钮。在激光接收端没有光入射的时候（即捂住接收口时），校准透过率的最小输出为 0；

7—液晶驱动电压输出。接示波器，显示液晶的驱动电压；

8—光透过率输出。接到数字存储示波器，显示液晶的光开响应曲线，可以根据此曲线来计算液晶的阈值电压和关断电压；

9—激光发射器。为仪器提供较强的光源；

10—液晶板。本实验仪器的测量样品；

11—激光接收装置。将透过液晶板的激光转换为电压输入到透过率显示表；

开关矩阵：此为 16×16 的按键矩阵，用于测试液晶的显示功能实验；

液晶转盘：承载液晶板一起转动，用于测试液晶的视角特性实验；

模式转换开关：切换于液晶的静态和动态两种工作模式；

激光开关：开关激光发射器；

电源开关：仪器的总电源开关。

本实验仪器可工作于静态全屏/闪烁或动态图像显示两种工作模式之一。

（1）作液晶光开关特性测量时，选择静态全屏模式，此时液晶屏上所有显示单元（共有16×16 显示单元）均工作于同一状态。通过像素电压调节旋钮可调节加到液晶光开关上的电压，其数值由像素电压显示窗显示。

（2）作电光时间响应特性测量时,选择静态闪烁模式,调节液晶屏方位使激光垂直液晶屏入射。激光穿过液晶板后被激光接收器接受,其强度由透过率显示窗显示。用存储示波器测量透过率随加在液晶板上的像素电压的变化关系,即可绘出液晶光开关的电光特性曲线。

（3）作视角特性测量时,在水平方向转动液晶屏,测量不同光线入射角时,光开关打开（供电电压为 0 V）和关断（供电电压为 2 V）时的透射光。

（4）作像素显示原理实验时,选择动态图象显示模式,通过选择控制开关矩阵的各显示单元的开、关状态,液晶板上即可组成相应的各种图形或文字。

7.1.3 实验原理

1）液晶光开关的工作原理

液晶的种类很多,仅以常用的 TN（扭曲向列）型液晶为例,说明其工作原理。

TN 型光开关的结构如图 7-1-2 所示。在两块玻璃板之间夹有正性向列相液晶,液晶分子的形状如同火柴一样,为棍状。棍的长度在十几埃（1 埃 = 10^{-10} 米）,直径为 4～6 埃,液晶层厚度一般为 5～8 微米。玻璃板的内表面涂有透明电极,电极的表面预先作了定向处理（可用软绒布朝一个方向摩擦,这样,液晶分子在透明电极表面就会躺倒在摩擦所形成的微沟槽里;也可在电极表面涂取向剂）,使电极表面的液晶分子按一定方向排列,且上下电极上的定向方向相互垂直。上下电极之间的那些液晶分子因范德瓦尔斯力的作用,趋向于平行排列。然而由于上下电极上液晶的定向方向相互垂直,所以从俯视方向看,液晶分子的排列从上电极的沿 $-45°$ 方向排列逐步地、均匀地扭曲到下电极的沿 $+45°$ 方向排列,整个扭曲了 $90°$。如图7-1-2左图所示。

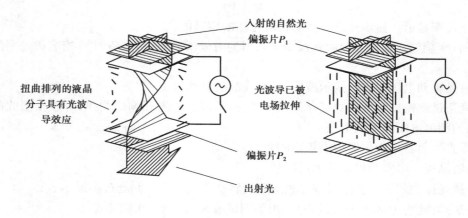

图 7-1-2

理论和实验都证明,上述均匀扭曲排列起来的结构具有光波导的性质,即偏振光从上电极表面透过扭曲排列起来的液晶传播到下电极表面时,偏振方向会旋转 $90°$。

取两张偏振片贴在玻璃的两面,P_1 的透光轴与上电极的定向方向相同,P_2 的透光轴与下电极的定向方向相同,于是 P_1 和 P_2 的透光轴相互正交。

在未加驱动电压的情况下,来自光源的自然光经过偏振片 P_1 后只剩下平行于透光轴的线偏振光,该线偏振光到达输出面时,其偏振面旋转了 $90°$。这时光的偏振面与 P_2 的透光轴平行,因而有光通过。

在施加足够电压情况下(一般为 1~2 V),在静电场的吸引下,除了基片附近的液晶分子被基片"锚定"以外,其他液晶分子趋于平行于电场方向排列。于是原来的扭曲结构被破坏,成了均匀结构,如图 7-1-2 右图所示。从 P_1 透射出来的偏振光的偏振方向在液晶中传播时不再旋转,保持原来的偏振方向到达下电极。这时光的偏振方向与 P_2 正交,因而光被关断。

由于上述光开关在没有电场的情况下让光透过,加上电场的时候光被关断,因此叫作常通型光开关,又叫作常白模式。若 P_1 和 P_2 的透光轴相互平行,则构成常黑模式。

2) 液晶光开关的电光特性

液晶可分为热致液晶与溶致液晶。热致液晶在一定的温度范围内呈现液晶的光学各向异性,溶致液晶是溶质溶于溶剂中形成的液晶。目前用于显示器件的都是热致液晶,它的电光特性随温度的改变而有一定变化。

图 7-1-3 为光线垂直入射时本实验所用液晶相对透射率(以不加电场时的透射率为 100%)与外加电压的关系。

由图 7-1-3 可见,对于常白模式的液晶,其透射率随外加电压的升高而逐渐降低,在一定电压下达到最低点,此后略有变化。可以根据此电光特性曲线图得出液晶的阈值电压和关断电压。

阈值电压:透过率为 90% 时的供电电压;

关断电压:透过率为 10% 时的供电电压。

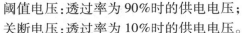

图 7-1-3

另外,在给液晶板加上一个周期性的作用电压(如图 7-1-4 上图),液晶的透过率也就会随电压的改变而变化,就可以得到液晶的相应时间上升时间和下降时间。如图 7-2-4 下图所示。

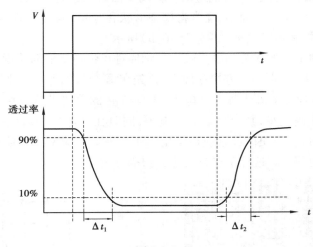

图 7-1-4

上升时间:透过率由 10% 升到 90% 所需时间;

下降时间:透过率由 90% 降到 10% 所需时间。

3) 液晶光开关的视角特性

液晶光开关的视角特性表示对比度与视角的关系。对比度定义为光开关打开和关断时透射光强度之比,对比度大于 5 时,可以获得满意的图像,对比度小于 2,图像就模糊不清了。

图 7-1-5 表示了某种液晶视角特性的理论计算结果。图中,用与原点的距离表示垂直视角(入射光线方向与液晶屏法线方向的夹角)的大小。

图中 3 个同心圆分别表示垂直视角为 30,60 和 90°。90°同心圆外面标注的数字表示水平视角(入射光线在液晶屏上的投影与 0°方向之间的夹角)的大小。图中的闭合曲线为不同对比度时的等对比度曲线。

由图 7-1-5 可以看出,对比度与垂直、水平视角都有关。而且,视角特性具有非对称性。

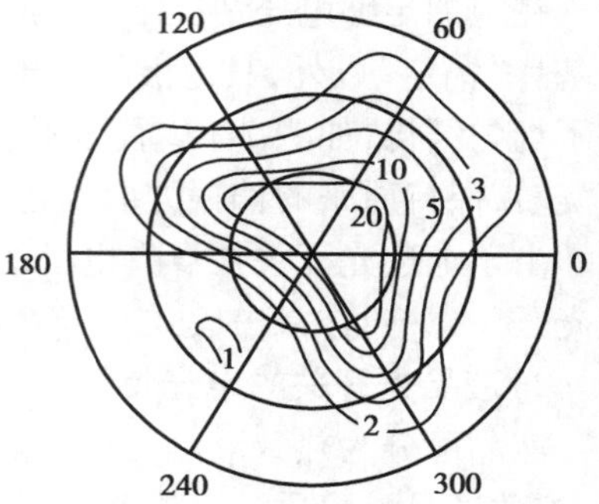

图 7-1-5

4)液晶光开关构成图像显示矩阵的方法

除了液晶显示器以外,其他显示器靠自身发光来实现信息显示功能。这些显示器主要有以下一些:阴极射线管显示(CRT),等离子体显示(PDP),电致发光显示(ELD),发光二极管(LED)显示,有机发光二极管(OLED)显示,真空荧光管显示(VFD),场发射显示(FED)。这些显示器因为要发光,所以要消耗大量的能量。

液晶显示器通过对外界光线的开关控制来完成信息显示任务,为非主动发光型显示,其最大的优点在于能耗极低。正因为如此,液晶显示器在便携式装置的显示方面,例如电子表、万用表、手机等具有不可代替地位。

下面我们来看看如何利用液晶光开关来实现图形和图像显示任务。

矩阵显示方式,是把图 7-1-6(a)所示的横条形状的透明电极做在一块玻璃片上,叫作行驱动电极,简称行电极(常用 X_i 表示),而把竖条形状的电极制在另一块玻璃片上,叫作列驱动电极,简称列电极(常用 Y_i 表示)。把这两块玻璃片面对面组合起来,把液晶灌注在这两片玻璃之间构成液晶盒。为了画面简洁,通常将横条形状和竖条形状的 ITO 电极抽象为横线和竖线,分别代表扫描电极和信号电极,如图 7-1-6(b)所示。

矩阵型显示器的工作方式为扫描方式。显示原理可依以下的简化说明作一介绍。

欲显示图 7-1-6(b)的那些有方块的像素,首先在第 A 行加上高电平,其余行加上低电平,同时在列电极的对应电极 c、d 上加上低电平,于是 A 行的那些带有方块的像素就被显示出来了。然后第 B 行加上高电平,其余行加上低电平,同时在列电极的对应电极 b、e 上加上低电平,因而 B 行的那些带有方块的像素被显示出来了。然后是第 C 行、第 D 行……,以此类推,最后显示出一整场的图像。这种工作方式称为扫描方式。

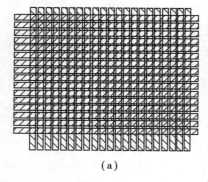

(a)   (b)

图 7-1-6

这种分时间扫描每一行的方式是平板显示器的共同的寻址方式,依这种方式,可以让每一个液晶光开关按照其上的电压的幅值让外界光关断或通过,从而显示出任意文字、图形和图像。

7.1.4　实验内容与步骤

其安装和操作步骤为:将 TN 型 16×16 点阵液晶屏金手指 1(如图 7-1-7)插入转盘上的插槽。插上电源,打开电源总开关和激光器电源开关,使激光器预热 10~20 分钟。模式转换开关置于静态全屏模式。将液晶屏旋转台置于零刻度位置固定住,并以此为基准调节左边的激光发射器,使得准直激光垂直入射到液晶屏上,而且激光光斑要尽可能的照在液晶屏上的其中某个象素单元上,然后调节激光接收的位置,使得激光通过液晶后再经过入射孔垂直照射到接收装置上,(可以在供电电压为 0 V 时,看透过率达到最大时表示接收装置接收效果为最好)。

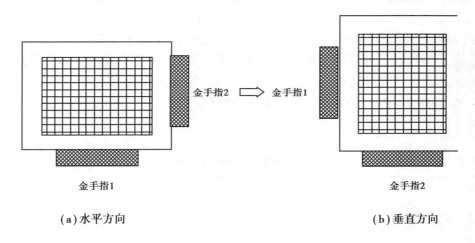

（a）水平方向　　　　　　　　　　　　　　　　（b）垂直方向

图 7-1-7

当对调节好激光发射和接收装置后,再校准透过率。方法为:将供电电压置于 0 V,此时光开关处于开通状态,遮住激光接收端的激光入光口,调节 0% 旋钮,使得透过率显示为 0。再调节 100% 旋钮使得透过率显示为 100。然后用同样的方法再次调 0 和调 100,如此重复几次,直到两个旋钮之间匹配合适为止。当初始的透过率校准后,就可以开始做实验了。

1）液晶光开关电光特性测量

（1）阈值电压和关断电压的测量:将模式转换开关置于静态模式,将透过率显示校准为100%。按表 7-1-1 的数据改变电压,使得电压值从 0 V 到 6 V 变化,记录相应电压下的透射率数值。重复 3 次并计算相应电压下透过率的平均值,依据实验数据绘制电光特性曲线,可以得出阈值电压和关断电压。

（2）时间响应的测量:用数字存储示波器在液晶静态闪烁状态下观察此光开关时间响应特性曲线,可以根据此曲线得到液晶的上升时间 Δt_2 和下降时间 Δt_1。

2）液晶光开关视角特性的测量

（1）水平方向视角特性的测量

首先将透过率显示调 100%,然后再进行实验。确定当前液晶板为金手指 1 插入的插槽。

在供电电压为 0 V 时,按照表 7-1-2 所列的角度调节液晶屏与入射激光的角度,在每一角度下测量光强透过率最大值 T_{max}。然后将供电电压置于 2 V,再次调节液晶屏角度,测量光强透过率最小值 T_{min},并计算其对比度。以角度为横坐标,对比度为纵坐标,绘制水平方向对比度随入射光入射角而变化的曲线。

（2）垂直方向视角特性的测量

关断总电源后,取下液晶显示屏,将液晶显示屏旋转 90°,用金手指 2 插入,如图 7-1-7 所示。重新打开总电源,按照与测量水平方向视角特性相同的方法和步骤测量垂直方向的视角特性。并记录入表 7-1-2 中。

（3）液晶显示器显示原理

将模式转换开关置于图像显示模式。

此时矩阵开关板上的每个按键位置对应一个液晶光开关像素。初始时各相素都处于开通状态,按 1 次矩阵开光板上的某一按键,可改变相应液晶相素的通断状态,所以可以利用点阵输入关断（或点亮）对应的像素,使暗相素（或点亮像素）组合成一个字符或文字。以此让学生体会液晶显示器件组成图像和文字的工作原理。矩阵开关板右上角的按键为清屏键,用以清除已输入在显示屏上的图形。

实验完成后,关闭电源开关,取下液晶板妥善保存。

7.1.5　实验数据及处理

表 7-1-1　液晶光开关电光特性测量

电压（伏）		0	0.5	0.8	1.0	1.2	1.3	1.4	1.5	1.6	1.7	2.0	3.0	4.0	5.0	6.0
透射率 /%	1															
	2															
	3															
	平均															

表 7-1-2　液晶光开关视角特性测量

角度（度）		−85	−80	⋯	−10	−5	0	5	10	⋯	80	85
水平方向视角特性	$T_{max}/\%$											
	$T_{min}(\%)$											
	T_{max}/T_{min}											
垂直方向视角特性	$T_{max}(\%)$											
	$T_{min}(\%)$											
	T_{max}/T_{min}											

7.1.6　注意事项

1.拆装时只压液晶盒边缘,切忌挤压液晶盒中部;保持液晶盒表面清洁,不能有划痕;应防止液晶盒受潮,防止受阳光直射。

2.切勿直视激光器。

【思考题】

1.分析本实验中可能产生的误差,如何操作可以尽量减小实验误差?

2.施加电压的过程中,液晶样品上有时会出现片状斑点,出现这种现象的原因是什么?

实验 2　全 息 照 相

全息照相,就是利用干涉方法将自物体发出光的振幅和位相信息同时完全地记录在感光材料上,所得的光干涉图样在经光化学处理后就成为全息图,当按照所需要的光照明此全息图,发展起来的一种新的照相技术,是激光的一种重要的应用。全息照相是英国科学家伽博(D.Gabor)于 1948 年研究成功的(他由此获得 1971 年诺贝尔物理学奖),由于当时还没有相干性好的光源,所以全息照相在那以后的十年间没有什么大发展。到了六十年代初,由于激光的发明,在大量新型相干性极好的激光光源的帮助和一些技术进展的扩充下,全息照相不久便成为一门得到广泛研究并有远大前景的课题,这次复兴发源于美国密执安大学的雷达实验室,是以利思(E.N.Leith)和乌帕特尼克斯(J.Upatnieks)的工作为标志,他们于 1962 年发表了划时代的全息术研究成果,他们成功地得到了物体的立体重现像。全息图最吸引人的地方就在于它产生极为逼真的三维幻觉,这种完全逼真的性质无疑大大地推动了全息术的发展。

7.2.1　实验目的

1.理解全息照相的记录原理、再现原理以及全息照相的特点。

2.掌握离轴菲涅耳全息照相的拍摄方法与再现方法。

7.2.2　实验仪器

防震全息台及附件(光学平台),He-Ne 激光器,分束镜,反射镜 3 片,扩束镜 2 片,调节支架若干,米尺,曝光定时器及快门,全息干板,定时钟,照相冲洗设备等。

7.2.3　实验原理

在普通照相中,从物体发出或反射出的光经透镜成像,用感光底片记录下的是实像的光强分布,处理后成为负片。光强正比于光波振幅的平方,光波的位相信息则全部丢失,翻印后的正片只能给出平面图像。而在拍摄全息照相时,要另外引入参考光与来自物体的光波相干,用高分辨感光底片记录下干涉条纹,条纹的对比度反映了物光波振幅大小,而干涉条纹的疏密与形状则取决于光波位相差的分布,并在大多情况中不需用透镜成像后再记录。

为简明起见,我们考察最简单的情形:物光是由点物于 O 处发出的球面波简称 O 光,参考光于 R 处发出为正入射到底片 H 上的平面波简称 R 光,见图 7-2-1。

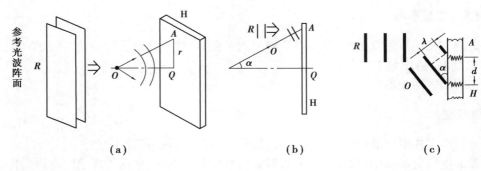

(a)   **(b)**   **(c)**

图 7-2-1

不难看出，H 平面上的干涉条纹是许多同心圆，离 O 点的投影点 Q 较近处，O 光与 R 光几乎同方向，条纹较疏，此处的全息图可称为同轴全息图。在离 Q 较远的 A 处，O 光与 R 光有一定夹角，此处的全息图称为离轴全息图。A 处附近小范围内的条纹可近似地看成取向垂直于 QA 的平行条纹，平均间距为

$$d = \frac{\lambda}{\sin\alpha}$$

$$\tan\alpha = \frac{r_A}{OQ} \tag{7-2-1}$$

条纹可见度 V 定义为 $\frac{I_M - I_m}{I_M + I_m}$，$I$ 为干涉后光强，可以证明

$$V = \frac{2\beta}{1 + \beta^2} \tag{7-2-2}$$

β 为参考光振幅 A_R 与物光振幅 A_O 之比。β 接近于 1 时，V 接近于 1；为了保证再现像能反映原物的亮暗程度，$\beta = \frac{|A_R|}{|A_O|}$ 取大于 1 的值。例如 β 为 2 时，光强比为 4。

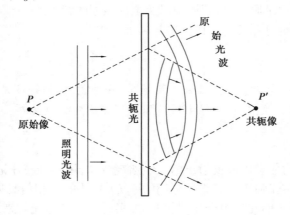

图 7-2-2

在适当曝光后经过显影、定影，所记录的干涉条纹就是全息图，在本例中这些亮暗相间的同心圆也可能为全息波带片。当用平行光照在全息波带片上时，这些条纹起到光栅的作用，用

同一种激光在全息波带片上各处不同方向、不同间距的光栅上发生衍射,在光栅后有透射光、正一级和负一级衍射光。所有零级光的集合就是总的透射光。各处衍射角 θ 遵循光栅方程

$$d\sin\theta = \lambda$$

不难证明,离 Q 点 r 处光栅后衍射角 θ 就等于记录全息图时该处物光与参考光夹角 α,正一级衍射光恰似从全息片后一点 P 发出,称原始像,正一级衍射光束的总体即为原始像发出的光波;而所有负一级光束会聚到 P' 点,这是共轭像,负一级光束的总体是共轭光波。如不用平行光,而是发散光束光照射,仍有原始像与共轭像,但距离有所改变;用会聚光束去照射,也有相应的变化,如图 7-2-3。换句话说,照明光波前曲率半径的改变可以改变再现像的距离(如果不是物点,那么像的大小也随之改变),另一方面,参考用别的颜色激光作照射,即照明 λ 不等于记录 λ,则像的距离、大小以及颜色就变了,如几种 λ 同时照射,那么看到的是色模糊的像,甚至无法辨认。如图 7-2-1 与图 7-2-2 中还可看出,在 Q 位置记录的全息图,在再现时透射光、原始光与共轭光在同一方向(原始像与共轭像也在这个方向),观察时它们混在一起,因而称同轴全息图,这就是丹尼斯·盖伯(Dennis Gabor)最初的全息图。而在 A 处记录的全息图,在再现时透射光与原始光、共轭光的方向各异,在适当的角度观察就可避免互相干扰,困而称为离轴全息图。另外,全息照相是靠衍射起成像作用的,如把全息波带片翻拍一次成为正片,其各处光栅取向间距仍是同样的,起的衍射作用也不变,因而全息照相无所谓正负片。记录时条纹对比度高的地方再现时给出的光也较亮,因此再现的光有强弱,有方向,也就是说重建了波前。

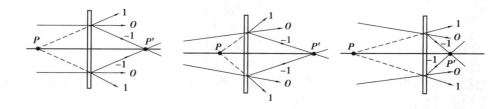

图 7-2-3

任意物体是由许多独立发光点组成,从物体上出来的光波,用复函数表达比较方便,为简单起见,设记录时到达全息片的物光与参考光的光振动分别为

$$O(x,y,t) = O(x,y)\,\mathrm{e}^{i\omega t}$$
$$R(x,y,t) = R(x,y)\,\mathrm{e}^{i\omega t}$$

(7-2-3)

式中 $O(x,y) = O_0(x,y)\,\mathrm{e}^{i\varphi_O(x,y)}$,$R(x,y) = R_0(x,y)\,\mathrm{e}^{i\varphi_R(x,y)}$ 即为复振幅,到达底片的光强为

$$I(x,y) = |O + R|^2 = OO^* + RR^* + OR^* + RO^*$$
$$= O_0^2 + R_0^2 + O_0 R_0\mathrm{e}^{i(\varphi_O - \varphi_R)} + O_0 R_0\mathrm{e}^{i(\varphi_R - \varphi_O)}$$

(7-2-4)

(为简明起见括号内 x,y 均省略了),经过显影、定影后,底片上各点振幅透射率关系为 $t(x,y) = t_0 + \beta|O + R|^2$,$t_0$ 为未曝光部分的透射率,β 为比例系数。

当用照明光 C 照在全息片上,其后光场的复振幅分布为

$$A = Ct = Ct_0 + C\beta|O + R|^2$$
$$= Ct_0 + C\beta(|O|^2 + |R|^2) + \beta COR^* + \beta CO^* R$$

(7-2-5)

式中第一、第二项为透射光,方向与 C 相同,强度减弱。第三项为原始光波,第四项为共轭光

波,如照明光即为拍摄时的参考光,第三项、第四项分别为

$$A_3 = \beta O |R^2|, \quad A_4 = \beta RRO^* \tag{7-2-6}$$

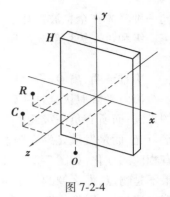

图 7-2-4

A_3 为原始光波,它肯定给出原始像;A_4 为共轭光波,但共轭像的存在情况比较复杂;如用与原参考光共轭的照明光去照射,则原始光波比较复杂,而共轭像就产生在物体的位置上。为了具体考察点物再现像的特性,应建立坐标系,设物点、参考点源、照明点源坐标分别为(x_O, y_O, z_O)、(x_R, y_R, z_R) 及 (x_C, y_C, z_C)(图7-2-4),可以证明,再现像点坐标为

$$\left. \begin{aligned}
x_i &= \left(\pm \frac{x_O}{z_O} \mp \frac{x_R}{z_R} + \frac{x_C}{z_C} \right) z_i \\
y_i &= \left(\pm \frac{y_O}{z_O} \mp \frac{y_R}{z_R} + \frac{y_C}{z_C} \right) z_i \\
z_i &= \left(\frac{1}{z_O} \mp \frac{1}{z_R} \pm \frac{1}{z_C} \right)^{-1}
\end{aligned} \right\} \tag{7-2-7}$$

有±号处,上面一组适用于原始像,下面一组适用于共轭像,$z_i > 0$ 为虚像,$z_i < 0$ 为实像,如照明点源的 z 坐标不同于参考点源,则再现像的横向放大率 M_x、M_y 与纵向放大率 M_z 分别为

$$\left. \begin{aligned}
M_x &= \frac{\partial x_i}{\partial x_O} = \pm \frac{z_i}{z_O} \\
M_y &= \frac{\partial y_i}{\partial y_O} = M_x \\
M_z &= \frac{\partial z_i}{\partial z_O} = \pm M_x^2
\end{aligned} \right\} \tag{7-2-8}$$

因此在再现时,当全息片离开照明点光源远一些,像就会放大。另外,如再现时所用光波波长大于记录时波长也可使像大于原物。

菲涅耳全息照相与传统照相相比,具有下列显著特点:

(1)全息图具有光栅结构,照明后有透射光、有二束成像光,原始像与共轭像共存,不象几何光学中透镜成像那样只有唯一的像。

(2)全息图再现的是带有位相、振幅的光波,因此给出三维的立体图像,有视觉、纵深效应,而普通照相只给出二维的平面图像,其他以普通照相为基础的立体照相(体视镜等)也无法有这样的立体效果。

(3)拍摄全息照相时,物体每点发出的光波都遍及全息片各处;因此再现时,可以从局部全息片上再现物体的全貌(但视场有所缩小,分辨率有所下降)。

(4)用激光拍摄,用激光再现,无所谓正负片。

这些特点的根本原因在于全息片记录的是物光波,再现的也是物光波。而传统照相记录的是光强分布,再现的也是光强分布——只反映了振幅,位相丢失了。上述全息图是在菲涅耳衍射区内记录的,因而称为菲涅耳全息图。全息图还有别的类型,其特点有所不同,但记录波前、再现波前的根本特点是一致的。图 7-2-5(a)为记录透明物的夫琅和费衍射,再现时经过透镜变换获得透明物的内容,此种全息图本身较小,不再现立体像,称为夫琅和费全息图或傅里叶变换全息图,可存贮。图 7-2-5(b)在记录时用透镜成像,但透镜前有一个狭缝,这种全息图

可用白光再现,但照明角度不同时,图像上呈现不同颜色,因而称为彩虹全息图。图 7-2-5(c)中物在全息片之后,入射的激光与物体上反射的光形成驻波型干涉,所记录的是千层饼型的结构,这种全息图可在白光下再现。(b)、(c)这两种全息图都不能从局部全息图再现全部像。

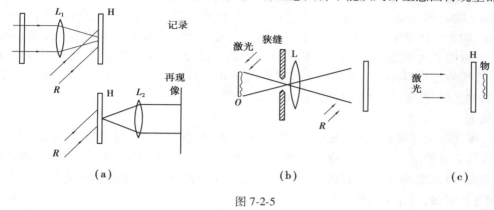

图 7-2-5

7.2.4　实验内容与步骤

1)检查全息台的稳定性

按图 7-2-6 所示光路在防震全息台上布置迈克耳逊型的干涉仪。如在远大于曝光所需的时间内(比如说,半分钟)屏上干涉条纹"涌出"或"陷入"少于四分之一环,说明该全息防震台性能可以满足需要。如吞吐的条纹多条时,说明在曝光期间,干板上记录不到清晰的干涉条纹,而是一片模糊。实验用全息台(光学平台)有隔震作用,各光学元件固定在支架上,而支架用磁钢座吸附在平台上。且曝光期间不能走动,更不能去碰平台。

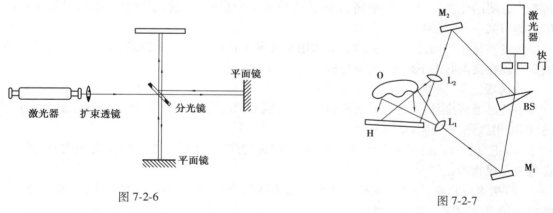

图 7-2-6　　　　　　　　　　　　　　　　　　　　图 7-2-7

2)布置与调整全息光路

图 7-2-7 中所示是拍摄离轴全息的一个例子,布置与调节光路时,应注意:

(1)先在干板架 H 处装上光屏(供观察光强时用),在平台上摆好分束镜 BS,平面镜 M_1、M_2 及物体 O,自 BS 起分别是参考光路 BS—M_2—H 及物光路 BS—M_1—O—H 各自的总光程,二者差别应小于 5 cm;如光程差较大,可移动 BS,或 M_1 或 M_2 的位置并再次测量光程差。另外,O 与 H 应比较接近,落在 H 上的物光与参考光夹角 θ 不宜太大,可在 30°~60°。从干板架方向朝物体看去,物体应正面对干板且处在前侧光照明之中。另外,应使各元件大致在同一高度,并在开始搭光路之前先熟悉各支架的调整方法。

（2）在物光光路中插入扩束透镜 L_1，使物体受到照明，既不让光斑过小只照到物体局部，又不使光斑过大，而对物体照明得不够亮，为此可在 O、M_1 线上移动 L_1。用黑纸挡住 L_1，把 L_2 插入参考光光路，并类似地调整 L_2，使全部光屏受到均匀的参考光。用黑纸轮流挡 L_1 与 L_2，比较光屏上物光与参考光的亮度。为了能获得全息照片较高的衍射效率，并能正确反映被摄物的明暗，物光应比参考光强大，但又不要远超参考光，一般取 1:2～1:10 为宜。在 BS 处分成两束光，让强的那束光照明物体，但在物体处要浪费一部分、吸收一部分，到达 H 上的物光就较弱了；改变物光与参考光比值的方法可以去改变 BS 的分束比，或改变 L_2、H 的距离。这里所谈及的物光强、参考光强都是指落到光屏上的光强。

3）曝光

估计曝光时间并调整好曝光定时器，关闭快门，卸下光屏，装全息干板在干板支架上，稍等一两分钟待系统稳定后再曝光。曝光时间与激光器功率、激光束的扩大程度、底片的感光灵敏度均有关系，最佳曝光时间可通过试拍确定，冲洗后全息照片的平均光学密度在 0.7～1 之间为佳，如打算漂白，则光学密度约在 1～2。

4）冲洗

显影用 D—19 显影液，时间 3 分钟，温度 20 ℃。定影用 F5 定影液，时间 5 分钟。显影后要在清水中漂洗几次，而定影后则在流水中冲洗 5 分钟以上。

5）漂白

为了得到较亮的再现像，把全息片放入漂白液中，刚变透明立即取出水洗、再次定影、再次冲洗，然后用冷风吹干。漂白用 R—10 漂白液（其配方为溶液 A：重铬酸钾20 g，浓硫酸 14 ml，加蒸馏水至 1 000 ml。溶液 B：氯化钠 45 g 加入 1 000 ml 蒸馏水。把一份 A 液与一份 B 液混合即可）。刚拍好全息图的振幅透射率有变化，称为振幅型全息图。在漂白时，全息图中银粒转变为透明的化合物，其折射率高，此时成为位相型全息图。位相型全息图的衍射效率较高，但也会带来一些"噪声"。

注意在化学处理过程及其前后，应该用手或夹子把持全息片的边缘，不要触摸药膜面，特别是药膜在浸湿状态下较软，要避免碰伤。

6）再现

手持已处理全息片，透过它观看白炽灯，若能看到彩色的衍射光，则说明该全息片是成功的，即可用激光进行再现。步骤如下：

（1）把全息片固定在原光路底片支架上，挡住物光束，用原参考光束作为照明光，再现的虚像就在原物所在位置。

（2）撤去原光路，用扩束镜把直接来自激光器的光束扩展、照在全息片上，注意全息片的方位与拍摄时相同。可作下列观察：

①改变观察点，即上下或左右移动眼睛，可看到视差，这就是三维像的立体特点。

②把全息片推进或远离扩束镜，可见到再现像变小或变大。

③用黑纸挡去一半照明光，此时看到的再现像就不完整了，但如左右移动眼睛，则似乎穿过关小的窗户，通过移动眼睛能看全外面的景色，这相当于从半张全息片上再现全部的像。

（3）用会聚光束（是发散的照明光束的共轭光）照明全息图的反面，可以用白屏或毛玻璃屏接收再现的实像，也可用肉眼直接观看，注意深度反演现象，即原来凸出的部分看起来是凹进去的。

（4）用未经扩束的激光直接照射全息片,适当转动全息片方位角,可看到模糊的像,而且改变照射点时,"像"上景像内容呈现出视差变化。这些现象与针孔成像有类似之处,因此,这种再现方法也称为全息针孔成像。如拍摄时物光与参考光夹角 θ 较小,则可再现出两"像",这两个"像"的内容对激光照射点呈中心对称状。如 θ 角较大,则只有一个"像"。如图 7-2-8。

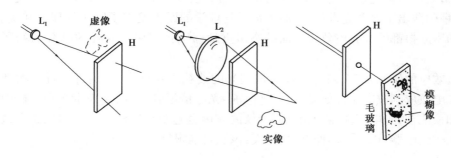

图 7-2-8

7.2.5　注意事项

1.不能用眼睛直接对着未经漫射的激光束的传播方向看,否则将灼伤眼睛,实验所用的激光束对皮肤及衣物等无伤害。

2.注意对于我们所使用的干板,只有暗绿色的灯光是安全的。因此在室内有光照时,严禁打开干板盒;在安装干板前,必须关闭光开关,使全息台上没有红色的激光束。

3.严禁用手或其他物体接触或擦拭任何光学元件的表面。

【思考题】

1.推导公式 $V=\dfrac{2\beta}{1+\beta^2}$,作图或说明 V 随 β 变化情况,并说明为何物光不应强于参考光。

2.在再现时,已看到改变参考光曲率,可看到全息像的放大或缩小。如改变参考光波波长,会怎么样? 当参考光是由多种波长组成的复色光时,会看到什么现象?〔注:这称为色模糊。全息片上记录的干涉条纹的平均空间频率即可由此估算,这种光栅结构用肉眼直接看不到,只能从它有衍射功能来判断其存在。全息片(未漂白前)上花纹是前面光学元件上灰尘、缺陷的菲涅耳衍射引起的。

实验 3　普朗克常数的测定

在文艺复兴和工业革命后,物理学得到了迅猛的发展,在实际应用中也发挥了巨大的作用,此刻人们感觉物理学的大厦已经建成,剩下只是一些补充。直到 19 世纪末,物理学领域出现了四大危机:光电效应、固体比热、黑体辐射、原子光谱,其实验现象用经典物理学的理论难以解释,尤其对光电效应现象的解释与理论大相径庭。

光电效应最初是赫兹在 1886 年 12 月进行电磁波实验研究中偶然发现的,虽然是偶然发现,但他立即意识到它的重要性,因此在以后的几个月中他暂时放下了手头的研究,对这一现象进行了专门的研究,虽然赫兹没能给出光电效应以合理的解释,但赫兹的论文发表后,光电效应成了 19 世纪末物理学中一个非常活跃的研究课题。

1905 年,爱因斯坦在普朗克能量子的启发下,提出了光量子的概念,并成功解释了光电效应。接着,密立根对光电效应进行了 10 年左右的研究,与 1916 年发表论文证实了爱因斯坦的正确性,并精确测出了普朗克常量,从而为量子物理学的诞生奠定了坚实的理论和实验基础,爱因斯坦和密立根都因为光电效应方面的杰出贡献,分别于 1921 年和 1923 年获得了诺贝尔物理学奖。

对光电效应的研究,使人们进一步认识到光的波粒二象性本质,促进了近代物理学的发展。利用光电效应制成电器件如光电管、光电池、光电倍增管等,已成为生产和科研中不可或缺的传感和换能器,光电探测器和光电测量仪的应用也越来越广泛,另外,利用光电效应还可以制一些光控继电器,用于自动控制、自动设计数、自动报警、自动跟踪等。

7.3.1 实验目的

1.通过实验深刻理解爱因斯坦的光电效应理论,了解光电效应的基本规律。
2.掌握用光电管进行光电效应研究的方法。
3.学习对光电管伏安特性曲线的处理方法,并用以测定普朗克常数。

7.3.2 实验仪器

光电效应实验仪 ZKY-GD-4 由光电检测装置和实验仪主机两部分组成。光电检测装置包括:光电管暗盒,高压汞灯灯箱,高压汞灯电源和实验基准平台。实验主机为 GD-4 型光电效应(普朗克常数)实验仪,该实验仪是由微电流放大器和扫描电压源发生器两部分组成的整体仪器。仪器结构如图 7-3-1 所示。

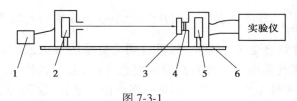

图 7-3-1

1—汞灯电源;2—汞灯;3—滤色片;4—光阑;5—光电管;6—基座

实验仪有手动和自动两种工作模式,具有数据自动采集,存储,实时显示采集数据,动态显示采集曲线(连接普通示波器,可同时显示 5 个存储区中存储的曲线),以及采集完成后查询数据的功能。

7.3.3 实验原理

光电实验原理如图 7-3-2 所示,根据爱因斯坦的光电效应方程:

$$E_k = hv - W_s \tag{7-3-1}$$

式中 E_k 是电子的动能,hv 是光子的能量,v 是光的频率,h 是普朗克常量,W_s 是溢出功,它决定于材料本身的属性。由式(7-3-1)可见,当光子的能量 $hv<W_s$ 时,不能产生光电子,即存在一个

产生光电效应的截止频率 v_0 ，其大小为 $v_0 = \dfrac{W_s}{h}$ 。

实验中：将 A 和 K 间加上反向电压 U_{KA}（ A 接负极），它对光电子运动起减速作用。随着反向电压 U_{KA} 的增加，到达阳极的光电子的数目相应减少，光电流减小。当 $U_{KA} = U_s$ 时，光电流降为零，此时光电子的初动能全部用于克服反向电场的作用。即

$$eU_s = E_k \tag{7-3-2}$$

这时的反向电压叫截止电压。入射光频率不同时，截止电压也不同。将（7-3-2）式代入（7-3-1）式，得

$$U_s = \frac{h}{e}(v - v_0) \tag{7-3-3}$$

式中 h 、 e （电子电量）都是常量，对同一光电管 v_0 也是常量，实验中通过测量不同频率下的 U_s ，可作出 U_s - v 曲线，在满足式（7-3-3）的条件下，是一条直线。由斜率 $k = \dfrac{h}{e}$ 可以求出普朗克常数 h 。由直线上的截距可以求出溢出功 W_s ，由直线在 v 轴上的截距可以求出截止频率 v_0 。如图 7-3-3 所示。

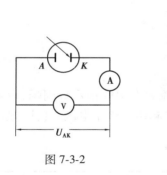

图 7-3-2

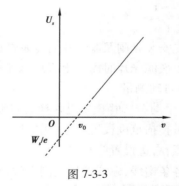

图 7-3-3

7.3.4　实验步骤与内容

1）调试仪器

测试前准备将实验仪及汞灯电源接通（汞灯及光电管暗盒遮光盖盖上），预热 20 min 。将汞灯暗盒光输出口对准光电管暗盒光输入口，调整光电管与汞灯距离为约 40 cm 并保持不变。用专用连接线将光电管暗箱电压输入端与实验仪电压输出端（后面板上）连接起来（红—红，蓝—蓝）。务必反复检查，切勿连错！

将"电流量程"选择开关置于所选挡位，进行测试前调零。调零时应将光电管暗盒电流输出端 K 与实验仪微电流输入端（后面板上）断开，且必须断开连线的实验仪一端。旋转"调零"旋钮使电流指示为 000.0 。调节好后，用高频匹配电缆将光电管暗盒电流输出端和实验仪的微电流输入端连接起来，按"调零确认/系统清零"键，系统进入测试状态。

若要动态显示采集曲线，需将实验仪的"信号输出"端口接至示波器的"Ｙ"输入端，"同步输出"端口接至示波器的"外触发"输入端。示波器"触发源"开关拨至"外"，"Ｙ 衰减"旋钮拨至约"1V/DIV"，"扫描时间"旋钮拨至约"20 μs/DIV"。此时示波器将用轮流扫描的方式显示 5 个存储区中存储的曲线，横轴代表电压 U_{AK} ，纵轴代表电流 I 。

注意:实验过程中,仪器暂不使用时,均须将汞灯和光电暗箱用遮光盖盖上,使光电暗箱处于完全闭光状态。切忌汞灯直接照射光电管。

2)测普朗克常数 h

测量截止电压时,"伏安特性测试/截止电压测试"状态键应为截止电压测试状态,"电流量程"开关应处于 $10^{-13}A$ 挡。

（1）手动测量

使"手动/自动"模式键处于手动模式。将直径 4 mm 的光阑及 365.0 nm 的滤色片装在光电管暗盒光输入口上,打开汞灯遮光盖。此时电压表显示 U_{AK} 的值,单位为伏;电流表显示与 U_{AK} 对应的电流值 I,单位为所选择的"电流量程"。用电压调节键→、←、↑、↓可调节 U_{AK} 的值,→、←键用于选择调节位,↑、↓键用于调节值的大小。

从低到高调节电压(绝对值减小),观察电流值的变化,寻找电流为零时对应的 U_{AK},以其绝对值作为该波长对应的 U_0 的值,并将数据记于表 7-3-1 中。为尽快找到 U_0 的值,调节时应从高位到低位,先确定高位的值,再顺次往低位调节。

依次换上 365.0 nm,435.8 nm,546.1 nm,404.7 nm 的滤色片,重复以上测量步骤。将数据填入表 7-3-1。

注意:

①先安装光阑及滤光片后打汞灯遮光盖;

②更换滤光片时需盖上汞灯遮光盖。

（2）自动测量

按"手动/自动"模式键切换到自动模式。此时电流表左边的指示灯闪烁,表示系统处于自动测量扫描范围设置状态,用电压调节键可设置扫描起始和终止电压。(注:显区左边设置起始电压,右边设置终止电压)

对各条谱线,建议扫描范围大致设置为:

波　长	365 nm	405 nm	436 nm	546 nm	577 nm
电压范围	−1.90~1.50 V	−1.60~1.20 V	−1.35~0.95 V	−0.80~0.40 V	−0.65~−0.25 V

实验仪设 5 个数据存储区,每个存储区可存储 500 组数据,由指示灯表示其状态。灯亮表示该存储区已存有数据,灯不亮为空存储区,灯闪烁表示系统预选的或正在存储数据的存储区。

设置好扫描起始和终止电压后,按动相应的存储区按键,仪器将先清除存储区原有数据,等待约 30 秒,然后按 4 mV 的步长自动扫描,并显示、存储相应的电压、电流值。扫描完成后,仪器自动进入数据查询状态,此时查询指示灯亮,显示区显示扫描起始电压和相应的电流值。用电压调节键改变电压值,就可查阅到在测试过程中,扫描电压为当前显示值时相应的电流值。读取电流为零时对应的 U_{AK},以其绝对值作为该波长对应的 U 的值,并将数据记于表 7-3-1 中。

按"查询"键,查询指示灯灭,系统回复到扫描范围设置状态,可进行下一次测量。将仪器与示波器连接,可观察到 U_{AK} 为负值时各谱线在选定的扫描范围内的伏安特性曲线。

注意:在自动测量过程中或测量完成后,按"手动/自动"键,系统回复到手动测量模式,模式转换前工作的存储区内的数据将被清除。

7.3.5　数据记录与处理

1) 数据记录

表 7-3-1　U_0-v 数据表　　　　　　　　光阑 $\varphi = $ _____ mm

波长 λ_i(nm)						
频率 v_i($\times 10^{14}$Hz)						
截止电压 U_{0i}(V)	手　动					
	自　动					

2) 作出 U_0-v 图像
3) 利用最小二乘法求出普朗克常数

$$h = e \cdot k = \underline{\hspace{4cm}} \qquad E = \frac{h - h_0}{h_0} \times 100\% = $$

($e = 1.602 \times 10^{-19}$C, $h_0 = 6.62 \times 10^{-34}$J·S)

7.3.6　注意事项

1. 在仪器的使用过程中，汞灯不宜直接照射光电管，也不宜长时间连续照射加有光阑和滤光片的光电管，如此将减少光电管的使用寿命。

2. 实验完成后，请将光电管用光电管暗盒盖将遮住光电管暗盒入射光口存放。

【思考题】

1. 什么是内光电效应和外光电效应？
2. 如何由光电效应测出普朗克常量 h？

实验 4　密立根油滴实验

7.4.1　实验目的

1. 学习用油滴实验测量电子电荷的原理和方法。
2. 验证电荷的不连续性。
3. 测量电子的电荷量。

7.4.2　实验仪器

CCD 密立根油滴实验仪、监视器和喷雾器等。

7.4.3　实验原理

密立根油滴实验测量基本电荷的基本设计思想是使带电油滴在两金属极板之间处于受力

平衡状态。按运动方式分类，可分为平衡法和动态法。

1）动态法

首先分析重力场中一个足够小的油滴的运动，设此油滴半径为 r（亚微米量级），质量为 m_1，空气是粘滞流体，故此运动油滴除重力和浮力外还受粘滞阻力的作用。由斯托克斯定律，粘滞阻力与物体运动速度成正比。设油滴以速度 v_f 匀速下落，则有

$$m_1 g - m_2 g = K v_f \tag{7-4-1}$$

此处 m_2 为与油滴同体积的空气质量，K 为比例系数，g 为重力加速度。油滴在空气及重力场中的受力情况如图 7-4-1（a）所示。

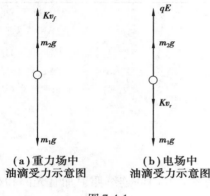

（a）重力场中   （b）电场中
油滴受力示意图   油滴受力示意图

图 7-4-1

若此油滴带电荷为 q，并处在场强为 E 的均匀电场中，设电场力 qE 方向与重力方向相反，如图 7-4-1（b）所示，如果油滴以速度 v_r 匀速上升，则有

$$qE = (m_1 - m_2)g + K v_r \tag{7-4-2}$$

由式（7-4-1）和（7-4-2）消去比例系数 K，可解出 q 为

$$q = \frac{(m_1 - m_2)g}{E v_f}(v_f + v_r) \tag{7-4-3}$$

由式（7-4-3）可以看出，要测量油滴上电荷量 q，需要分别测出 m_1、m_2、E、v_f、v_r 等物理量。

由喷雾器喷出的油滴的半径 r 是亚微米数量级，直接测量其质量 m_1 是困难的，为此希望消去 m_1，而代之以容易测量的量。设钟表油与空气的密度分别为 ρ_1、ρ_2，于是半径为 r 的油滴的视重为

$$m_1 g - m_2 g = \frac{4}{3}\pi r^3(\rho_1 - \rho_2)g \tag{7-4-4}$$

由斯托克斯定律，粘滞流体（此处为空气）对球形运动物体的阻力与物体速度成正比，其比例系数 K 为 $6\pi\eta r$，此处的 η 为空气粘度，r 为物体半径。于是可将式（7-4-4）代入式（7-4-1），有

$$v_f = \frac{2g r^2}{9\eta}(\rho_1 - \rho_2) \tag{7-4-5}$$

因此

$$r = \left[\frac{9\eta v_f}{2g(\rho_1 - \rho_2)}\right]^{\frac{1}{2}} \tag{7-4-6}$$

以此代入式（7-4-3）并整理得到

$$q = 9\sqrt{2}\pi\left[\frac{\eta^3}{(\rho_1 - \rho_2)g}\right]^{\frac{1}{2}}\frac{1}{E}\left(1 + \frac{v_r}{v_f}\right)v_f^{\frac{3}{2}} \tag{7-4-7}$$

因此，如果测出 v_r、v_f 和 η、ρ_1、ρ_2、、E 等宏观量即可得到 q 值。

考虑到油滴的直径与空气分子的间隙相当，空气已不能看成是连续介质，其空气粘度 η 需修正为 η'

$$\eta' = \frac{\eta}{1 + \frac{b}{pr}} \tag{7-4-8}$$

此处 p 为空气压强,b 为修正常数,$b = 0.008\ 23$ N/m,因此式(7-4-5)可修正为

$$v_f = \frac{2gr^2}{9\eta}(\rho_1 - \rho_2)\left(1 + \frac{b}{pr}\right) \tag{7-4-9}$$

由于半径 r 在修正项中,当精度要求不是太高时,油滴半径由式(7-4-6)计算即可。

将(7-4-6)代入(7-4-8)中,并以(7-4-8)代入式(7-4-7),得

$$q = 9\sqrt{2}\,\pi\left[\frac{\eta^3}{(\rho_1 - \rho_2)g}\right]^{\frac{1}{2}}\frac{1}{E}\left(1 + \frac{v_r}{v_f}\right)v_f^{\frac{3}{2}}\left[\frac{1}{1 + \dfrac{b}{pr}}\right]^{\frac{3}{2}} \tag{7-4-10}$$

实验中常常固定油滴运动的距离 s,通过测量油滴在距离 s 内所需要的运动时间 t 来求得其运动速度 v,且电场强度

$$E = \frac{U}{d}$$

d 为平行平板间的距离,U 为所加的电压,因此,式(7-4-10)可写成

$$q = 9\sqrt{2}\,\pi d\left[\frac{(\eta s)^3}{(\rho_1 - \rho_2)g}\right]^{\frac{1}{2}}\frac{1}{U}\left(\frac{1}{t_f} + \frac{1}{t_r}\right)\left(\frac{1}{t_f}\right)^{\frac{1}{2}}\left[\frac{1}{1 + \dfrac{b}{pr}}\right]^{\frac{3}{2}} \tag{7-4-11}$$

式中,有些量和实验仪器以及条件有关,选定之后在实验过程中不变,如 d、s、$(\rho_1 - \rho_2)$ 及 η 等,将这些量与常数一起用 C 代表,可称为仪器常数,于是式(7-4-11)简化成

$$q = C\frac{1}{U}\left(\frac{1}{t_f} + \frac{1}{t_r}\right)\left(\frac{1}{t_f}\right)^{\frac{1}{2}}\left[\frac{1}{1 + \dfrac{b}{pr}}\right]^{\frac{3}{2}} \tag{7-4-12}$$

由此可知,测量油滴上的电荷,只体现在 U、t_f、t_r 的不同。对同一油滴,t_f 相同,U 与 t_r 的不同,标志着电荷的不同。

2) 平衡法

平衡测量法的出发点是使油滴在均匀电场中静止在某一位置,或在重力场中作匀速运动。

当油滴在电场中平衡时,油滴在两极板间受到的电场力 qE、重力 m_1g 和浮力 m_2g 达到平衡,从而静止在某一位置,即

$$qE = (m_1 - m_2)g$$

油滴在重力场中作匀速运动时,情形同动态测量法,将式(7-4-4)、(7-4-8)和(7-4-9)代入式(7-4-12)并注意到 $1/t_r = 0$,则有

$$q = 9\sqrt{2}\,\pi d\left[\frac{(\eta s)^3}{(\rho_1 - \rho_2)g}\right]^{\frac{1}{2}}\frac{1}{U}\left(\frac{1}{t_f}\right)^{\frac{3}{2}}\left[\frac{1}{1 + \dfrac{b}{pr}}\right]^{\frac{3}{2}} \tag{7-4-13}$$

3) 元电荷的测量方法

测量油滴上所带电荷量 q 的目的是找出电荷的最小单位 e。为此可以对不同的油滴,分别测出其所带的电荷值 q_i,它们应近似为元电荷的整数倍。油滴电荷量的最大公约数,或油滴带

电量之差的最大公约数,即为元电荷 e。

$$q_i = n_i e (n_i \text{ 为整数})\tag{7-4-14}$$

也可用作图法求 e 值,根据式(7-4-14),e 为直线方程的斜率,通过拟合直线即可求的 e 值。

建议实验中选择带 1~5 个电子的油滴(具体的选择方法会在后面提到),若油滴所带的电子过多,则不好确定该油滴所带的电子个数。

7.4.4 实验内容与步骤

学习控制油滴在视场中的运动,并选择合适的油滴测量元电荷。要求至少测量 5 个不同的油滴,每个油滴的测量次数应在 5 次。

1)调整仪器

(1)水平调整

调整实验仪主机的调平螺钉旋钮(俯视时,顺时针平台降低,逆时针平台升高),直到水准泡正好处于中心(注:严禁旋动水准泡上的旋钮)。将实验平台调平,使平衡电场方向与重力方向平行以免引起实验误差。极板平面是否水平决定了油滴在下落或提升过程中是否发生左右的漂移。

(2)喷雾器调整

将少量钟表油缓慢地倒入喷雾器的储油腔内,使钟表油湮没提油管下方,油不要太多,以免实验过程中不慎将油倾倒至油滴盒内堵塞落油孔。将喷雾器竖起,用手挤压气囊,使得提油管内充满钟表油。

(3)仪器硬件接口连接

主机接线:电源线接交流 220 V/50 Hz。

监视器:视频线缆输入端接"VIDEO",另一 Q9 端接主机"视屏输出"。DC12 V 适配器电源线接 220 V/50 Hz 交流电压。前面板调整旋钮自左至右依次为显示开关、返回键、方向键、菜单键(建议亮度调整为 20、对比度调整为 100)。

(4)实验仪联机使用

①打开实验仪电源及监视器电源,监视器出现仪器名称及研制公司界面。

②按主机上任意键:监视器出现参数设置界面,首先,设置实验方法,然后根据该地的环境适当设置重力加速度、油密度、大气压强、油滴下落距离。"←"表示左移键、"→"表示为右移键、"+"表示数据设置键。

③按确认键后出现实验界面:计时"开始/结束"键为结束、"0 V/工作"键为 0 V、"平衡/提升"键为"平衡"。

(5)CCD 成像系统调整

打开进油量开关,从喷雾口喷入油雾,此时监视器上应该出现大量运动油滴的像。若没有看到油滴的像,则需调整调焦旋钮或检查喷雾器是否有油雾喷出。

2)熟悉实验界面

在完成参数设置后,按确认键,监视器显示实验界面,如图 7-4-2 所示。不同的实验方法的实验界面有一定差异。

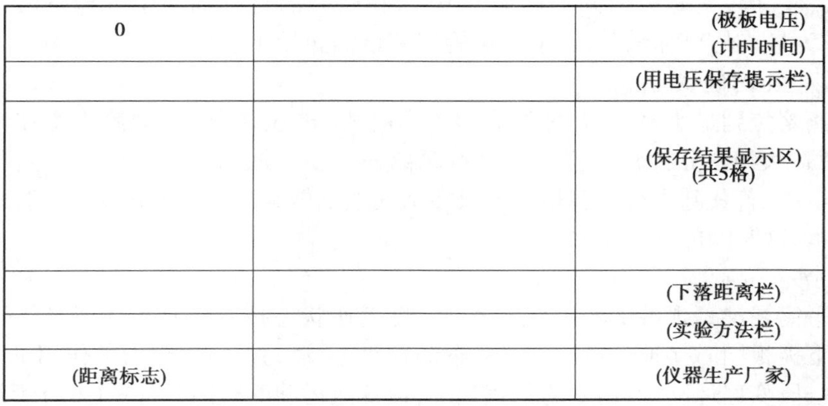

0		(极板电压) (计时时间)
		(用电压保存提示栏)
		(保存结果显示区) (共5格)
		(下落距离栏)
		(实验方法栏)
(距离标志)		(仪器生产厂家)

图 7-4-2　实验界面示意图

极板电压:实际加到极板的电压,显示范围:0~1 999 V。

计时时间:计时开始到结束所经历的时间,显示范围:0~99.99 s。

电压保存提示:将要作为结果保存的电压,每次完整的实验后显示。当保存实验结果后(即按下确认键)自动清零。显示范围同极板电压。

保存结果显示:显示每次保存的实验结果,共 5 次,显示格式与实验方法有关。

平衡法:

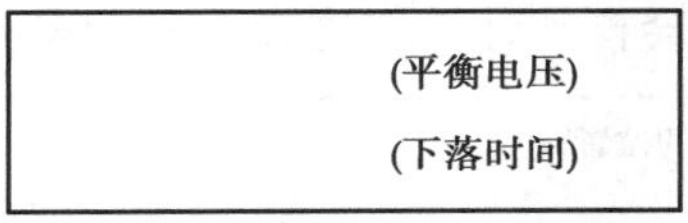

(平衡电压)
(下落时间)

动态法:

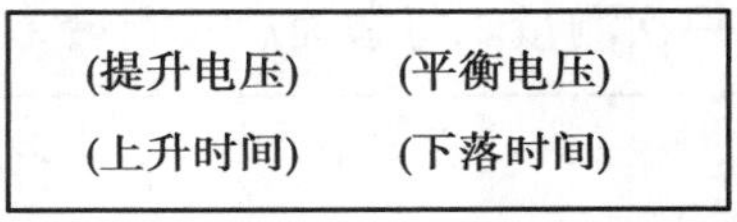

(提升电压)	(平衡电压)
(上升时间)	(下落时间)

当需要删除当前保存的实验结果时,按下确认键 2 秒以上,当前结果被清除(不能连续删)。

下落距离:显示设置的油滴下落距离。当需要更改下落距离的时候,按住平衡、提升键 2 秒以上,此时距离设置栏被激活(动态法 1 步骤和 2 步骤之间不能更改),通过+键(即平衡、提升键)修改油滴下落距离,然后按确认键确认修改。距离标志相应变化。

距离标志:显示当前设置的油滴下落距离,在相应的格线上做数字标记,显示范围:0.2 mm~1.8 mm。垂直方向视场范围为 2 mm,分为 10 格,每格 0.2 mm。

实验方法:显示当前的实验方法(平衡法或动态法),在参数设置界面设定。欲改变实验方法,只有重新启动仪器(关、开仪器电源)。对于平衡法,实验方法栏仅显示"平衡法"字样;对于动态法,实验方法栏除了显示"动态法"以外,还显示即将开始的动态法步骤。如将要开始动态法第一步(油滴下落),实验方法栏显示"1 动态法"。同样,做完动态法第一步骤,即将开始第二步骤时,实验方法栏显示"2 动态法"。

3)选择适当的油滴并练习控制油滴(以平衡法为例)

(1)选择合适的油滴

根据油滴在电场中受力平衡公式 $qv/d=4\pi r^3\rho g/3$ 以及多次实验的经验,当油滴的实际半径在 0.5~1 μm 时最为适宜。若油滴过小,布朗运动影响明显,平衡电压不易调整,时间误差也会增加;若油滴过大,下落太快,时间相对误差增大,且油滴带多个电子的几率增加,前面说到,我们希望合适的油滴最好带 1~5 个电子。

操作方法:3 个参数设置按键分别为:"结束""工作""平衡"状态,平衡电压调为约 400 V。喷入油滴,调节调焦旋钮,使屏幕上显示大部分油滴,可见带电多的油滴迅速上升出视场,不带电的油滴下落出视场,约 10 s 后油滴减少。选择那种上升缓慢的油滴作为暂时的目标油滴,切换"0 V/工作"键,这时极板间的电压为 0 V,在暂时的目标油滴中选择下落速度为 0.2～0.5 格/s的作为最终的目标油滴,调节调焦旋钮使该油滴最小最亮。

（2）平衡电压的确认

目标油滴聚焦到最小最亮后,仔细调整平衡时的"电压调节"使油滴平衡在某一格线上,等待一段时间（大约两分钟）,观察油滴是否飘离格线。若油滴始终向同一方向飘离,则需重新调整平衡电压;若其基本稳定在格线或只在格线上下做轻微的布朗运动,则可以认为油滴达到了力学平衡,这时的电压就是平衡电压。

（3）控制油滴的运动

将油滴平衡在屏幕顶端的第一条格线上,将工作状态按键切换至"0 V",绿色指示灯点亮,此时上、下极板同时接地,电场力为零,油滴在重力、浮力及空气阻力的作用下作下落运动。油滴是先经一段变速运动,然后变为匀速运动,但变速运动的时间非常短（小于 0.01 s,与计时器的精度相当）,所以可以认为油滴是立即匀速下落的。当油滴下落到有 0 标记的格线时,立刻按下"计时"键,计时器开始记录油滴下落的时间;待油滴下落至有距离标志(1.6)的格线时,再次按下计时键,计时器停止计时（计时位置见图 7-4-3）,此时油滴停止下落。"0 V/工作"按键自动切换至"工作","平衡/提升"按键处于"平衡",可以通过"确认"键将此次测量数据记录到屏幕上。将"平衡/提升"按键切换至"提升",这时极板电压在原平衡电压的基础上增加约 200 V 的电压,油滴立即向上运动,待油滴提升到屏幕顶端时,切换至"平衡",找平衡电压,进行下一次测量。每颗油滴共测量 5 次,系统会自动计算出这颗油滴的电荷量。

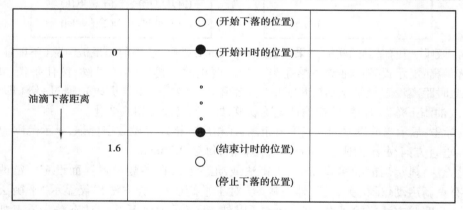

图 7-4-3　平衡法计时位置示意图

4）正式测量

实验可选用平衡法（推荐）、动态法。实验前仪器必须调水平。

平衡法

（1）开启电源,进入实验界面将工作状态按键切换至"工作",红色指示灯点亮;将"平衡/提升"按键置于"平衡"。

（2）将平衡电压调整为 400 V 左右,通过喷雾口向油滴盒内喷入油雾,此时监视器上将出现大量运动的油滴。选取合适的油滴,仔细调整平衡电压 U,使其平衡在起始（最上面）格线上。

（3）将"0 V/工作"状态按键切换至"0 V",此时油滴开始下落,当油滴下落到有"0"标记的格线时,立即按下计时开始键,同时计时器启动,开始记录油滴的下落时间 t。

（4）当油滴下落至有距离标记的格线时（例如:1.6）,立即按下计时结束键,同时计时器停止计时,油滴立即静止,"0 V/工作"按键自动切换至"工作"。通过"确认"按键将这次测量的

"平衡电压和匀速下落时间"结果同时记录在监视器屏幕上。

（5）将"平衡/提升"按键置于"提升"，油滴将向上运动，当回到高于有"0"标记格线时，将"平衡/提升"键切换至平衡状态，油滴停止上升，重新调整平衡电压。（注意：如果此处的平衡电压发生了突变，则该油滴得到或失去了电子。这次测量不能算数，从步骤（2）开始重新找油滴。）

（6）重复（3）、（4）、（5），并将数据（平衡电压 V 及下落时间 t）记录到屏幕上。当 5 次测量完成后，按"确认"键，系统将计算 5 次测量的平均平衡电压 $\bar{U}$ 和平均匀速下落时间 $\bar{t}$，并根据这两个参数自动计算并显示出油滴的电荷量 q。

（7）重复（2）、（3）、（4）、（5）、（6）步，共找 5 颗油滴，并测量每颗油滴的电荷量 q_i。

7.4.5　实验数据及处理

1）计算法

至少测量 5 颗油滴，记录每颗油滴的电荷量 q_i，再 $\dfrac{q_i}{e_{理论}}$，对商四舍五入取整后得到每颗油滴所带电子个数 n_i；再 $\dfrac{q_i}{n_i}=e_i$ 得到每次测量的基本电荷，再求出 n 次测量的 $\bar{e}$，与理论值比较求百分误差及不确定度。

2）作图法

得到 q_i 和对应的 n_i 后，以 q 为纵坐标，n 为横坐标作图，拟合得到的直线斜率即为基本电荷 $e_{测量}$，与理论值比较求百分误差及不确定度。

3）动态法（选做）

（1）动态法分两步完成，第一步骤是油滴下落过程，其操作同平衡法（参看平衡法）。完成第一步骤后，如果对本次测量结果满意，则可以按下确认键保存这个步骤的测量结果，如果不满意，则可以删除（删除方法见前面所述）。

（2）第一步骤完成后，油滴处于距离标志格线以下。通过"0 V/工作"键、"平衡/提升"键配合使油滴下偏距离"1.6"标志格线一定距离。调节"电压调节"旋钮加大电压，使油滴上升，当油滴到达"1.6"标志格线时，立即按下计时开始键，此时计时器开始计时；当油滴上升到"0"标记格线时，再次按下计时键，停止计时，但油滴继续上升，再次调节"电压调节"旋钮使油滴平衡于"0"格线以上（见图 7-4-4），按下"确认"键保存本次实验结果。

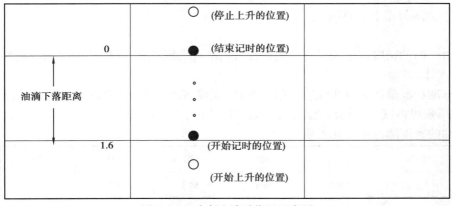

图 7-4-4　动态法计时位置示意图

（3）重复以上步骤完成 5 次完整实验,然后按下确认键,出现实验结果画面。动态测量法是分别测出下落时间 t_f、提升时间 t_r 及提升电压 U,并代入式(7-4-11)即可求得油滴带电量 q。

7.4.6　注意事项

1. CCD 盒、紧定螺钉、摄像镜头的机械位置不能变更,否则会对像距及成像角度造成影响。
2. 仪器使用环境:温度为(0~40 ℃)的静态空气中。
3. 注意调整进油量开关(见图 7-4-6),应避免外界空气流动对油滴测量造成影响。
4. 仪器内有高压,实验人员避免用手接触电极。
5. 实验前应对仪器油滴盒内部进行清洁,防止异物堵塞落油孔。
6. 意仪器的防尘保护。

7.4.7　附录

1)平衡法系统参数

原理公式

$$q = 9\sqrt{2}\pi d\left[\frac{(\eta s)^3}{(\rho_1 - \rho_2)g}\right]^{\frac{1}{2}}\frac{1}{U}\left(\frac{1}{t}\right)^{\frac{3}{2}}\left[\frac{1}{1 + \dfrac{b}{pr}}\right]^{\frac{3}{2}}$$

式中, r——油滴半径　　　$r = \left[\dfrac{9\eta s}{2g(\rho_1 - \rho_2)t}\right]^{\frac{1}{2}}$;

d——极板间距　　　$d = 5.00 \times 10^{-3}$ m

η——空气粘度　　　$\eta = 1.83 \times 10^{-5}$ kg·m^{-1}·s^{-1}

s——下落距离　　　依设置,默认 1.6 mm

ρ_1——钟表油密度　　$\rho_1 = 981$ kg·m^{-3}(20 ℃)

ρ_2——空气密度　　　$\rho_2 = 1.292\ 8$ kg·m^{-3}(标准状况下)

g——重力加速度　　$g = 9.794$ m·s^{-2}(成都)

b——修正常数　　　$b = 8.23 \times 10^{-3}$ N/m(6.17×10^{-6} m·cmHg)

p——标准大气压强　$p = 101\ 325$ Pa(76.0 cmHg)

U——平衡电压

t——油滴匀速下落时间

注意:

（1）由于油的密度远远大于空气的密度,即 $\rho_1 \gg \rho_2$,因此 ρ_2 相对于 ρ_1 来讲可忽略不计(当然也可代入计算)。

（2）标准状况是指大气压强 $p = 101\ 325$ Pa,温度 $W = 20$ ℃,相对湿度 $\varphi = 50\%$ 的空气状态。实际大气压强可由气压表读出,温度可由温度计读出。

（3）油的密度随温度变化关系

$W/℃$	0	10	20	30	40
$\rho(\text{kg/m}^3)$	991	986	981	976	971

（4）一般来讲,流体粘度受压强影响不大,当气压从 1.01×10^5 Pa 增加到 5.07×10^6 Pa 时,空气的粘度只增加 10%,在工程应用中通常忽略压强对粘度的影响。温度对气体粘度有很强的影响。

气体粘度可用苏士兰公式来表示

$$\frac{\mu}{\mu_0} = \frac{\left(\dfrac{T}{T_0}\right)^{\frac{3}{2}}(T_0 + T')}{T + T'}$$

式中,μ_0 是绝对温度 T_0 的动力粘度,通常取 $T_0 = 273$ K 时的粘度,$\mu_0 = 1.71 \times 10^{-5}$ kg·m^{-1}·s^{-1};常数 n 和 T' 通过数据拟合得出,对于空气,$n = 0.7$,$T' = 110$ K。

2）实验仪器介绍

实验仪由主机、CCD 成像系统、油滴盒、监视器和喷雾器等部件组成。其中,主机包括可控高压电源、计时装置、A/D 采样、视频处理等单元模块。CCD 成像系统包括 CCD 传感器、光学成像部件等。油滴盒包括高压电极、照明装置、防风罩等部件。监视器是视频信号输出设备,仪器部件示意如图。

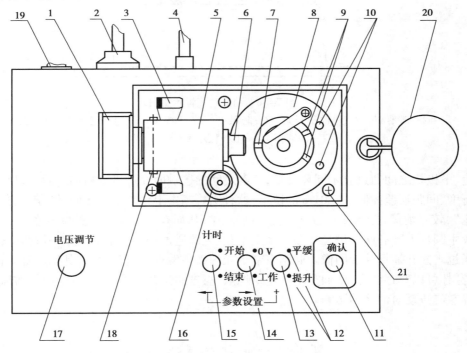

图 7-4-5　主机部件示意图

1—CCD 盒　2—电源插座　3—调焦旋钮　4—Q9 视频接口　5—光学系统　6—镜头　7—观察孔
8—上极板压簧　9—进光孔　10—光源　11—确认键　12—状态指示灯　13—平衡/提升切换键
14—0 V/工作切换键　15—计时开始/结束切换键　16—水准泡　17—电压调节旋钮　18—紧定螺钉
19—电源开关　20—油滴管收纳盒安放环　21—调平螺钉（3 颗）

CCD 模块及光学成像系统用来捕捉暗室中油滴的像,同时将图像信息传给主机的视频处理模块。实验过程中可以通过调焦旋钮来改变物距,使油滴的像清晰地呈现在 CCD 传感器的窗口内。

电压调节旋钮可以调整极板之间的电压大小,用来控制油滴的平衡、下落及提升。

计时"开始/结束"按键用来计时、"0 V/工作"按键用来切换仪器的工作状态、"平衡/提升"按键可以切换油滴平衡或提升状态、"确认"按键可以将测量数据显示在屏幕上,从而省去了每次测量完成后手工记录数据的过程,使操作者把更多的注意力集中到实验本质上来。

油滴盒是一个关键部件,具体构成,如图7-4-6所示。

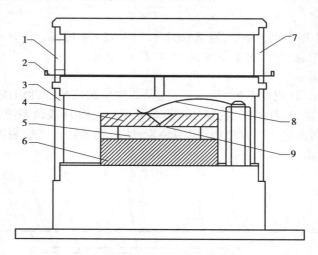

图 7-4-6 油滴盒装置示意图

1—喷雾口 2—进油量开关 3—防风罩 4—上极板 5—油滴室 6—下极板
7—油雾杯 8—上极板压簧 9—落油孔

上、下极板之间通过胶木圆环支撑,三者之间的接触面经过机械精加工后可以将极板间的不平行度、间距误差控制在 0.01 mm 以下;这种结构基本上消除了极板间的"势垒效应"及"边缘效应",较好地保证了油滴室处在匀强电场之中,从而有效地减小了实验误差。

胶木圆环上开有两个进光孔和一个观察孔,光源通过进光孔给油滴室提供照明,而成像系统则通过观察孔捕捉油滴的像。照明由带聚光的高亮发光二极管提供,其使用寿命长、不易损坏;油雾杯可以暂存油雾,使油雾不会过早地散逸;进油量开关可以控制落油量;防风罩可以避免外界空气流动对油滴的影响。

实验 5 弗兰克-赫兹实验

1900 年是量子论的诞生之年,它标志着物理学由经典物理迈向近代物理。量子论的基本观念是能量的不连续性,即能量是量子化的。

1914 年弗兰克(F.Frank)和赫兹(G.Hertz)在研究气体放电现象中低能电子与原子间相互作用时,在充汞的放电管中发现:透过汞蒸气的电子流随电子能量的变化有规律,呈现周期性变化,间隔为 4.9 eV,并拍摄到与能量 4.9 eV 相对应的光谱线 253.7 nm。对此,他们提出了原子中存在"临界电势"的概念:当电子能量低于与临界电势相应的临界能量时,电子与原子的碰撞是弹性的,而当电子能量达到这一临界能量时,碰撞过程由弹性变为非弹性,电子把这份特定的能量转移给原子使之受激,原子退激时再以特定频率的光量子形式辐射出来,电子损失的能量 ΔE 与光量子能量及光子频率的关系为:$\Delta E = eV = h\nu$。

弗兰克-赫兹实验用非光学方法证实了原子内部能量是量子化的,为波尔于 1913 年发表的原子理论提供了坚实的实验基础,是量子论是一个重要实验。

1920 年弗兰克及其合作者对原先实验装置做了改进,提高了分辨率,测得了汞的除4.9 eV以外的较高激发能级和电离能级,进一步证实了原子内部能量是量子化的。1925 年弗兰克和赫兹共同获得诺贝尔物理学奖。

通过这一实验可以了解到原子内部能量量子化的情况,学习和体验夫兰克和赫兹研究气体放电现象中低能电子和原子间相互作用的实验思想和方法。

7.5.1　实验目的

测定氩原子的第一激发电位,证明原子能级的存在,加深对原子能量量子化的理解。

7.5.2　实验仪器

弗兰克-赫兹实验仪(图 7-5-1)。

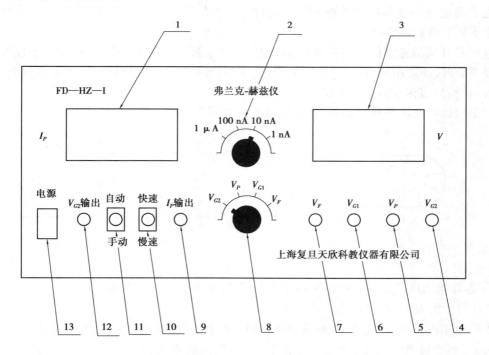

图 7-5-1

1.I_P 显示表头(表头示值×指示挡后为 I_P 实际值)。

2.I_P 微电流放大器量程选择开关,分 1 μA、100 nA、10 nA、1 nA 四挡。

3.数字电压表头(与8)相关,可以分别显示 V_F、V_{G1}、V_P、V_{G2} 值,其中,V_{G2} 值为数字式表头示值×10 V。

4.V_{G2} 电压调节旋钮;5.V_P 电压调节旋钮;6.V_{G1} 电压调节旋钮。

5.V_F 电压调节旋钮;8.电压示值选择开关,可以分别选择 V_F、V_{G1}、V_P、V_{G2}。

6.I_P 输出端口,接示波器 Y 端,X-Y 记录仪 Y 端或者微机接口的电流输入端。

7.V_{G2} 扫描速率选择开关,"快速"挡供接示波器观察 I_p~V_{G2} 曲线或微机用,"慢速"挡供 X-Y 记录仪用。

8.V_{G2} 扫描方式选择开关,"自动"挡供示波器,X-Y 记录仪或微机用,"手动"挡供手测记录数据使用。

9.V_{G2} 输出端口,接示波器 X 端,X-Y 记录仪 X 端,或微机接口电压输入用。

10.电源开关。

7.5.3 实验原理

根据玻尔理论,原子只能处在某一些状态,每一状态对应一定的能量,其数值彼此是分立的,原子在能级间进行跃迁时吸收或发射确定频率的光子,当原子与一定能量的电子发生碰撞可以使原子从低能级跃迁到高能级(激发)。如果是基态和第一激发态之间的跃迁则有:

$$eV_1 = \frac{1}{2}m_e v^2 = E_1 - E_0$$

电子在电场中获得的动能在和原子碰撞时交给原子,原子从基态跃迁到第一激发态,V_1 称为原子第一激发电势(位)。

进行 F-H 实验通常使用的碰撞管是充汞的,充汞管需要配加热炉用于改变汞的蒸气压。除用充汞的外,还常用充惰性气体的,如充氖、氩等的碰撞管。而这些碰撞管,温度对于气压影响不大,并且只需在常温下就可以进行实验。

对于四级式充氩 F-H 碰撞管,实验线路连接如图 7-5-2 所示。

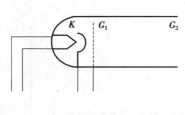

图 7-5-2

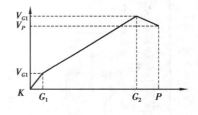

图 7-5-3

V_P 为灯丝加热电压;V_{G1} 为正向小电压;V_{G2} 为加速电压;V_P 为减速电压。

F-H 管中的电位分布如图 7-5-3 所示。

电子由阴极发出,经电场 V_{G2} 加速趋向阳极,只要电子能量达到能克服 V_P 减速电场就能穿过栅极 G_2 到达板极 P 形成电流 I_P,由于管中充有气体原子,电子前进的途中要与原子发生碰撞。如果电子能量小于第一激发能 eV_1,它们之间的碰撞是弹性的,根据弹性碰撞前后系统动量和动能守恒原理不难推得电子损失的能量极小,电子能如期的到达阳极。如果电子能量达到或超过 eV_1,电子与原子将发生非弹性碰撞,电子把能量 eV_1 传给气体原子,要是非弹性碰撞发生在 G_2 附近,损失了能量的电子将无法克服减速场 V_P 到达极板。这样,从阴极发出的电子随着 V_{G2} 从零开始增加,极板上将有电流出现并增加,如果加速到 G_2 栅极的电子获得等于或大于 eV_1 的能量,将出现非弹性碰撞而出现 I_P 的第一次下降,随着 V_{G2} 的增加,电子与原子发生非弹性碰撞的区域向阴极移动,经碰撞损失能量的电子在趋向阳极的途中又得到加速,又开始有足够的能量克服 V_p 减速电压而到达阳极 P,I_p 随着 V_{G2} 增加又开始增加,而如果 V_{G2} 的增加使那些经历过非弹性碰撞的电子能量又达到 eV_1 则电子又将与原子发生非弹性碰撞造成 I_p 的又一次下降。在 V_{G2} 较高的情况下,电子在趋向阳极的路途中会与电子发生多次非弹性碰撞。每当 V_{G2} 造成的最后一次非弹性碰撞区落在 G_2 栅极附近就会使 $I_P \sim V_{G2}$ 曲线出现下降。

曲线的极大和极小出现明显的规律性,它是能级量子化能量反复被吸收的结果,也是原子能级量子化的充分体现。就其规律来说,每相邻极大或极小值之间的电位差为第一激发电势(电位)。

7.5.4 实验内容和步骤

实验测定弗兰克-赫兹实验管的 $I_P \sim V_{G2}$ 曲线,观察原子能量量子化情况,并由此求出充氩(Ar)管中原子的第一激发电位。

1.连接实验仪器,选择适当的实验条件,如 $V_f \sim 2V$,$V_{G1} \sim 1V$,$V_P \sim 8V$,手动方式改变 V_{G2} 同时观察微电流计上的 I_P 随 V_{G2} 的变化情况。如果 V_{G2} 增加时,电流迅速增加则表明 F-H 管产生击穿,此时应立即降低 V_{G2}。如果希望有较大的击穿电压,可以用降低灯丝电压来达到。

2.适当调整实验条件使微电流计能出现 5 个峰以上,波峰波谷明显。

3.选取合适的实验点记录数据,使之能完整真实的绘出 $I_P \sim V_{G2}$ 曲线或用记录仪记下 $I_P \sim V_{G2}$ 曲线。

4.处理 $I_P \sim V_{G2}$ 曲线,用曲线的峰或谷位置电位差求平均值,求出氩的第一激发电位。

5.实验完毕,将各电位器调至最小值位置,然后关机。

7.5.5 实验数据及处理

1)测量数据记录表

表 7-5-1　弗兰克-赫兹实验数据表

V_{G2}(V)	I_P(nA)	V_{G2}(V)	I_P(nA)	V_{G2}(V)	I_P(nA)	V_{G2}(V)	I_P(nA)
15.0		35.0		55.0		75.0	
16.0		36.0		56.0		76.0	
17.0		37.0		57.0		77.0	
18.0		38.0		58.0		78.0	
19.0		39.0		59.0		79.0	
20.0		40.0		60.0		80.0	
21.0		41.0		61.0		81.0	
22.0		42.0		62.0		82.0	
23.0		43.0		63.0		83.0	
24.0		44.0		64.0		84.0	
25.0		45.0		65.0		85.0	
26.0		46.0		66.0		86.0	

续表

$V_{G2}(V)$	$I_P(nA)$	$V_{G2}(V)$	$I_P(nA)$	$V_{G2}(V)$	$I_P(nA)$	$V_{G2}(V)$	$I_P(nA)$
27.0		47.0		67.0		87.0	
28.0		48.0		68.0		88.0	
29.0		49.0		69.0		89.0	
30.0		50.0		70.0		90.0	
31.0		51.0		71.0		91.0	
32.0		52.0		72.0		92.0	
33.0		53.0		73.0		93.0	
34.0		54.0		74.0		94.0	

2) 描出 I_P-V_{G2} 关系曲线图

3) 实验数据分析、处理,得出结论

解释曲线规律,从曲线上求出各相邻的峰(或谷)的差值,计算出平均值,将该平均值与氩原子的第一激发电位比较。(氩原子的第一激发电位 11.8 eV)

7.5.6 注意事项

1.不同的实验条件,V_{G2} 有不同的击穿值,一旦击穿发生,应立即降低 V_{G2} 以免 F-H 管受损。

2.灯丝电压不宜放得过大,宜在 2 V 左右。

【思考题】

1.考察其他实验条件对 $I_P \sim V_{G2}$ 曲线的影响(曲线的形状、击穿电压、峰谷比、峰数等)。

2.考察 $I_P \sim V_{G2}$ 周期变化与能级的关系,如果出现差异估计是什么原因?

3.第一峰位位置电位为何与第一激发电位有误差?

实验 6 传感器综合实验

在科学试验和生产活动中,人们常常需要测量或控制表征物质特性或其运动形式的各种参数,如电压、电流、电阻、电容、电感等,或温度、压力、流量、位移、加速度、转速、照度、光强,等等。

由于电子学理论的完善,电子器件特别是集成电路技术的飞速发展,从而使电测技术在各种测量技术中的优越性突现出来。但是,在实际工作中,被测量大多不是电流、电压一类的电量,而是像温度、压力、流量、光强等各种非电量。为了采用电测法,就需要将各种非电量转换成电量。

这种把被测非电量转换成与非电量成某种定量关系的电量,再采用电测法进行测量的方法就叫作非电量的电测法。实现这种转换的器件便是传感器。

传感器已十分广泛地应用于国防、航空、航天、交通运输、工业自动化、家用电器等各个领域,传感器技术也越来越受到各国普遍重视,并已发展为一种专门的技术科学,成为现代信息技术的重要基础之一。

7.6.1　金属箔式应变片性能——单臂电桥

【实验目的】

了解金属箔式应变片,单臂单桥的工作原理和工作情况。

【实验仪器】

直流稳压电源、电桥、差动放大器、双平行梁测微头、一片应变片、F/V 表、主、副电源。

旋钮初始位置:直流稳压电源打到±2 V 挡,F/V 表打到 2 V 挡,差动放大增益最大。

【实验原理】

应变片是最常用的测力传感元件。当用应变片测试时,应变片要牢固地粘贴在测试体表面,当测件受力发生形变,应变片的敏感栅随同变形,其电阻也随之发生相应的变化,通过测量电路,转换成电信号输出显示。

电桥电路是最常用的非电量电测电路中的一种,当电桥平衡时,桥路对臂电阻乘积相等,电桥输出为零,在桥臂四个电阻 R_1、R_2、R_3、R_4 中,设桥臂四个电阻的阻值和变化量相同,即:$R_1 = R_2 = R_3 = R_4 = R$,$\Delta R_1 = \Delta R_2 = \Delta R_3 = \Delta R_4 = \Delta R$。电阻的相对变化率分别为 $\Delta R_1/R_1$、$\Delta R_2/R_2$、$\Delta R_3/R_3$、$\Delta R_4/R_4$,当使用一个应变片时,为单臂电桥,总的变化率为 $\sum R = \Delta R/R$;当两个应变片组成差动半桥状态工作时,总的变化率为 $\sum R = 2\Delta R/R$;用四个应变片组成差动全桥工作时,总的变化率为 $\sum R = 4\Delta R/R$。

由此可知,单臂、半桥、全桥电路的灵敏度依次增大。

【实验内容与步骤】

1.了解所需单元、部件在实验仪上的所在位置,观察梁上的应变片,应变片为棕色衬底箔式结构小方薄片。上下二片梁的外表面各贴二片受力应变片和一片补偿应变片,测微头在双平行梁前面的支座上,可以上、下、前、后、左、右调节。

2.将差动放大器调零:用连线将差动放大器的正(+)、负(-)、地短接。将差动放大器的输出端与 F/V 表的输入插口 V_i 相连;开启主、副电源;调节差动放大器的增益到最大位置,然后调整差动放大器的调零旋钮使 F/V 表显示为零,关闭主、副电源。

3.根据图 7-6-1 接线 R_1、R_2、R_3 为电桥单元的固定电阻。R_4 为应变片;将稳压电源的切换开关置±4 V 挡,F/V 表置 20 V 挡。调节测微头脱离双平行梁,开启主、副电源,调节电桥平衡网络中的 W_1,使 F/V 表显示为零,然后将 F/V 表置 2 V 挡,再调电桥 W_1(慢慢地调),使 F/V 表显示为零。

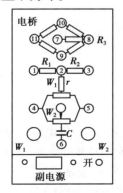
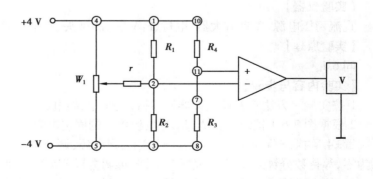

图 7-6-1

4.将测微头转动到 10 mm 刻度附近,安装到双平等梁的自由端(与自由端磁钢吸合),调节测微头支柱的高度(梁的自由端跟随变化)使 F/V 表显示最小,再旋动测微头,使 F/V 表显示为零(细调零),这时的测微头刻度为零位的相应刻度。

5.往下或往上旋动测微头,使梁的自由端产生位移记下 F/V 表显示的值。建议每旋动测微头一周即 $\Delta X = 0.5$ mm 记一个数值填入下表:

6.据所得结果计算灵敏度 $S = \Delta V / \Delta X$(式中:ΔX 为梁的自由端位移变化;ΔV 为相应 F/V 表显示的电压相应变化)。

7.实验完毕,关闭主、副电源,所有旋钮转到初始位置。

【实验数据及处理】

1.数据记录

表 7-6-1　位移-电压数据表

位移/mm				
电压/mv				

2.计算灵敏度

$$S = \frac{\Delta V}{\Delta X}$$

【注意事项】

1.电桥上端虚线所示的四个电阻实际上并不存在,仅作为一标记,让学生组桥容易。

2.为确保实验过程中输出指示不溢出,可先将砝码加至最大重量,如指示溢出,适当减小差动放大增益,此时差动放大器不必重调零。

3.做此实验时应将低频振荡器的幅度关至最小,以减小其对直流电桥的影响。

4.电位器 W_1, W_2,在有的型号仪器中标为 R_D, R_A。

【思考题】

本实验电路对直流稳压电源和对放大器有何要求?

7.6.2　金属箔式应变片:单臂、半桥、全桥比较

【实验目的】

验证单臂、半桥、全桥的性能及相互之间关系。

【实验仪器】

直流稳压电源、差动放大器、电桥、F/V 表、测微头、双平行梁、应变片、主、副电源。

【实验原理】

同 6.1。

【实验内容与步骤】

1.按实验一方法将差动放大器调零后,关闭主、副电源。

2.根据图 7-6-1 接线,R_1, R_2, R_3 为电桥单元的固定电阻。R_4 为应变片;将稳压电源的切换开关置±4 V 挡,F/V 表置 20 V 挡。开启主、副电源,调节电桥平衡网络中的 W_1,使 F/V 表显示为零,等待数分钟后将 F/V 表置 2 V 挡,再调电桥 W_1(慢慢地调),使 F/V 表显示为零。

3.在传感器托盘上放上一只砝码,记下此时的电压数值,然后每增加一只砝码记下一个数

值并将这些数值填入表 7-6-2。根据所得结果计算系统灵敏度 $S = \Delta V/\Delta W$，并作出 V-W 关系曲线，ΔV 为电压变化率，ΔW 为相应的重量变化率。

4.保持放大器增益不变，将 R_3 固定电阻换为与 R_4 工作状态相反的另一应变片即取二片受力方向不同应变片，形成半桥，调节电桥 W_1 使 F/V 表显示表显示为零，重复（3）过程同样测得读数，填入表 7-6-3。

5.保持差动放大器增益不变，将 R_1，R_2 两个固定电阻换成另两片受力应变片组桥时只要掌握对臂应变片的受力方向相同，邻臂应变片的受力方向相反即可，否则相互抵消没有输出。接成一个直流全桥，调节电桥 W_1 同样使 F/V 表显示零。重复（3）过程将读出数据填入表7-6-4。

6.在同一坐标纸上描出 X-V 曲线，比较三种接法的灵敏度。

【实验数据及处理】

1.采集数据

表 7-6-2 单臂 V-W 数据表

质量/g				
电压/mV				

表 7-6-3 半桥 V-W 数据表

质量/g				
电压/mV				

表 7-6-4 全桥 V-W 数据表

质量/g				
电压/mV				

2.作图 V-W 曲线。

3.比较灵敏度。

【注意事项】

1.在更换应变片时应将电源关闭。

2.在实验过程中如有发现电压表发生过载，应将电压量程扩大。

3.在本实验中只能将放大器接成差动形式，否则系统不能正常工作。

4.直流稳压电源±4 V 不能打得过大，以免损坏应变片或造成严重自热效应。

5.接全桥时请注意区别各片子的工作状态方向。

7.6.3 热电偶原理及现象

【实验目的】

了解热电偶的原理及现象。

【实验仪器】

15 V 不可调直流稳压电源、差动放大器、F/V 表、加热器、热电偶、水银温度计、主副电源、旋钮初始位置：F/V 表切换开关置 2 V 挡，差动放大器增益最大。

【实验原理】

两种不同的金属导体互相焊接成闭合回路时,当两个接点温度不同时回路中就会产生电流,这一现象称为热电效应,产生电流的电动势叫作热电势。通常把两种不同金属的这种组合称为热电偶。

【实验内容与步骤】

1.了解热电偶在实验仪上的位置及符号,实验仪所配的热电偶是由铜-康铜组成的简易热电偶,分度号为 T。它封装在双孔悬臂梁的下片梁的加热器里面(不可见)。

2.按图 7-6-2 接线、开启主、副电源,调节差动放大器调零旋钮,使 F/V 表显示零,记录下自备温度计的室温。

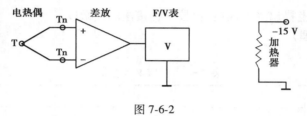

图 7-6-2

3.将 15 V 直流电源接入加热器的一端,加热器的另一端接地,观察 F/V 表显示值的变化,待显示值稳定不变时记录下 F/V 表显示的读数 E。

4.用自备的温度计测出下梁表面加热器处的温度 t 并记录下来。(注意:温度计的测温探头要触及热电偶处附近的梁体即可)。

5.根据热电偶的热电势与温度之间的关系式:

$$E_{ab}(t,t_0) = E_{ab}(t,t_n) + E_{ab}(t_n,t_0)$$

式中 t——热电偶的热端(工作端或称测温端)温度。

t_n——热电偶的冷端(自由端即热电势输出端)温度也就是室温。

t_0——0 ℃

(1)热端温度为 t,冷端温度为室温时热电势:$E_{ab}(t,t_n) = \dfrac{\text{F/V 示数}}{100}$,100 为差动放大器的放大倍数。

(2)热端温度为室温,冷端温度为 0 ℃,铜-康铜的热电势:$E_{ab}(t_n,t_0)$:查以下所附的热电偶自由端为 0 ℃时的热电势和温度的关系即铜-康铜热电偶分度表,得到室温(温度计测得)时热电势。

(3)计算:热端温度为 t,冷端温度为 0 ℃时的热电势:$E_{ab}(t,t_0)$,根据计算结果,查分度表得到温度 t。

6.热电偶测得温度值与自备温度计测得温度值相比较。(注意:本实验仪所配的热电偶为简易热电偶、并非标准热电偶,只要了解热电势现象)。

7.实验完毕关闭主、副电源,尤其是加热器-15 V 电源(自备温度计测出温度后马上拆去 15 V 电源连接线)其他旋钮置原始位置。

【实验数据及处理】

表 7-6-5 热电偶实验数据表

t_n/℃	F/V/mV	$E_{ab}(t,t_n)$/mV	$E_{ab}(t_n,t_0)$/mV	$E_{ab}(t,t_0)$/mV	t/计	t/测

【思考题】

1.为什么差动放器接入热电偶后需再调差放零点?

2.即使采用标准热电偶按本实验方法测量温度也了会有很大误差,为什么?

附录

铜-康铜热电偶分度表

温度/℃	0	1	2	3	4	5	6	7	8	9
	热电动势/mV									
−40	−1.475	−1.510	−1.544	−1.579	−1.614	−1.648	−1.682	−1.717	−1.751	−1.785
−30	−1.121	−1.157	−1.192	−1.228	−1.263	−1.299	−1.334	−1.370	−1.405	−1.440
−20	−0.757	−0.794	−0.830	−0.867	−0.903	−0.904	−0.976	−1.013	−1.049	−1.085
−10	−0.383	−0.421	−0.458	−0.495	−0.534	−0.571	−0.602	−0.646	−0.683	−0.720
0−	−0.000	−0.039	−0.077	−0.116	−0.154	−0.193	−0.231	−0.269	−0.307	−0.345
0+	0.000	0.039	0.078	0.117	0.156	0.195	0.234	0.273	0.312	0.351
10	0.391	0.430	0.470	0.510	0.549	0.589	0.629	0.669	0.709	0.749
20	0.789	0.830	0.870	0.911	0.951	0.992	1.032	1.073	1.114	1.155
30	1.196	1.237	1.279	1.320	1.361	1.403	1.444	1.486	1.528	1.569
40	1.611	1.653	1.695	1.738	1.780	1.822	1.865	1.907	1.950	1.992
50	2.035	2.078	2.121	2.164	2.207	2.250	2.294	2.337	2.380	2.424
60	2.467	2.511	2.555	2.599	2.643	2.687	2.731	2.775	2.819	2.864
70	2.908	2.953	2.997	3.042	3.087	3.131	3.176	3.221	3.266	3.312
80	3.357	3.402	3.447	3.493	3.538	3.584	3.630	3.676	3.721	3.767
90	3.813	3.859	3.906	3.952	3.998	4.044	4.091	4.137	4.184	4..231
100	4.277	4.324	4.371	4.418	4.465	4.512	4.559	4.607	4.654	4.701
110	4.749	4.796	4.844	4.891	4.939	4.987	5.035	5.083	5.131	5.179
120	5.227	5.275	5.324	5.372	5.420	5.469	5.517	5.566	5.615	5.663
130	5.712	5.761	5.810	5.859	5.908	5.957	6.007	6.056	6.105	6.155
140	6.204	6.254	6.303	6.353	6.403	6.452	6.502	6.552	6.602	6.652
150	6.702	6.753	6.803	6.853	6.903	6.954	7.004	7.055	7.106	7.150
160	7.207	7.258	7.309	7.360	7.411	7.462	7.513	7.564	7.615	7.660
170	7.718	7.769	7.821	7.872	7.924	7.975	8.027	8.079	8.131	8.183
180	8.235	8.287	8.339	8.391	8.443	8.495	8.548	8.600	8.652	8.705
190	8.757	8.810	8.863	8.915	8.968	9.021	9.074	9.127	9.180	9.233
200	9.286	9.339	9.392	9.446	9.499	9.553	9.606	9.659	9.713	9.767
210	9.820	9.874	9.928	9.982	10.036	10.090	10.144	10.198	10.252	10.306
220	10.360	10.414	10.469	10.523	10.578	10.632	10.687	10.741	10.796	10.851
230	10.905	10.960	11.015	11.070	11.128	11.180	11.235	11.290	11.345	11.401
240	11.450	11.511	11.566	11.622	11.677	11.733	11.788	11.844	11.900	11.956

7.6.4　差动变压器性能

【实验目的】

理解差动变压器原理及工作情况。

【实验仪器】

音频振荡器、测微头、示波器、主、副电源、差动变压器、振动平台。

有关旋钮初始位置:音频振荡器4~7 kHz,双线示波器第一通道灵敏度50 mV/DIV,第二通道灵敏度10 mV/DIV,触发选择打到第一通道,主、副电源关闭。

【实验原理】

差动变压器由一只初级线圈和二只次线圈及一个铁芯组成,根据内外层排列不同,有二段式和三段式,本实验采用三段式结构。当传感器随着被测体移动时,由于初级线圈和次级线圈之间的互感发生变化促使次级线圈感应电势产生变化,一只次级感应电势增加,另一只感应电势则减少,将两只次级反向串接(同名端连接),就引出差动输出。其输出电势反映出被测体的移动量。

【实验内容与步骤】

1.根据图7-6-3接线,将差动变压器、音频振荡器(必须 LV 输出)、双线示波器连接起来,组成一个测量线路。开启主、副电源,将示波器探头分别接至差动变压器的输入端和输出端,观察差动变压器源边线圈音频振荡器激励信号峰峰值为2 V。

2.转动测微头使测微头与振动平台吸合。再向上转动测微头 5 mm,使振动平台往上位移。

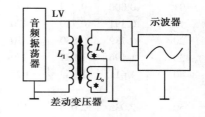

图 7-6-3

3.往下旋动测微头,使振动平台产生位移。每位移0.2 mm,用示波器读出差动变压器输出端的峰峰值填入下表,根据所得数据计算灵敏度 S。$S = \Delta V/\Delta X$(式中,ΔV 为电压变化,ΔX 为相应振动平台的位移变化),作出 V-X 关系曲线。

【实验数据及处理】

1.**数据记录**

V-X 数据表

X/mm	5	4.8	4.6	⋯	0.2	0
$V_0(P\text{-}P)$						
X/mm	−0.2	−0.4	−0.6	⋯	−4.8	−5
$V_0(P\text{-}P)$						

2.计算灵敏度。

3.画出 V-X 曲线。

【思考题】

1.根据实验结果,指出线性范围。

2.当差动变压器中磁棒的位置由上到下变化时,双线示波器观察到的波形相位会发生怎样的变化?

3.用测微头调节振动平台位置,使示波器上观察到的差动变压器的输出端信号为最小,这个最小电压称作什么? 由于什么原因造成?

附　录

附录1　国际单位制(SI制)的单位

附录1-1　国际单位制基本单位

物理量名称	物理量符号	中文单位名称	国际单位符号	单位定义
长度	L	米	m	1 米是光在真空中在 1/299 792 458 秒的时间间隔内的行程
质量	m	千克(公斤)	kg	1 千克是 18×14 074 481 个 C-12 原子的质量
时间	t	秒	s	1 秒是铯-133 原子基态两个超精细能级之间跃迁所对应的辐射的 9192631770 周期的持续时间
电流	I	安(安培)	A	在真空中相距 1 米的两无限长而圆截面可忽略的平面直导线内通过一恒定电流,若这恒定电流使得两条导线之间每米长度上产生的力等于 2×10 牛,则恒定电流的电流强度就是 1 安
热力学温度	T	开(开尔文)	K	1 开是水三相点热力学温度的 1/273.16
物质的量	n	摩(摩尔)	mol	1 摩是一系统的物质的量,系统中所包含的基本单位与 0.012 千克碳-12 的原子数目相等

注:中文单位名称栏中,圆括号内的字,为前者的同义语。例:"千克"也可以称为"公斤"。

附录 1-2　　国际单位制导出单位

物理量名称	物理量符号	中文单位名称	国际单位符号	单位关系	导出单位定义
面积	$A(S)$	平方米	m^2		
体积	V	立方米	m^3		
（平面）角	$\alpha(\beta$等$)$	弧度	rad	1 rad = 1 m/m = 1	
立体角	Ω	球面度	sr	1 st = 1 m^2/m^2 = 1	半径为 1 米的球面上 1 平方米面积与球半径所围成的锥面构成的空间部分
速度	v	米每秒	m/s		
加速度	a	米每秒平方	m/s^2		
角速度	ω	弧度每秒	rad/s		
频率	$f(v)$	赫（赫兹）	Hz	1 Hz = 1 s^{-1}	周期为 1 秒的周期现象的频率
密度	ρ	千克每立方米	kg/m^2		
力	F	牛（牛顿）	N	1 N = 1 kg·m/s	使 1 千克质量产生 1 米/秒加速度的力
力矩	M	牛（牛顿）米	N·m		
压强	p	帕（帕斯卡）	Pa	1 Pa = 1 N/m^2	每平方米面积上受 1 牛的压力
功、能（能量）	$W(A)$ / E	焦（焦耳）	J	1 J = 1 N·m	1 牛力的作用点在力的方向上移动 1 米距离所做的功
动量	P	千克米每秒	kg·m/s		
电荷（电荷量）	Q	库（库仑）	C	1 C = 1 A·s	1 安电流在 1 秒内所运送的电量
电场强度	E	伏（伏特）每米	V/m		
电位、电压、电势差	$U(V)$	伏（伏特）	V	1 V = 1 W/A 1 V = 1 N·m/C	在流过 1 安恒定电流的导线内，二点之间所消耗的功率若为 1 瓦，则两点之间的电位差为 1 伏

续表

物理量名称	物理量符号	中文单位名称	国际单位符号	单位关系	导出单位定义
电容	C	法（法拉）	F	1 F = 1 C/V	给电容器充 1 库电量时，两极板之间出现 1 伏的电位差，则电容器的电容为 1 法
电阻	R	欧（欧姆）	Ω	1 Ω = 1 V/A	在导体两点间加上 1 伏的恒定电压，若导体内产生 1 安的恒定电流，且导体内不存在其他电动势，则两点之间的电阻为 1 欧
电阻率	ρ	欧（欧姆）米	Ω·m		
磁感应强度	B	特（特斯拉）	T	1 T = 1 Wb/m²	每平方米内磁通量为 1 韦的磁通密度
磁通（磁通量）	Φ_m	韦（韦伯）	Wb	1 Wb = 1 V·s	让只有 1 匝的环路中的磁通量在 1 秒钟内均匀地减小到零，若因此在环路内产生 1 伏的电动势，则环路中的磁通量为 1 韦
电感	L	亨（亨利）	H	1 H = 1 Wb/A	让流过一个闭合回路的电流以 1 安/秒的速率均匀变化，则回路的电感为 1 亨
电导	G	西（西门子）	S	1 S = 1Ω⁻¹	欧姆的负一次方
光通量	Φ	流（流明）	lm	1 lm = 1 cd·sr	发光强度为 1 坎的均匀点光源向单位立体角（球面度内）发射出的光通量
光照度	E	勒（勒克斯）	lx	1 lx = 1 lm/m²	每平方米为 1 流光通量的光照度
放射性活度	A	贝可（贝可勒尔）	Bq	1 Bq = 1 s	1 秒内发生 1 次自发衰变
吸收剂量	D	戈（戈瑞）	Gy	1 Gy = 1 J/kg	给予 1 千克受照物质以 1 焦能量的吸收剂量
温度	t	摄氏（华氏）度	℃（℉）	℉ = 1.8t ℃ +32	物体的冷热程度
	T	热力学温度	K	K = ℃ +273.15	
比热容	c	焦每千克摄氏度	J/(kg·K)		物体的吸放热能力

注：1.圆括号中的名称和符号，是前面的名称和符号的同义词。
2.圆括号中的字，在不致引起混淆、误解的情况下，可省略。去掉括号中的字，即为其名称的简称。

附录 1-3　国际单位制单位前缀

中文前缀名称	英文前缀名称	英文全称	符号	科学计数法
尧（它）	yotta	Septillion	Y	10^{24}
泽（它）	zetta	Sextillion	Z	10^{21}
艾（可萨）	exa	Quintillion	E	10^{18}
拍（它）	peta	Quadrillion	P	10^{15}
太（拉）	tera	Trillion	T	10^{12}
吉（咖）	giga	Billion	G	10^{9}
兆	mega	Million	M	10^{6}
千	kilo	Thousand	k	10^{3}
百	hecto	Hundred	h	10^{2}
十	deca	Ten	da	10^{1}
分	deci	Tenth	d	10^{-1}
厘	centi	Hundredth	c	10^{-2}
毫	milli	Thousandth	m	10^{-3}
微	micro	Millionth	μ	10^{-6}
纳（诺）	nano	Billionth	n	10^{-9}
皮（可）	pico	Trillionth	p	10^{-12}
飞（母托）	femto	Quadrillionth	f	10^{-15}
阿（托）	atto	Quintillionth	a	10^{-18}
仄（普托）	zepto	Sextillionth	z	10^{-21}
幺（科托）	yocto	Septillionth	y	10^{-24}

注：圆括号中的字，在不致引起混淆、误解的情况下，可省略。去掉括号中的字，即为其名称的简称。

附录 2 常用的物理常量

附录 2-1 精确的物理常量

物理常数	符号	最佳实验值	供计算用值
真空中光速	c	299 792 458 m·s^{-1}	3.00×10^8 m·s^{-1}
标准重力加速度	g	9.806 65 m·s^{-2}	9.8 m·s^{-2}
标准大气压	P_0	101 325 Pa	1.0×10^5 Pa
真空电容率	ε_0	8.854 187 818$\times10^{-12}$ F·m^{-1}	8.85×10^{-12} F·m^{-2}
真空磁导率	μ_0	12.566 370 614 4$\times10^{-7}$ H·m^{-1}	4π H·m^{-1}

附录 2-2 其他物理常量

物理量	符号	最佳实验值	供计算用值	相对标准不确定度
万有引力常量	G	6.673 84(80)$\times10^{-11}$ m^3·s^{-2}	6.67×10^{-11} m^3·s^{-2}	1.2×10^{-4}
阿伏加德罗常数	N_A	6.022 141 29(27)$\times10^{23}$ mol^{-1}	6.02×10^{23} mol^{-1}	4.4×10^{-8}
普适气体常数	R	8.314 462 1(75) J·mol^{-1}·K^{-1}	8.31 J·mol^{-1}·K^{-1}	9.1×10^{-7}
理想气体摩尔体积	V_m	22.413 83$\times10^{-3}$ m^3·mol^{-1}	22.4×10^{-3} m^3·mol^{-1}	7.0×10^{-7}
元电荷	e	1.602 176 565(35)$\times10^{-19}$ C	1.602×10^{-19} C	2.2×10^{-8}
电子静质量	m_e	9.109 382 91(40)$\times10^{-31}$ kg	9.11×10^{-31} kg	4.4×10^{-8}
质子静质量	m_p	1.672 621 777(74)$\times10^{-27}$ kg	1.673×10^{-27} kg	4.4×10^{-8}
中子静质量	m_n	1.674 927 351(74)$\times10^{-27}$ kg	1.675×10^{-27} kg	4.4×10^{-8}
电子经典半径	r_e	2.817 940 326 7(27)$\times10^{-15}$ m	2.82×10^{-15} m	9.7×10^{-10}
电子磁矩	μ_e	9.284 832$\times10^{-24}$ J·T^{-1}	9.28×10^{-24} J·T^{-1}	3.6×10^{-29}
质子磁矩	μ_p	1.410 617 1$\times10^{-23}$ J·T^{-1}	1.41×10^{-23} J·T^{-1}	5.5×10^{-29}
法拉第常数	F	9.648 533 65(21)$\times10^4$ C·mol^{-1}	9.65×10^4 C·mol^{-1}	2.2×10^{-8}
精细结构常数	α	7.297 352 569 8(24)$\times10^{-3}$	7.3×10^{-3}	3.2×10^{-10}
普朗克常量	h	6.626 069 57(29)$\times10^{-34}$ J·s	6.63×10^{-34} J·s	4.4×10^{-8}
约化普朗克常量	$h/2\pi$	1.054 571 726(47)$\times10^{-34}$ J·s	6.63×10^{-34} J·s	4.4×10^{-8}
里德伯常数	R_∞	1.0 973 731 568 539(55)$\times10^7$ m^{-1}	1.1×10^7 m^{-1}	5.0×10^{-12}
玻尔兹曼常数	k	1.380 648 8(13)$\times10^{-23}$ J·K^{-1}	1.38×10^{-23} J·K^{-1}	9.1×10^{-7}
斯特藩-玻尔兹曼常数	σ	5.670 373(21)$\times10^{-8}$ W·m^{-2}·K	5.67×10^{-8} W·m^{-2}·K	3.6×10^{-6}
玻尔半径	α_0	5.291 770 6$\times10^{-11}$ m	5.29×10^{-11} m	4.4×10^{-17}
玻尔磁子	μ_B	9.274 078$\times10^{-24}$ J·T^{-1}	9.27×10^{-24} J·T^{-1}	3.6×10^{-29}
核磁子	μ_N	5.059 824$\times10^{-27}$ J·T^{-1}	5.05×10^{-27} J·T^{-1}	2.0×10^{-32}

附录3　水在不同温度下的密度

温度 $t/℃$	密度 $\rho/(g \cdot ml^{-1})$	温度 $t/℃$	密度 $\rho/(g \cdot ml^{-1})$	温度 $t/℃$	密度 $\rho/(g \cdot ml^{-1})$
0	0.999 84	32	0.995 03	66	0.980 01
2	0.999 94	34	0.994 37	68	0.978 90
4	0.999 97	35	0.994 03	70	0.977 77
6	0.999 94	36	0.993 69	72	0.976 61
8	0.999 85	38	0.992 97	74	0.975 44
10	0.999 700	40	0.992 22	76	0.974 24
12	0.999 50	42	0.991 44	78	0.973 03
14	0.999 24	44	0.990 63	80	0.971 79
15	0.999 099	46	0.989 79	82	0.970 53
16	0.998 94	48	0.988 93	84	0.969 26
18	0.998 60	50	0.988 04	86	0.967 96
20	0.998 203	52	0.987 12	88	0.966 65
22	0.997 77	54	0.986 18	90	0.965 31
24	0.997 30	56	0.985 21	92	0.963 96
25	0.997 044	58	0.984 22	94	0.962 59
26	0.996 78	60	0.983 20	96	0.961 20
28	0.996 23	62	0.982 16	98	0.959 79
30	0.995 646	64	0.981 09	100	0.958 36

参考文献

［1］江美福,等.大学物理实验教程［M］.北京:高等教育出版社,2013.

［2］周维公,等.大学物理实验［M］.北京:高等教育出版社,2014.

［3］陈玉林,等.大学物理实验［M］.北京:科学出版社,2008.

［4］鄢仁文.大学物理实验［M］.上海:同济大学出版社,2012.

［5］陈守川,等.新编大学物理实验教程［M］.杭州:浙江大学出版社,2009.

［6］冯郁芬,等.近代物理实验［M］.西安:陕西师范大学出版社,1989.

［7］黄婉云.傅里叶光学教程［M］.北京:高等教育出版社,2013.

［8］姚启钧.光学教程［M］.北京:高等教育出版社,1989.

［9］邹庆东.原子物理学［M］.西安:西安交通大学出版社,1989.